高等职业教育测绘类专业系列教材

数字测图
（第二版）

刘明学◎主　编
郭彩立　谢忠佷◎副主编
张福荣◎主　审

中国铁道出版社有限公司

2025年·北　京

内容简介

本书为高等职业教育测绘类专业系列教材。全书共分为9个项目，其中项目1为基础知识，项目2为控制测量，项目3为草图法测图，项目4为编码法测图，项目5为无人机测图，项目6为激光雷达测图，项目7为数字测图产品的检查验收，项目8为地形图原图数字化，项目9为数字地形图的应用。

本书可作为高等职业教育工程测量技术、铁道工程技术、高速铁路施工与维护等专业的教材，也可作为有关工程技术人员的参考书。

图书在版编目(CIP)数据

数字测图 / 刘明学主编. -- 2版. -- 北京 : 中国铁道出版社有限公司, 2025. 4. --(高等职业教育测绘类专业系列教材). -- ISBN 978-7-113-32130-7

Ⅰ. P231.5

中国国家版本馆CIP数据核字第2025PV3404号

书　　名：数字测图
作　　者：刘明学

策　　划：陈美玲
责任编辑：陈美玲　　**编辑部电话：**(010)51873240　　**电子邮箱：**992462528@qq.com
封面设计：郑春鹏
责任校对：王　杰
责任印制：高春晓

出版发行：中国铁道出版社有限公司（100054，北京市西城区右安门西街8号）
网　　址：https://www.tdpress.com
印　　刷：北京鑫益晖印刷有限公司
版　　次：2021年8月第1版　2025年4月第2版　2025年4月第1次印刷
开　　本：787 mm×1 092 mm　1/16　**印张：**15.75　**字数：**397千
书　　号：ISBN 978-7-113-32130-7
定　　价：48.00元

第二版前言

本教材自2021年出版以来深受读者好评，读者在使用过程中也提出了宝贵意见，在历次印刷中陆续做出相应的修改。2023年，本教材被评为陕西省“十四五”首批职业教育规划教材。随着无人机三维测图、激光雷达测图等新技术的日臻完善，大比例尺测图方法正在由传统的全站仪、GNSS-RTK草图法逐步过渡到通过三维模型、点云直接采集与传统方法并重的技术。在技术装备、方法重大革新的前提下，相关技术规范、操作方法、绘图软件都进行了较大的更新迭代。同时，为了适应新时代职业教育改革的需要，课程数字化资源、思政元素融入课堂等方式也是教材发展的一个重要方向。为此，我们对本教材第一版进行了修订。

与第一版相比，第二版主要进行了以下四个方面的补充与完善：

1. 近几年来，无人机测图技术不管是从硬件还是软件，成图方法都有较大的改变，为了适应这一变化，本教材编写组对“项目5　无人机测图”进行了重新编排。随着激光雷达技术在古建保护、矿山治理、沉陷区监测等特殊场景下的测图应用不断成熟，此次修订增加了“项目6　激光雷达测图”。

2. 由于数字测图相关软件的升级，将教材中所有插图和软件的操作步骤进行了更新。

3. 增加了部分例题和概念。其中项目1增加了大比例尺地形图分幅和编号计算算例，项目2增加了图根导线算例和三角高程算例，项目7增加了测绘产品检查与验收的术语和概念。

4. 对教材中的重要知识点制作了微课，读者可扫描二维码学习单个知识点。本书建成了省级在线精品课程，对教材中部分任务配套了任务单、习题、课件、实训项目等资源，读者可登录陕西省职业教育在线精品课程网站系统学习。

本教材是校企“双元”合作开发的教材，由高等职业院校教师和企业专家共同合作编写完成。高等职业院校教师和企业专家执笔编写各个项目，企业专家还提供了部分案例、指导了典型生产的各环节。本教材由陕西铁路工程职业技术学院刘明学担任主编，重庆市勘测院有限公司郭彩立、陕西铁路工程职业技术学院谢忠俍担任副主编，陕西铁路工程职业技术学院张福荣担任主审。具体编写分工如下：项目1中任务1.1～任务1.3、项目4由刘明学编写；项目1中任务1.4、任务1.5由陕西铁路工程职业技术学院袁曼飞与自然资源部第二地形测量队刘钰共同编写；项目2由陕西铁路工程职业技术学院刘舜与郭彩立共同编写；项目3、项目8由袁曼飞编写；项目5、项目6由陕西铁路工职业技术学院贺国伟编写；项目7和项目9由谢忠俍编写。本教材编写过程中参考了大量的文献和相关资料，同时也得到了编者院校的大力支持，在此一并表示感谢。

由于编者水平有限，教材中难免会出现不当与疏漏之处，敬请专家和读者批评、指正。若需PPT等学习资料，请拨打编辑部电话或通过电子邮箱联系编辑部。

编　者

2025年3月

第一版前言

数字地形图在国家基础建设中具有广泛的用途，是规划设计施工的重要依据。无人机摄影测量等新技术的出现，给数字测图行业带来了一场技术革命，也对测图人才培养提出了新要求。本教材紧密对接测图行业企业需求，从职业岗位核心技能出发，融入数字测图新技术，设置了基础知识、控制测量、草图法测图、编码法测图、无人机测图、数字测图产品的检查验收、地形图原图数字化、数字地形图的应用等8个项目。针对“数字测图”课程操作性较强的特点，教材编写遵循工作手册式教材的编写思路和要求，在操作性较强的内容部分以工作流程为依托序化教材内容。同时在教材中融入了思政元素，增加了动画、视频等信息化教学资源，引导学生自主探索，在学习过程中培养学习者的测图实践能力、职业素养和工匠精神。

本教材由陕西铁路工程职业技术学院刘明学担任主编，重庆市勘测院郭彩立、陕西铁路工程职业技术学院谢忠俍担任副主编，陕西铁路工程职业技术学院张福荣担任主审。具体编写分工如下：项目1中任务1.1～任务1.3、项目4由刘明学编写，项目1中任务1.4、任务1.5由陕西铁路工程职业技术学院袁曼飞与自然资源部第二地形测量队刘钰共同编写，项目2由陕西铁路工程职业技术学院刘舜与郭彩立共同编写，项目3、项目7由袁曼飞编写，项目5、项目6和项目8由谢忠俍编写。本教材编写过程中参考了大量的文献和相关资料，同时也得到了编者院校的大力支持，在此一并表示感谢。

本教材内容所涉及的新技术、新方法都处于不断发展中，同时限于时间和编者水平，书中难免有不妥和疏漏之处，敬请读者批评指正。

若需PPT等教学资料，请联系相应编辑部。

编　者
2021年6月

MU LU

目录

项目1　基础知识

项目描述

随着科学技术的进步和计算机技术的迅猛发展，电子全站仪、GNSS-RTK技术、无人机测绘等先进测量仪器和技术在测量领域被广泛应用，地形测量向自动化和数字化方向发展，数字化测图技术应运而生。本项目着重介绍数字测图发展历史、测图常用比例尺及地形图分幅的相关知识，作为后续学习的基础。

学习目标

1. 知识目标

(1)了解数字测图发展历史；

(2)掌握比例尺分类方法；

(3)掌握梯形分幅和编号方法；

(4)掌握矩形分幅和编号方法；

(5)掌握地物符号的分类和特点；

(6)掌握等高线的相关概念和特性；

(7)掌握典型及特殊地貌的表示方法。

2. 能力目标

(1)能利用比例尺确定测量精度；

(2)能进行地形图梯形分幅和编号；

(3)能进行地形图矩形分幅和编号；

(4)能用正确的地物符号表示相应地物；

(5)能用正确的地貌符号表示不同地貌类型。

3. 素质目标

(1)具有团队协作意识；

(2)具有自主创新精神；

(3)具有诚实守信、爱岗敬业的职业素养。

任务1.1　发展历史

1.1.1　任务目标

通过本任务，了解数字测图近年来的发展历史、数字测图常用方法、GNSS数字测图系统及无人机测绘技术的发展对数字测图带来的变革。

1.1.2　相关配套知识

传统的地形测量是利用测量仪器对地球表面局部区域内的各种地物、地貌特征点的空间位置进行测量，以一定的比例尺并按图式符号将其绘制在图纸上，即通常所称的白纸测图。这种测图方法的实质是图解法测图。在测图过程中，地形图的精度由于刺点、绘图、图纸伸缩变形等因素的影响会大大降低，而且工序多、劳动强度大、质量管理难，也会对其造成较大的影响。在当今的信息时代，纸质地形图已难承载诸多图形信息，更新也极不方便，难以适应信息时代经济建设的需要。

伴随我国测绘事业的不断发展，测图仪器及成图技术正在朝着更精准、更快捷的方向不断进步；而高精度的全站仪、GNSS-RTK 技术、无人机测绘技术等先进的数字化测图方法，也使得测绘成图更加的数字化、自动化。数字测图实质上是一种机器辅助测图方法，在地形测量发展过程中这是一次根本性的技术变革。这种变革主要表现在：图解法测图的最终成果是地形图，图纸是地形信息的唯一载体；数字测图地形信息的载体是计算机的存储介质（磁盘或光盘），其提交的成果是可供计算机处理、远距离传输、多方共享的数字地形图数据文件，通过数控绘图仪可输出地形图。另外，利用数字地形图可生成电子地图和数字地面模型（DTM）。更具深远意义的是，数字地形信息作为地理空间数据的基本信息之一，成为地理信息系统（GIS）的重要组成部分。

视频

数字测图发展历程

广义的数字测图主要包括：利用全站仪或其他测量仪器进行野外数字化测图；利用手扶数字化仪或扫描数字化仪对纸质地形图的数字化测图；利用航摄、遥感像片进行数字化测图等技术。利用上述技术将采集到的地形数据传输到计算机，由数字成图软件进行数据处理，经过编辑、图形处理生成数字地形图。

数字化成图起源于制图自动化。20 世纪 50 年代美国国防部制图局（DMA）开始研究制图自动化问题，这一研究同时推动了制图自动化配套设备的研制与开发。20 世纪 70 年代初，制图自动化已形成规模生产，美国、加拿大及欧洲各国在相关重要部门都建立了自动制图系统。当时的自动制图主要包括数字化仪、扫描仪、计算机及显示系统四个部分，其成图过程是：将地形图数字化，再由绘图仪在透明塑料片上回放出地形图，并与原始地形图叠置以修正错误。

目前，数字化测图已发展成极为普通的数字化和自动成图的方法。

大比例尺地面数字测图是 20 世纪 70 年代电子速测仪问世后发展起来的，20 世纪 80 年代初全站型电子速测仪的迅猛发展加速了数字测图的研究和应用。

在 20 世纪 80 年代，摄影测量经历了模拟法、解析法发展为数字摄影测量。数字摄影测量是把摄影所获得的影像进行数字化得到数字化影像，由计算机进行数字处理，从而提供数字地形图或专题图、数字地面模型等各种数字化产品。

我国从 1983 年开始开展数字测图的研究工作。目前，数字测图技术在国内已趋成熟，它已作为主要的成图方法取代了传统的图解法测图，其发展过程大体上可分为两个阶段。

第一阶段主要利用全站仪采集数据，电子手簿记录，同时人工绘制标注测点点号的草图，到室内将测量数据直接由记录器传输到计算机，再由人工按草图编辑图形文件，并键入计算机自动成图，经人机交互编辑修改，最终生成数字地形图，由绘图仪绘制地形图。这虽是数字测图发展的初级阶段，但人们看到了数字测图自动成图的美好前景。

第二阶段仍采用野外测记模式，但成图软件有了实质性的进展。一是开发了智能化的外业数据采集软件；二是计算机成图软件能直接对接收的地形信息数据进行处理。目前，国内利用全站仪配合便携式计算机或掌上电脑，以及直接利用全站仪内存的大比例尺地面数字测图方法已得到广泛应用。

20 世纪 90 年代出现了载波相位差分技术，又称 RTK 实时动态载波相位差分定位技术，这种测量模式是位于基准站(已知的基准点)的 GNSS 接收机通过数据链将其观测值及基准站坐标信息一起发给流动站的 GNSS 接收机，流动站不仅接收来自参考站的数据，还直接接收 GNSS 卫星发射的观测数据，组成相位差分观测值，进行实时处理，能够实时提供测点在指定坐标系的三维坐标成果，在 20 km 测程内可达到厘米级的测量精度。实时差分观测时间短，并能实时给出定位坐标。随着 RTK 技术的不断完善和更轻小型、价格更低廉的 RTK 模式 GNSS 接收机的出现，GNSS 数字测图系统在开阔地区成为地面数字测图的主要方法。

随着无人机飞控系统的完善和成熟，无人机已经在民用领域不断扩展应用范围，同时无人机技术已经逐渐渗透并深入融合到各个行业。无人机测绘技术是摄影测量与遥感的发展趋势之一，具有成本低、数据获取灵活、数据采集与处理快速等特点，这已经成为航测数据获取的一种重要方式和手段。在利用卫星和大飞机为航测平台的航空航天测量时，虽然能够获得符合要求的高分辨率影像，但是在某些地方受天气影响巨大，如多云、多雾天气影响数据获取。运用无人机航测平台的低空摄影能很好地发挥优势，避免不利因素，同时无人机摄影测量能够保持很好的现势性，在大比例尺地形图测绘中也有很高的实用价值，具有很广泛的应用。

任务1.2 比例尺

1.2.1 任务目标

比例尺是地图必不可少的要素，通过本任务，了解数字测图比例尺的定义、分类及比例尺精度的概念，能根据比例尺和比例尺精度，推算出测量地物时应精确到什么程度。

1.2.2 相关配套知识

1. 地图的比例尺

地图上任一线段的长度与地面上相应线段水平距离之比，称为地图的比例尺。常见的比例尺表示形式有数字比例尺和图示比例尺两种。

(1)数字比例尺

以分子为 1 的分数形式表示的比例尺称为数字比例尺。设图上一条线段长为 d，相应的实地水平距离为 D，则该地图的比例尺为

$$\frac{d}{D}=\frac{1}{M} \tag{1-1}$$

式中，M 称为比例尺分母。比例尺的大小视分数值的大小而定，M 越大、比例尺越小；M 越小、比例尺越大。数字比例尺也可写成 1∶500、1∶1 000、1∶2 000 等形式。

已知在比例尺为 1∶1 000 的图上，量得两点间的长度为 2.8 cm，求其相应的水平距离。计算如下：

$$1\,000\times 0.028=28(\text{m})$$

地形图按比例尺分为三类：1∶500、1∶1 000、1∶2 000、1∶5 000、1∶10 000 为大比例尺

地形图；1∶25 000、1∶50 000、1∶100 000 为中比例尺地形图；1∶250 000、1∶500 000、1∶1 000 000 为小比例尺地形图。

(2)图示比例尺

最常见的图示比例尺是直线比例尺。用一定长度的线段表示图上的实际长度，并按图上比例尺计算出相应地面上的水平距离注记在线段上，这种比例尺称为直线比例尺。图 1-1 为 1∶2 000 的直线比例尺，其基本单位为 2 cm。

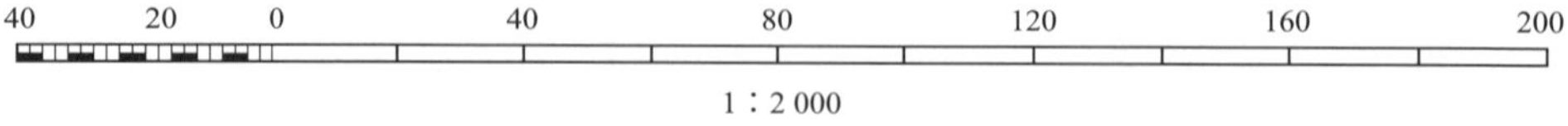

图 1-1　直线比例尺

直线比例尺多绘制在图幅下方处，具有随图纸同样伸缩的特点，故用它量取同一幅图上的距离时，在很大程度上减小了图纸伸缩变形带来的影响。直线比例尺使用方便，可直接读取基本单位的 1/10，估读到 1/100。为了提高估读的准确性，可采用称为复式比例尺(斜线比例尺)的另一种图示比例尺，以减少估读的误差。图 1-2 所示的复式比例尺可直接量取到基本单位的 1/100。

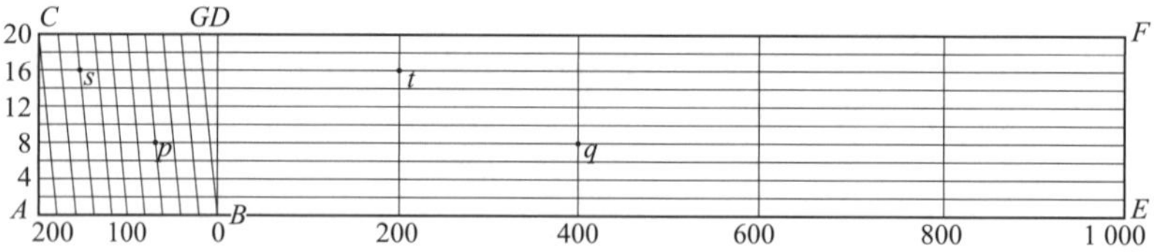

图 1-2　复式比例尺

视 频

地形图比例尺

2. 比例尺精度

测图用的比例尺越大，就越能表示出测区地面的详细情况，但测图所需的工作量也越大。因此，测图比例尺关系到实际需要、成图时间及测量费用。正常人的眼睛能分辨的最短距离一般取 0.1 mm，因此实地丈量地物边长，或丈量地物与地物间的距离，只需精确到按比例尺缩小后，相当于图上 0.1 mm 即可。在测量工作中称相当于图上 0.1 mm 的实地水平距离为比例尺精度。表 1-1列出了几种比例尺地形图的比例尺精度。

表 1-1　比例尺精度

比例尺	1∶500	1∶1 000	1∶2 000	1∶5 000	1∶10 000
比例尺精度/m	0.05	0.1	0.2	0.5	1.0

任务 1.3　地形图分幅与注记

1.3.1　任务目标

为便于测绘、印刷、保管、检索和使用，所有的地形图均需按规定的大小进行统一分幅后进行有系统的编号，并添加图廓和注记。通过本任务，了解数字测图中地形图分幅和编号的统一方法以及图廓和注记。

1.3.2 相关配套知识

地形图的分幅方法有两种:一种是按经纬线分幅的梯形分幅法;另一种是按坐标格网线分幅的矩形分幅法。前者用于国家基本比例尺地形图,后者用于工程建设大比例尺地形图。

1. 梯形分幅与编号

我国基本比例尺地形图(1∶100万～1∶5 000)采用经纬线分幅,地形图图廓由经纬线构成。它们均以1∶100万地形图为基础,按规定的经差和纬差划分图幅,行列数和图幅数成简单的倍数关系。

经纬线分幅的主要优点是每个图幅都有明确的地理位置概念,适用于较大范围的地图分幅;其缺点是图幅拼接不方便,随着纬度的升高,相同经纬差所限定的图幅面积不断缩小,不利于有效地利用纸张和印刷机版面;此外,经纬线分幅还经常会破坏重要地物的完整性点。

(1)20世纪70～80年代我国基本比例尺地形图的分幅与编号

①1∶100万比例尺地形图的分幅与编号

1∶100万比例尺地形图的分幅与编号是采用国际标准分幅的经差6°、纬差4°为一幅图。从赤道起向北或向南至纬度88°止,按纬差每4°划作一横列,共划分为22个横列,依次用A,B,…,V表示;从经度180°起向东按经差每6°划作一纵行,全球共划分为60个纵行,依次用1,2,…,60表示。

每幅图的编号由该图幅所在的"列号-行号"组成。例如,北京某地的经度为116°26′08″、纬度为39°55′20″,所在1∶100万比例尺地形图的编号为J-50。

②1∶50万、1∶25万、1∶10万比例尺地形图的分幅与编号(图1-3)

1∶50万、1∶25万、1∶10万比例尺地形图都是在1∶100万地形图的基础上进行分幅编号的。一幅1∶100万的图可划分为4幅1∶50万的图,分别以代码A、B、C、D表示。将1∶100万图幅的编号加上代码,即为该代码图幅的编号,例1∶50万图幅的编号为J-50-A。

一幅1∶100万的图可划分为16幅1∶25万的图,分别用代码[1],[2],…,[16]表示。将1∶100万图幅的编号加上代码,即为该代码图幅的编号,例1∶25万图幅的编号为J-50-[1]。

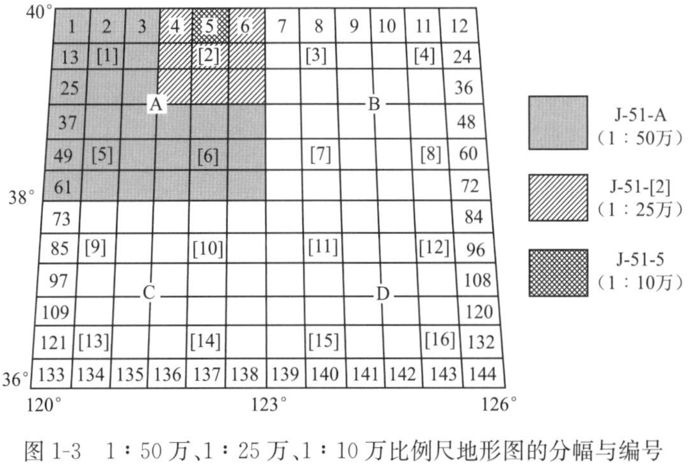

图1-3 1∶50万、1∶25万、1∶10万比例尺地形图的分幅与编号

一幅 1∶100 万的图,可划分为 144 幅 1∶10 万的图,分别用代码 1,2,…,144 表示。将 1∶100万图幅的编号加上代码,即为该代码图幅的编号,例 1∶10 万图幅的编号为 J-50-1。

③1∶5 万、1∶2.5 万、1∶1 万比例尺地形图的分幅与编号

这三种比例尺地形图的分幅和编号是在 1∶10 万比例尺地形图的基础上进行的,如图 1-4 所示。

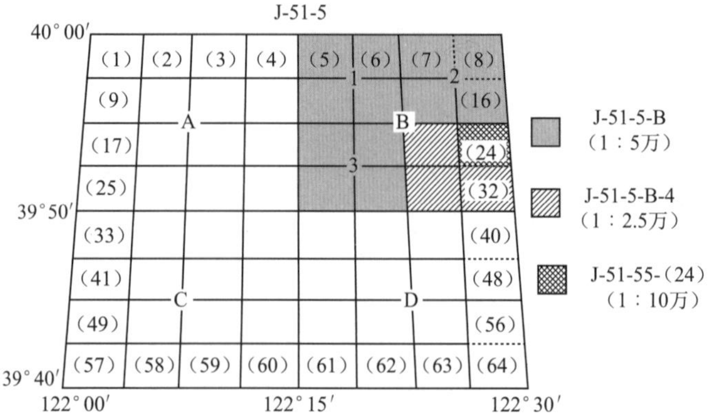

图 1-4　1∶5 万、1∶2.5 万、1∶1 万比例尺地形图的分幅与编号

每幅 1∶10 万比例尺地形图可划分为 4 幅 1∶5 万比例尺地形图,分别以 A、B、C、D 表示;其编号是由 1∶10 万比例尺地形图的编号后加上各自的代号所组成。例如,某地所在 1∶5 万比例尺地形图的编号为 J-51-5-B。

每幅 1∶5 万比例尺地形图可划分为 4 幅 1∶2.5 万比例尺地形图,分别以数字 1、2、3、4 表示;其编号是由 1∶5 万比例尺地形图的编号后加上 1∶2.5 万比例尺地形图各自的代号所组成,如 J-51-5-B-4。

每幅 1∶10 万比例尺地形图可划分为 8 行、8 列,共 64 幅 1∶1 万比例尺地形图,分别以(1),(2),(3),…,(64)表示;其纬差是 2′30″、经差是 3′45″,编号由 1∶10 万比例尺地形图图号之后加上各自代号所组成,如 J-51-5-(24)。

④1∶5 000 比例尺地形图的分幅与编号

1∶5 000 比例尺地形图是在 1∶1 万比例尺地形图的基础上进行分幅与编号。每幅 1∶1 万比例尺地形图分成 4 幅 1∶5 000 的图(图 1-5);其纬差为1′15″、经差为 1′52.5″;其编号是在1∶1 万比例尺地形图的图号后分别加上代号 a、b、c、d。例如某地所在的 1∶5 000 比例尺地形图图幅编号为 J-51-5-(24)-b。

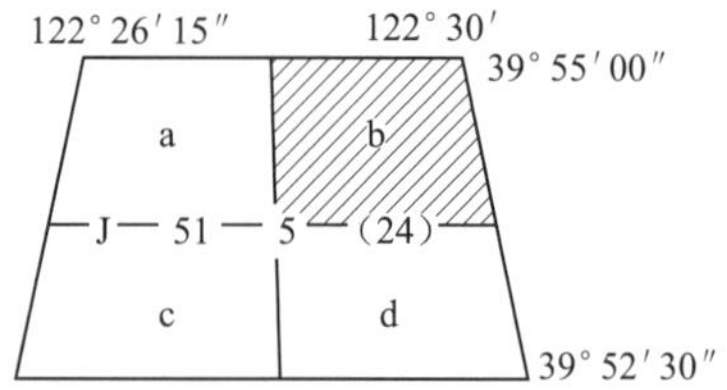

图 1-5　1∶5 000 地形图分幅与编号

(2)现行的国家基本比例尺地形图分幅和编号

2012 年 6 月,我国颁布了《国家基本比例尺地形图分幅和编号》(GB/T 13989—2012),2012 年 10 月开始实施。分幅与编号方法如下。

①地形图的分幅

各种比例尺地形图均以 1∶100 万地形图为基础图,沿用原分幅各种比例尺地形图的经纬差(表 1-2),全部由 1∶100 万地形图按相应比例尺地形图的经纬差逐次加密划分图幅,以横为行、纵为列。

表 1-2　基本比例尺地形图图幅范围及相互间的数量关系

比例尺		1∶100 万	1∶50 万	1∶25 万	1∶10 万	1∶5 万	1∶2.5 万	1∶1 万	1∶5 000	1∶2 000	1∶1 000	1∶500
图幅范围	经差	6°	3°	1°30′	30′	15′	7′30″	3′45″	1′52.5″	37.5″	18.75″	9.375″
	纬差	4°	2°	1°	20′	10′	5′	2′30″	1′15″	25″	12.5″	6.25″
行列数量关系	行数	1	2	4	12	24	48	96	192	576	1 152	2 304
	列数	1	2	4	12	24	48	96	192	576	1 152	2 304
图幅数量关系		1	4	16	144	576	2 304	9 216	36 864	331 776	1 327 104	5 308 416

②地形图的编号

a. 1∶100 万地形图新的编号方法，除行号与列号改为连写外，没有任何变化，如北京所在的 1∶100 万地形图的图号由 J-50 改写为 J50。

b. 1∶2 000 至 1∶50 万地形图的编号，均以 1∶100 万地形图编号为基础，采用行列式编号法，将 1∶100 万地形图按所含各种比例尺地形图的经纬差划分成相应的行和列，横行自上而下，纵列从左到右，按顺序均用阿拉伯数字编号，皆用 3 位数字表示，凡不足 3 位数的，则在其前补 0。

1∶2 000 至 1∶50 万地形图的图号由五个元素 10 位码构成。从左向右，第一元素 1 位码，为 1∶100 万图幅行号字符码；第二元素 2 位码，为 1∶100 万图幅列号数字码；第三元素 1 位码，为编号地形图相应比例尺的字符代码；第四元素 3 位码，为编号地形图图幅行号数字码；第五元素 3 位码，为编号地形图图幅列号数字码；各元素之间要连续书写，不允许插入空格等其他连接符，如图 1-6 所示。比例尺代码见表 1-3。

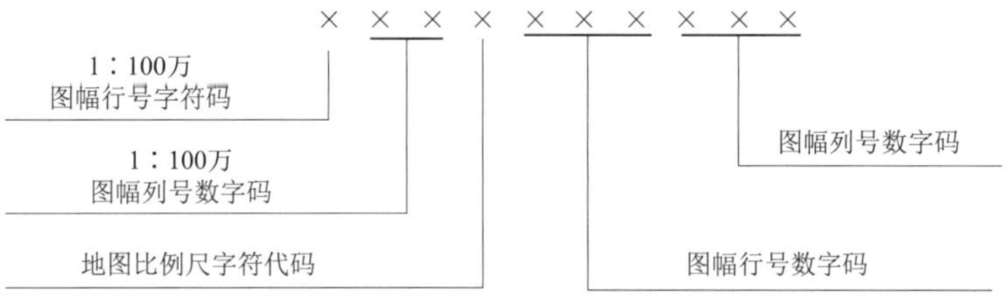

图 1-6　1∶2 000 至 1∶50 万比例尺地形图编号构成

表 1-3　比例尺代码

比例尺	1∶50 万	1∶25 万	1∶10 万	1∶5 万	1∶2.5 万	1∶1 万	1∶5 000	1∶2 000	1∶1 000	1∶500
代码	B	C	D	E	F	G	H	I	J	K

1∶1000、1∶500 地形图的图号由五个元素 12 位码构成。从左向右，第一元素 1 位码，为 1∶100 万图幅行号字符码；第二元素 2 位码，为 1∶100 万图幅列号数字码；第三元素 1 位码，为编号地形图相应比例尺的字符代码；第四元素 4 位码，为编号地形图图幅行号数字码；第五元素 4 位码，为编号地形图图幅列号数字码；各元素之间要连续书写，不允许插入空格等其他连接符，如图 1-7 所示。比例尺代码见表 1-3。

新分幅编号系统的主要优点是编码系列统一于一个根部，编码长度相同，便于计算机处理。

● 视 频

中小比例尺地形图分幅与编号

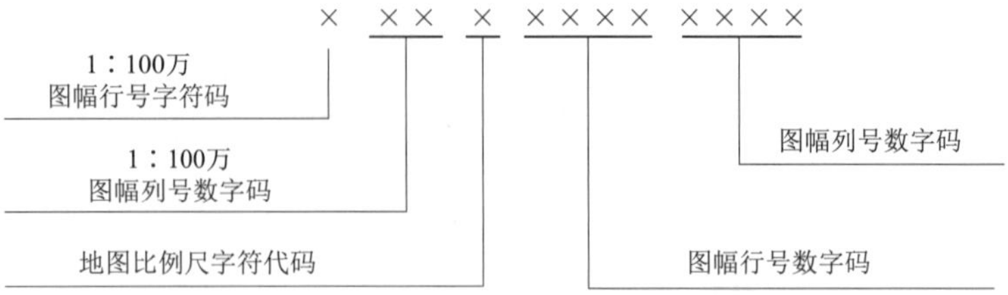

图 1-7　1∶1 000、1∶500 比例尺地形图编号构成

③新编号系统的应用

a. 由已知某地地理坐标(x,y)，则按下列程序计算其所在某比例尺地形图的图号：

按式(1-2)求出基础图 1∶100 万图幅的图号：

$$\begin{aligned} a&=[\varphi/4°]+1 \\ b&=[\lambda/6°]+1 \end{aligned} \tag{1-2}$$

式中，φ 表示纬度；λ 表示经度；[]表示商取整，如 9.3 则取 9；a 表示行号；b 表示列号。

我国疆域位于东半球，故纵列号大于 30，将式(1-2)改写为

$$\begin{aligned} a&=[\varphi/4°]+1 \\ b&=[\lambda/6°]+31 \end{aligned} \tag{1-3}$$

按式(1-4)计算所求图号的地形图在基础图幅内位于的行号和列号：

$$\begin{aligned} c&=4°/\Delta\varphi-[(\varphi/4°)/\Delta\varphi] \\ d&=[(\lambda/6°)/\Delta\lambda]+1 \end{aligned} \tag{1-4}$$

式中，$\Delta\varphi$、$\Delta\lambda$ 表示所求图号的地形图图幅的纬差与经差；c 表示行号；d 表示列号；[]表示商取整；()表示商取余。

计算的结果引入待求图号地形图的比例尺代码，按图号构成规律，写出所求的图号。

【例题 1-1】北京某地的地理坐标为(114°33′45″,39°22′30″)，则该地所在 1∶10 万、1∶1 000地形图的图号是多少？

$$a=[\varphi/4°]+1=[39°22'30''/4°]+1=9+1=10$$

其中，10 对应的英文字母顺序是 J，图幅编号的第一位就是 J。

$$b=[\lambda/6°]+31=[114°33'45''/6°]+31=19+31=50$$

图幅编号的第二～三位是 50。

1∶10 万的比例尺对应的比例尺符号为 D，图幅编号的第四位就是 D。

$$\begin{aligned} c&=4°/\Delta\varphi-[(\varphi/4°)\Delta\varphi] \\ &=4°/20'-[(39°22'30''/4°)/20'] \\ &=12-[3°22'30''/20'] \\ &=12-10=2 \end{aligned}$$

图幅编号的第五～七位即是 002。

$$\begin{aligned} d&=[(\lambda/6°)/\Delta\lambda]+1=[(114°33'45''/6°)/30']+1 \\ &=[33'45''/30']+1=1+1=2 \end{aligned}$$

图幅编号的第八～十位即是 002；所以该地所在的 1∶10 万地形图的图号是 J50D002002。

1∶1 000 的比例尺对应的比例尺符号为 J，图幅编号的第四位就是 J。

$$\begin{aligned} c&=4°/\Delta\varphi-[(\varphi/4°)/\Delta\varphi] \\ &=4°/12.5''-[(39°22'30''/4°)/20'] \end{aligned}$$

$$=1\,152-[3°22'30''/12.5']$$
$$=1\,152-972=180$$

图幅编号的第五～八位即是 0180。

$$d=[(\lambda/6°)/\Delta\lambda]+1$$
$$=[(114°33'45''/6°)/18.75'']+1$$
$$=[(33'45'')/18.75'']+1$$
$$=108+1=109$$

图幅编号的第九～十二位即是 0109；所以该地所在的 1∶10 万地形图的图号是 J50J01800109。

b. 由已知的图号，按式(1-5)计算该图幅的左上角点的经纬度：

$$\begin{aligned}\varphi&=4°\times a-(c-1)\times\Delta\varphi\\ \lambda&=(b-31)\times 6°+(d-1)\times\Delta\lambda\end{aligned}\qquad(1\text{-}5)$$

式中符号同前。

【例题 1-2】图号 J50D002002，求其西南图廓点的经纬度。

$$a=10;b=50;c=2;d=2;\Delta\varphi=20';\Delta\lambda=30'$$
$$\varphi=(10-1)\times 4°+(4°/20'-2)\times 20'$$
$$=39°20'$$
$$\lambda=(50-31)\times 6°+(2-1)\times 30'$$
$$=114°30'$$

2. 坐标格网正方形(矩形)分幅法

为了适应各种工程设计和施工的需要，对于大比例尺地形图，大多按纵横坐标格网线进行等间距分幅，即采用正方形分幅与编号方法。1∶500、1∶1 000、1∶2 000 比例尺地形图一般采用50 cm×50 cm正方形分幅和 40 cm×50 cm 矩形分幅，根据需要也可采用其他规格分幅。

图幅的编号一般采用坐标编号法。由图幅西南角纵坐标 x 和横坐标 y 组成编号，坐标值单位均为 km，其中 1∶5 000 坐标值精确至 1 km，1∶2 000、1∶1 000 精确至 0.1 km，1∶500 精确至 0.01 km。例如，某幅 1∶1 000 地形图的西南角坐标为 x=6 230 km、y=10 km，则其编号为 6230.0-10.0。

除上述方法外，也可以采用基本图号法编号，即以 1∶5 000 比例尺地形图作为基础，较大比例尺图幅的编号是在它的编号后面加上罗马数字。例如，一幅 1∶5 000 比例尺地形图的编号为 20-60，则在其基础上进行的分幅与编号如图 1-8 所示。

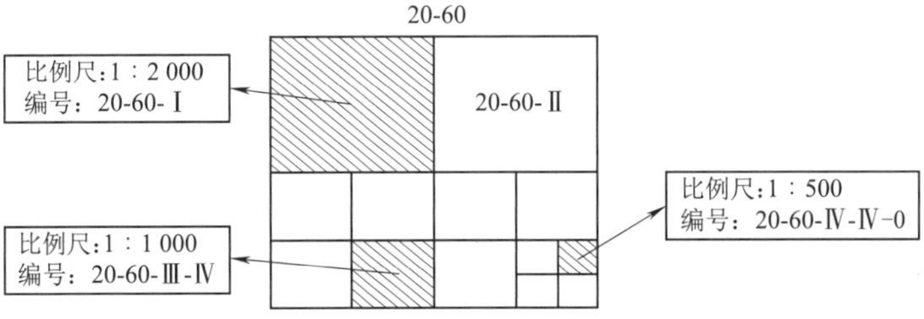

图 1-8　1∶5 000 比例尺地形图基本图号法的分幅与编号

正方形或矩形分幅的地形图的图幅编号，一般采用图廓西南角坐标公里数编号法，也可选用流水编号法和行列编号法。

(1)采用图廓西南角坐标公里数编号时，x 坐标公里数在前，y 坐标公里数在后；1∶500 地形图取至 0.01 km(如 10.40-27.75)，1∶1 000、1∶2 000 地形图取至 0.1 km(如 10.0-21.0)。

(2)带状测区或小面积测区可按测区统一顺序编号，一般从左到右、从上到下用阿拉伯数字 1、2、3、4……编定，如图 1-9 中的××-8(××为测区代号)。

(3)行列编号法一般以字母(如 A、B、C、D……)为代号的横行由上到下排列，以阿拉伯数字为代号的纵列从左到右排列来编定的；先行后列，如图 1-10 中的 A-4。

视 频

大比例尺地形图分幅与编号

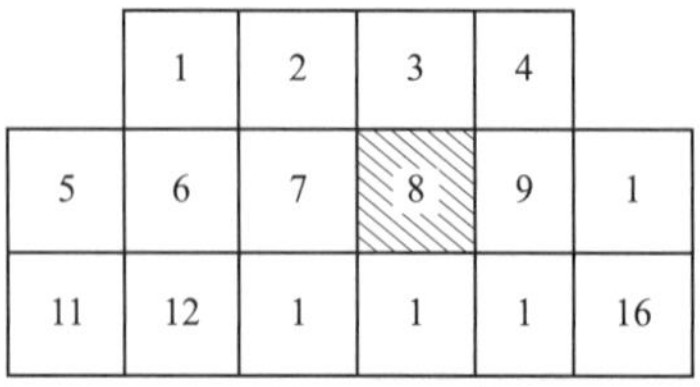

图 1-9　××-8

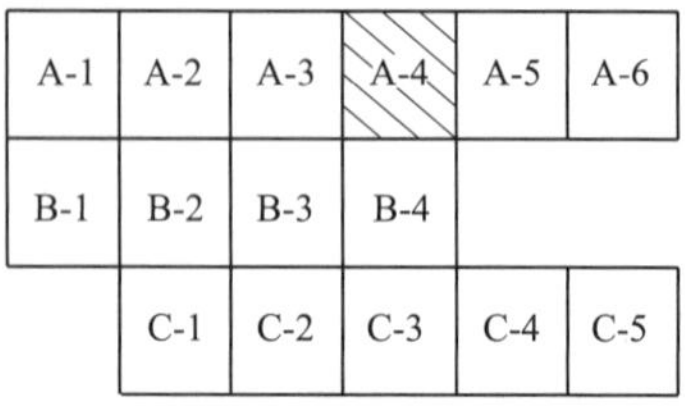

图 1-10　A-4

1∶2 000 地形图可以 1∶5 000 地形图为基础，按经差 37.5″、纬差 25″进行分幅(图 1-11)，其图幅编号以 1∶5 000 地形图图幅编号分别加短线，再加顺序号 1、2、3、4、5、6、7、8、9 表示，如 H49H192097-5。

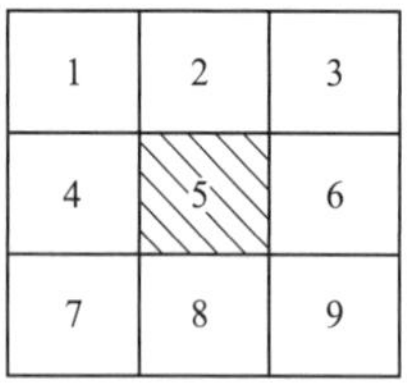

图 1-11　H49H192097-5

3. 图廓及图廓外注记

每一幅图的边界线称为图廓。图廓有内图廓和外图廓，内图廓用细线描绘，是本幅图的边界线，也是坐标格网线。以内图廓边界线上的短线和图幅内的十字为坐标格网线，内、外图廓线之间注有图廓线坐标值，以 km 为单位。外图廓用粗实线描绘，是整饰范围线，如图 1-12所示。

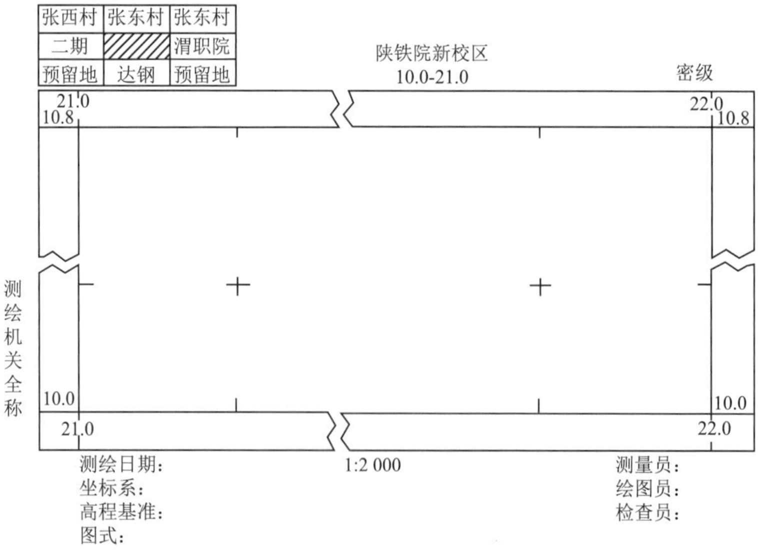

图 1-12　图廓注记

(1)图名与图号

每一幅图的名称简称为图名,以图幅内最主要的地名、单位和行政名称命名。如图 1-12 所示,图名为“陕铁院新校区”,图号即为上述分幅编号 10.0-21.0,图名和图号注记在图廓上方正中位置。

(2)邻接图表

在图幅左上角绘有邻接图表,说明本幅图与相邻图幅的关系,便于索取和拼接相邻图幅。中间绘有斜线的代表本幅图,周边邻接图幅以图名或图号注出,如图 1-12 所示。

视频

地形图的图廓及图廓外注记

(3)其他注记

右上角密级,注明图纸的保密级别,左图廓外注明测绘单位,左下角注记测绘日期、采用坐标系统、高程基准及地形图图式版本;在图廓外正下方注记本幅图比例尺;右下角注明测量员、绘图员、检查员的姓名。

任务1.4　地物符号

1.4.1　任务目标

通过本任务,了解地物符号的分类,学习典型地物符号的表示方法,为地形图的测绘及判读打好基础。

1.4.2　相关配套知识

地球表面上复杂多样的物体和千姿百态的地表形状,在测量工作中可概括为地物和地貌。地物即地球表面自然形成或人工修建的具有明显轮廓的固定性物体,如河流、湖泊、道路、房屋和植被等;地貌是指高低起伏、倾斜缓急的地表形态,如山地、谷地、凹地、陡壁和悬崖等。地物与地貌一起总称为地形。

按照《国家基本比例尺地图图式　第1部分:1∶500　1∶1 000　1∶2 000 地形图图式》(GB/T 20257.1—2017)(以下简称《地形图图式》)的规定,地物一般可分为表 1-4 所示的几种类型。

表 1-4　地物分类

地物类型	地物类型举例
定位基础	三角点、导线点、埋石图根点、水准点、卫星定位连续运行站点
水系	江河、运河、沟渠、湖泊、池塘、井、泉、堤坝、闸及其附属建筑物等
居民地及设施	城市、集镇、村庄、窑洞、蒙古包以及居民地的附属建筑物等
交通	铁路、公路、乡村路、小路、桥梁、涵洞以及其他道路附属建筑物
管线	输电线路、通信线路、地面与地下管道、城墙、围墙、栅栏、篱笆等
境界	国界、省界、县界及其界碑等
植被与土质	森林、果园、菜园、耕地、草地、沙地、石块地、沼泽等

地物在地形图上表示的原则是:凡能按比例尺表示的地物,可将它们水平投影位置的几何形状依照比例尺描绘在地形图上,如房屋、双线河等,或将其边界位置按比例尺表示在图上,边界内绘上相应的符号,如果园、森林、耕地等;不能按比例尺表示的地物,在地形图上是用相应

▪ 视频

大比例尺地形图的注记

的地物符号表示在地物的中心位置上，如水塔、烟囱、纪念碑等；凡是长度能按比例尺表示，而宽度不能按比例尺表示的地物，则其长度按比例尺表示，宽度以相应符号表示。

地物测绘必须根据规定的比例尺，按规范和图式的要求进行综合取舍，将各种地物表示在地形图上。

1. 地物符号

地物的类别、形状、大小及其在图上的位置，是用地物符号表示的。根据地物的大小及描绘方法不同，地物符号可被分为比例符号、半比例符号、非比例符号及地物注记。

(1)比例符号

凡按照比例尺能将地物轮廓缩绘在图上的符号称为比例符号，如房屋、江河、湖泊、森林、果园等。这些符号与地面上实际地物的形状相似，可以在图上量测地物的面积。

当用比例符号仅能表示地物的形状和大小，而不能表示出其类别时，应在轮廓内加绘相应的符号，以指明其地物类别。

(2)半比例符号

凡长度可按比例尺缩绘，而宽度不能按比例尺缩绘的狭长地物符号，称为半比例符号，也称线性符号，如道路、河流、通信线以及管道等。半比例符号的中心线即为实际地物的中心线，这种符号可以在图上量测地物的长度，但不能量测其宽度。

(3)非比例符号

当地物的轮廓很小或无轮廓，以致不能按测图比例尺缩小，但因其重要性又必须表示时，可不管其实际尺寸，均用规定的符号表示。这类地物符号称为非比例符号，如测量控制点、独立树、里程碑、钻孔、烟囱等。这种地物符号和有些比例符号随着比例尺的不同是可以相互转化的。

非比例符号不仅其形状和大小不能按比例尺去描绘，而且符号的中心位置与该地物实地中心的位置关系也将随各类地物符号的不同而不同，其定位点规则如下：

①圆形、正方形、三角形等几何图形的符号(如三角点等)的几何中心即代表对应地物的中心位置[表 1-5(a)]。

②符号(如水塔等)底线的中心，即为相应地物的中心位置[表 1-5(b)]。

③底部为直角形的符号(如独立树等)，其底部直角顶点，即为相应地物中心的位置[表 1-5(c)]。

④几种几何图形组成的符号(如旗杆等)的下方图形的中心，即为相应地物的中心位置[表 1-5(d)]。

⑤下方没有底线的符号(如窑洞等)的下方两端点的中心点，即为对应地物的中心位置[表 1-5(e)]。

表 1-5　非比例符号示例

	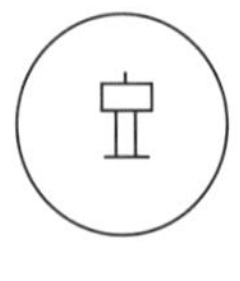	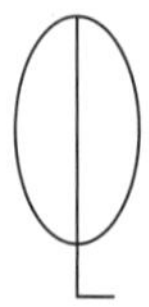	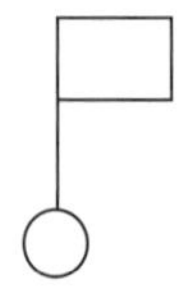	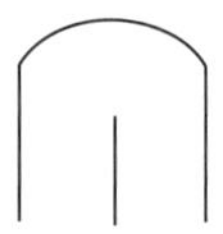
(a) 三角点	(b) 水塔	(c) 独立树	(d) 旗杆	(e) 窑洞

地物注记是指用文字、数字等对地物的性质、名称、种类或数量等在图上的说明。地物注

记可分为如下三类：

①地理名称注记。如居民点、山脉、河流、湖泊、水库、铁路、公路和行政区的名称等均需用各种不同大小、不同字体进行注记说明。

②说明文字注记。在地形图上为了表示地物的实质或某种重要特征，可用文字说明进行注记。如咸水井除用水井符号表示外，还应加注“咸”字说明其水质；石油井、天然气井等其符号相同，必须在符号旁加注“油”“气”以示区别。

③数字注记。在地形图上为了补充说明被描绘地物的数量和地物的特征，可用数字进行注记。如三角点的注记，其分子是点名或点号，其分母的数字表示三角点的高程。

视频

地物及地物符号分类

在地形图上对于某个具体地物的表示，是采用比例符号还是非比例符号，主要由测图比例尺和地物的大小而定，在《地形图图式》中有明确规定。但一般而言，测图比例尺越大，用比例符号描绘的地物就越多；相反，比例尺越小，用非比例符号表示的地物就越多。随着比例尺的增大，说明文字注记和数字注记的数量也相应增加。

2.典型地物符号表示（表1-6）

表1-6 常见地物符号示例

编号	符号名称	图例	编号	符号名称	图例
1	单幢房屋 a—一般房屋 b—有地下室的房屋 c—突出房屋 d—简易房屋 混、钢—房屋结构 1、3、28—房屋层数 −1—地下房屋层数	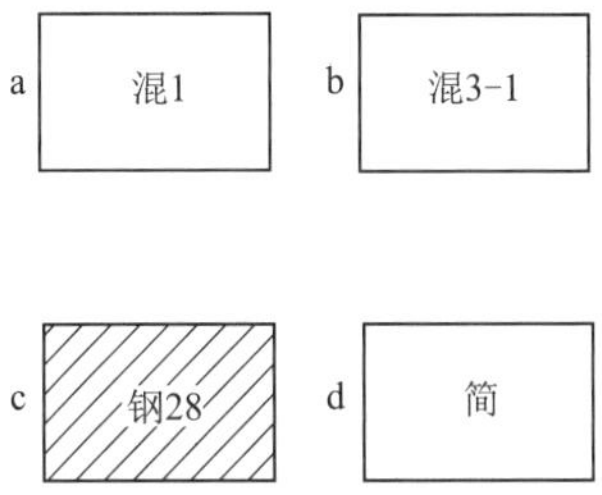	5	围墙 a—依比例的 b—不依比例的	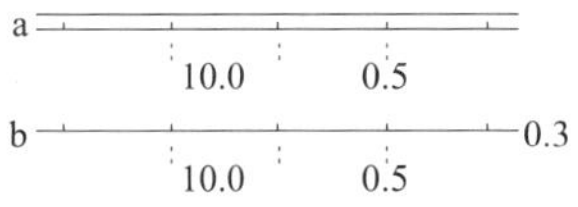
2	建筑中的房屋	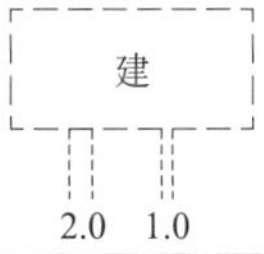	6	地类界	
3	地面河流 a—岸线 b—高水位岸线 清江—河流名称	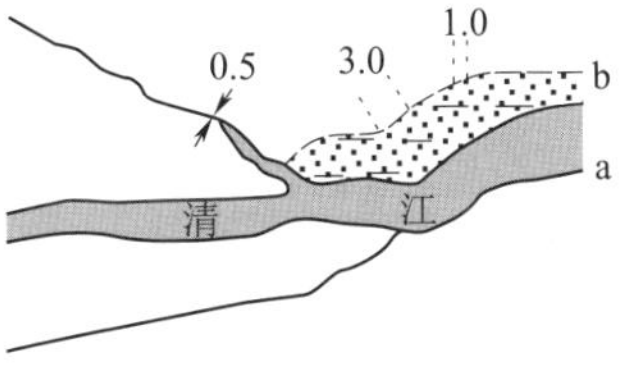	7	台阶	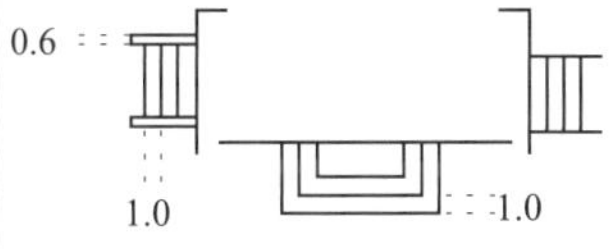
4	古迹、遗址 a—古迹 b—遗址	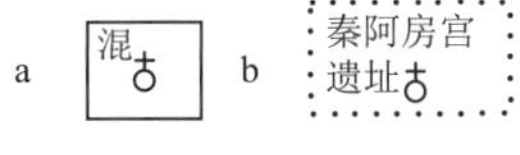	8	院门 a—围墙门 b—有门房的	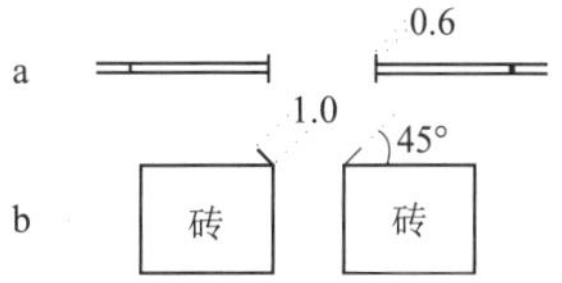

续上表

编号	符号名称	图例	编号	符号名称	图例
9	路灯、艺术景观灯 a—普通路灯 b—艺术景观灯		15	荒草地	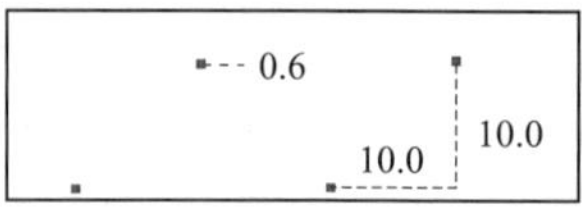
10	假山石		16	棚房 a—四边有墙的 b—一边有墙的 c—无墙的	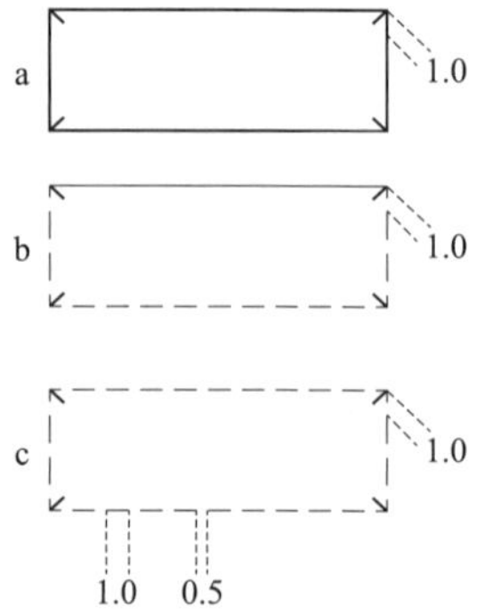
11	阶梯路		17	破坏房屋	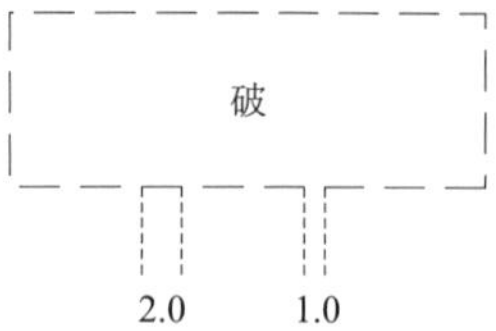
12	标准轨铁路 a—地面上的 a_1—电杆 b—高架的 c—高速的 c_1—高架的 d—建筑中的	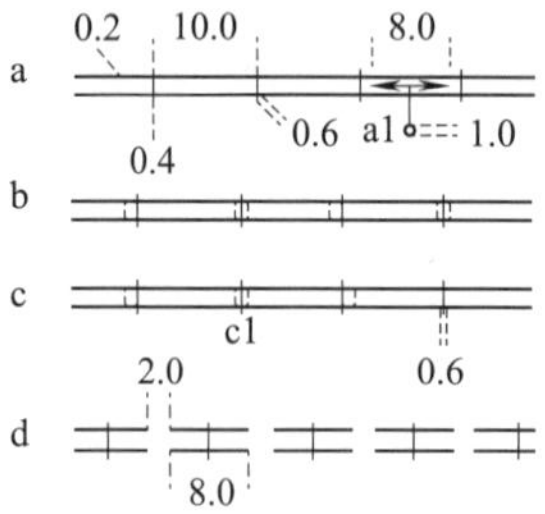	18	沟堑 a—已加固的 b—未加固的 2.6—比高	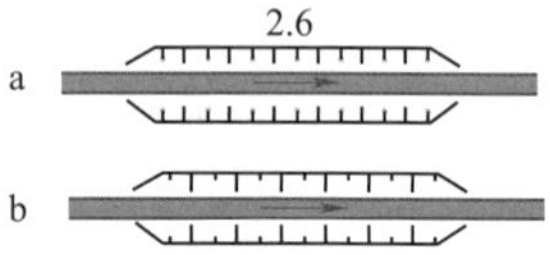
13	国道 a—一级公路 a1—隔离设施 a2—隔离带 b—二至四级公路 c—建筑中的	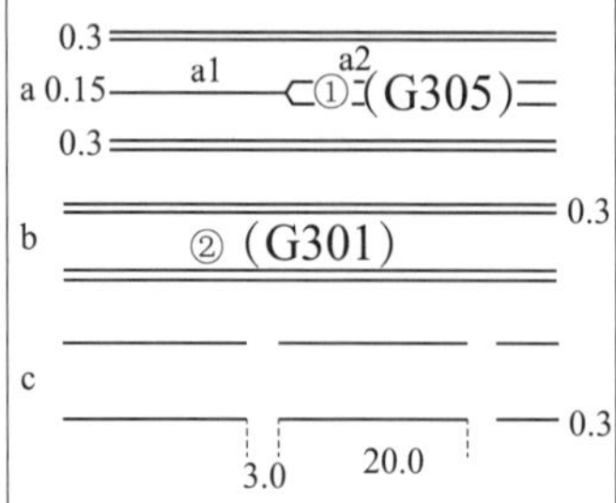	19	亭 a—依比例的 b—不依比例的	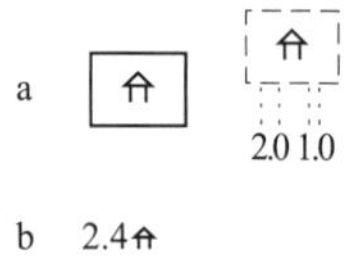
14	街道 a—主干路 b—次干路 c—支线		20	栅栏、栏杆	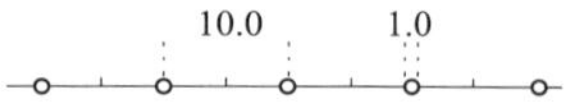

续上表

编号	符号名称	图例	编号	符号名称	图例
21	阳台	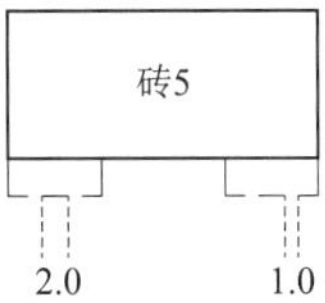	26	机耕路（大路）	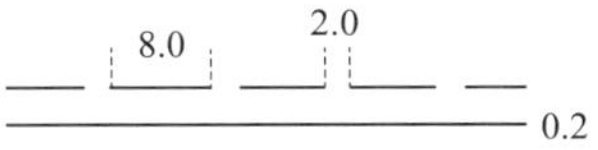
22	室外楼梯 a—上楼方向		27	高速公路 a—隔离带 b—临时停车点 c—建筑中的	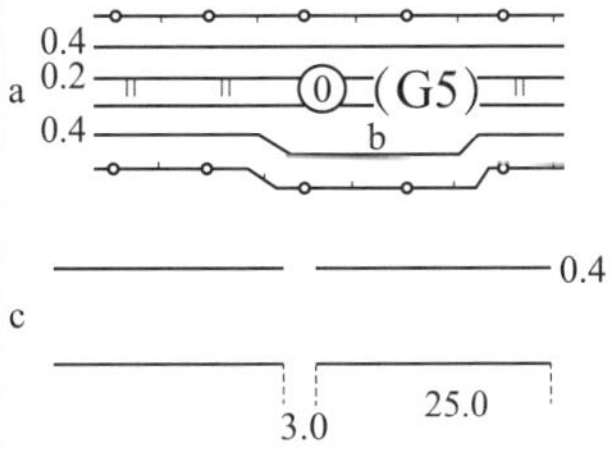
23	门墩 a—依比例的 b—不依比例的	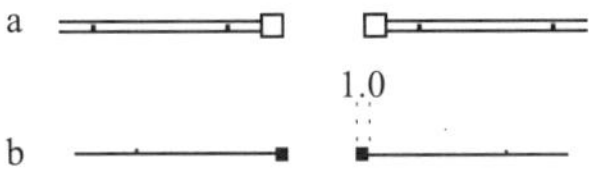	28	省道 a—一级公路 a1—隔离设施 a2—隔离带 b—二至四级公路 c—建筑中的	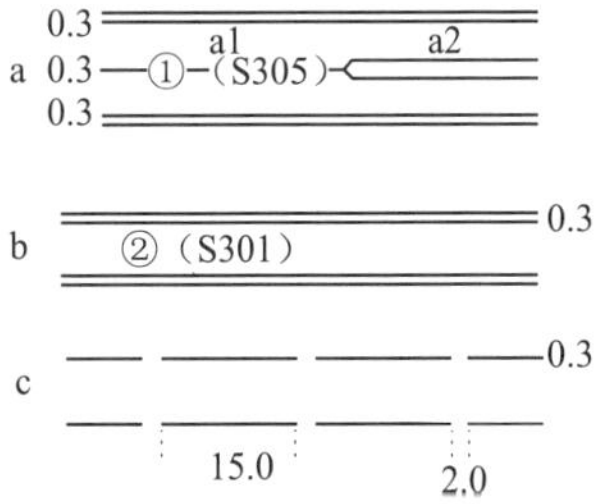
24	宣传橱窗、广告牌 a—双柱或多柱的 b—单柱的	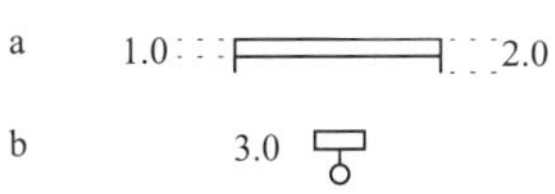	29	内部道路	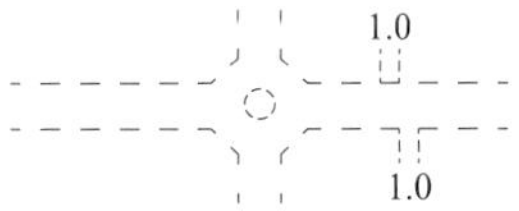
25	避雷针	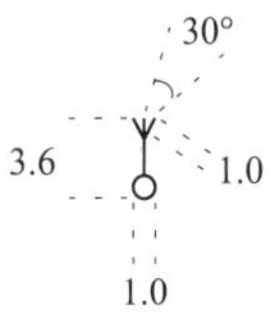	30	花圃、花坛	

注：表中数值单位为 mm。

任务1.5 地貌符号

1.5.1 任务目标

通过本任务，了解典型地貌的表示方法，为地形图的地貌绘制及判读打好基础。

1.5.2 相关配套知识

地貌是地球表面上高低起伏的总称，是地形图上主要的要素之一。在地形图上，表示地貌的方法很多，目前常用的是等高线法。对于等高线不能表示或不能单独表示的地貌，通常配以地貌符号和地貌注记来表示。

1. 等高线的概念

等高线是地面上高程相等的相邻各点所连成的闭合曲线。把地面上海拔高度相同的点连成闭合曲线，并垂直投影到一个水平面上，并按比例缩绘在图纸上，就可以得到等高线。等高线也可以看作是不同海拔高度的水平面与实际地面的交线，所以等高线是闭合曲线，如图 1-13 所示。

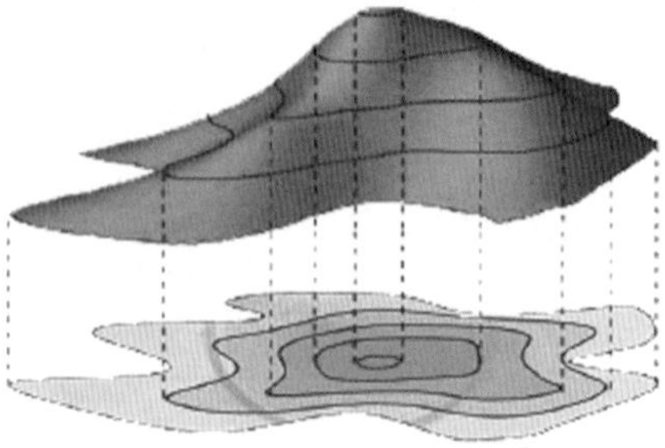

图 1-13　等高线表示地貌的原理

地形图上相邻两高程不同的等高线之间的高差，称为等高距。在同一幅地形图中，等高距越小则图上等高线越密，地貌显示就越详细、越确切。等高距越大则图上等高线越稀，地貌显示就越粗略。

值得注意的是，我们并不能由此得出结论，认为等高距越小越好。事物总是一分为二的，如果等高距很小，等高线非常密，不仅影响地形图图面的清晰，而且使用也不便，同时使测绘工作量大大增加。因此，等高距的选择必须根据地形高低起伏程度、测图比例尺的大小和使用地形图的目的等因素来决定。

地形图上相邻等高线间的水平间距称为等高线平距。由于同一地形图上的等高距相同，故等高线平距的大小与地面坡度的陡缓有着直接的关系。

由等高线的原理可知，盆地和山头的等高线在外形上非常相似。图 1-14(a)所表示为盆地地貌的等高线，图 1-14(b)所表示为山头地貌的等高线，它们之间的区别在于：山头地貌里面的等高线高程大，盆地地貌里面的等高线高程小。为了便于区别这两种地貌，就在某些等高线的斜坡下降方向绘一短线来表示坡向，并把这种短线称为示坡线。盆地的示坡线一般选择在最高、最低两条等高线上表示，能明显地表示出坡度方向即可。山头的示坡线仅表示在高程最大的等高线上。

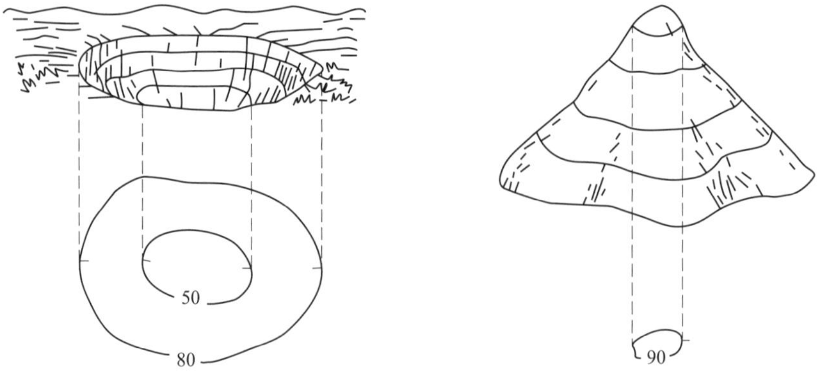

(a) 盆地　　(b) 山头

图 1-14　示坡线

等高线具有以下特点：

(1)位于同一等高线上的地面点，高程相同，但高程相同的点不一定位于同一条等高线上。

(2)在同一幅图内，除了悬崖以外，不同高程的等高线不能相交。

(3)在图廓内相邻等高线的高差一般是相同的，因此地面坡度与等高线之间的等高线平距成反比，等高线平距愈小、等高线排列越密，说明地面坡度越大；等高线平距愈大、等高线排列越稀，则说明地面坡度愈小。

(4)等高线是一条闭合曲线，如果不能在同一幅内闭合则必在相邻或者其他图幅内闭合。

(5)等高线经过山脊或山谷时改变方向，因此，山脊线或者山谷线应垂直于等高线转折点处的切线，即等高线与山脊线或者山谷线正交。

2. 等高线的分类

为了更好地表示地貌特征，便于识图用图，地形图上主要采用下列四种等高线：

(1)首曲线

按规定的等高距(基本等高距)描绘的等高线称为首曲线，亦称基本等高线，用细实线描绘。

(2)计曲线

在基本等高线中，其高程能被5倍等高距整除的高程的等高线称为计曲线(加粗等高线)，并将其加粗，在适当的位置断开，同时注记该条等高线的高程值；其目的是计算高程方便。

(3)间曲线

按二分之一基本等高距内插描绘的等高线称为间曲线(又称为半距等高线)，一般用长虚线表示，目的是显示基本等高线不能显示的微型地貌特征。在平地当基本等高线间距过大时，可加绘间曲线。间曲线可不闭合而绘至坡度变化均匀处为止，但一般应对称。

视频

地貌符号一

(4)助曲线

当间曲线仍不足以显示某些微型地貌特征时，还可加绘四分之一等高距的等高线，称为助曲线(辅助等高线)。常用短虚线表示，助曲线亦可不闭合而绘至坡度变化均匀处为止，但一般应对称。

以上几种等高线如图1-15所示。图中①表示首曲线；②表示计曲线；③表示间曲线；④表示助曲线。

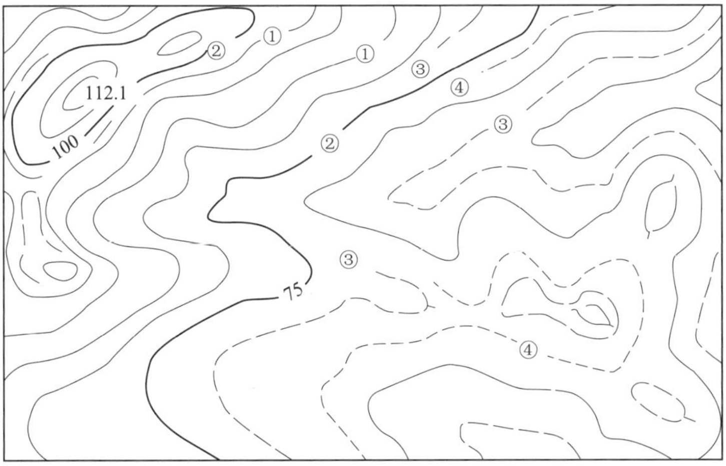

图1-15 等高线分类示意

3. 典型地貌符号表示

地貌虽然千姿百态、千奇百怪，但归纳起来不外乎有山顶、山脊、山谷、鞍部、盆地等几种基本地形特征，如图 1-16 所示。地球表面的形状虽千差万别，但实际上都可以看作是一个不规则的曲面。这些曲面是由不同方向和不同倾斜的平面所组成，两相邻倾斜面的交线称为棱线，山脊线和山谷线都是棱线，也称为地貌特征线，如果将这些棱线特征点的高程及平面位置测定，则棱线的方向和坡度也就确定了。

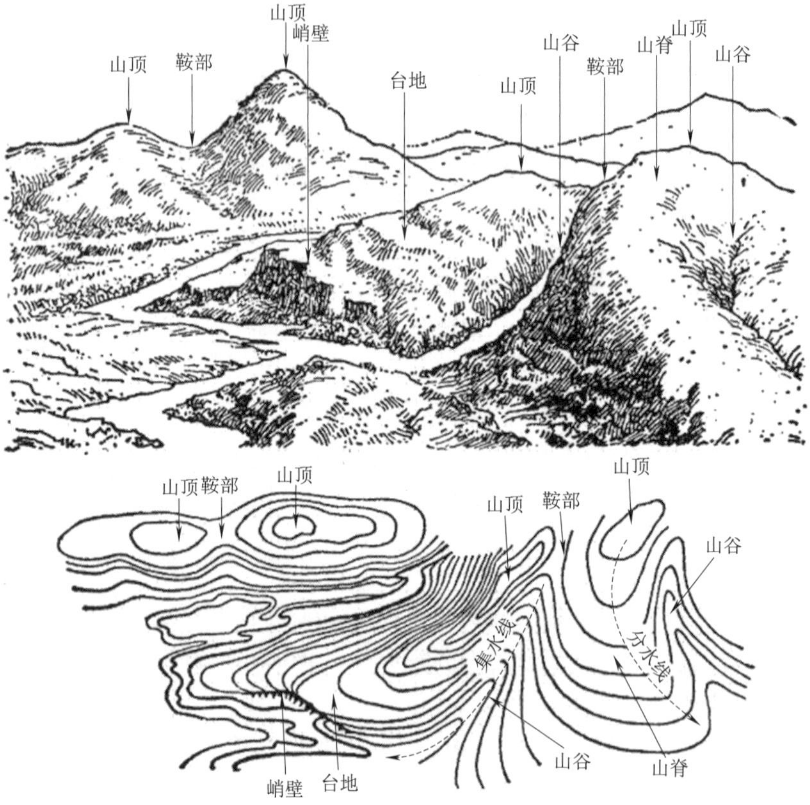

图 1-16　典型地貌表示

(1)山顶：较四周显著凸起的高地称为山地，高大的称为山、矮小的称为丘。山的最高部分为山顶，尖的山顶称为山峰，山侧面斜坡称为山坡。倾斜度在 70°以上的山坡为陡坡，几乎成竖直形态的称为峭壁(绝壁)。下部凹入的峭壁为悬崖，山坡与平地相交处为山脚。

(2)山脊：两山坡之间呈线状延伸的高地称为山脊。山脊最高处的连线称为分水线(或山脊线)。

(3)山谷：两山脊之间的凹入地带称为山谷。两侧山坡称谷坡，两谷坡相交部分称为谷底。谷底最低点连线称为合水线(或山谷线)。谷地与平地相交处称为谷口。

视频

地貌符号二

(4)鞍部：两个山顶之间的低洼山脊处，形状似马鞍形，称为鞍部。

(5)盆地：四周高中间低的地带称为盆地，最低处称为盆底。

除用等高线表示的地貌以外，有些特殊地貌如冲沟、砂崩崖、土崩崖、陡崖、滑坡等不能用等高线表示。对于这些地貌，用测绘地物的方法测绘出这些地貌的轮廓、位置，用地形图图式规定的符号表示，表 1-7 列出了部分特殊地貌符号。

表 1-7 特殊地貌符号示例

符号名称	符号式样
冲沟 3.4,4.5—比高	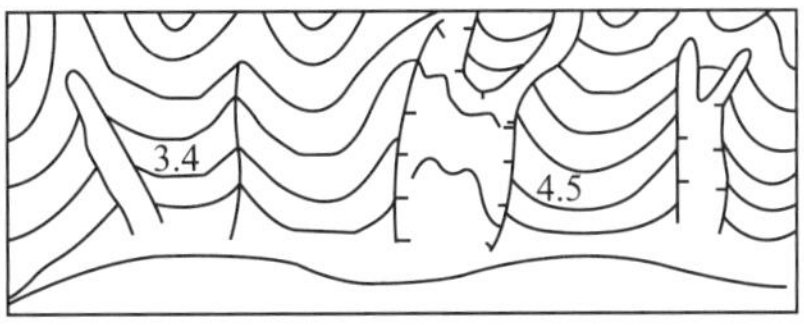
a—土质的陡崖、陡坎 b—石质的陡崖、陡坎 18.5,22.5—比高	a 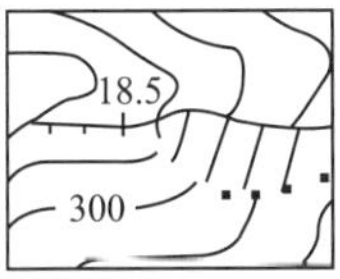 b 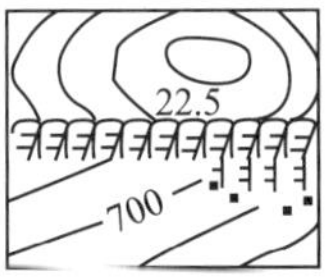
a—沙土崩崖 b—石崩崖	a 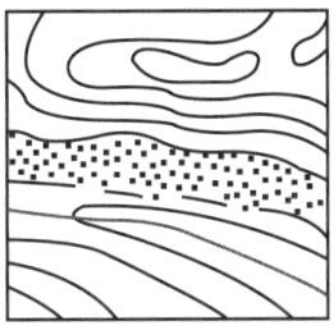 b 
a—露岩地 b—陡石山	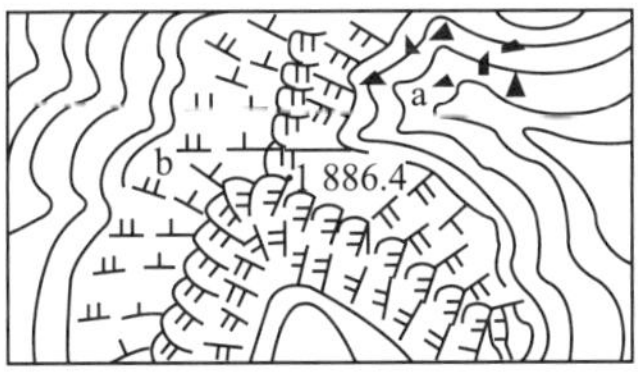
梯田坎 2.5—比高	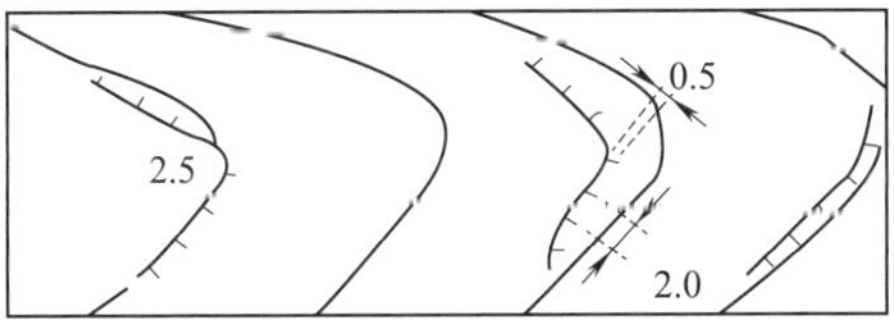
泥石流	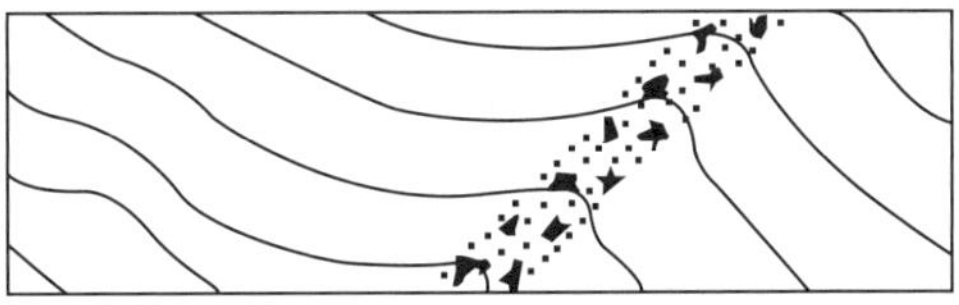
滑坡	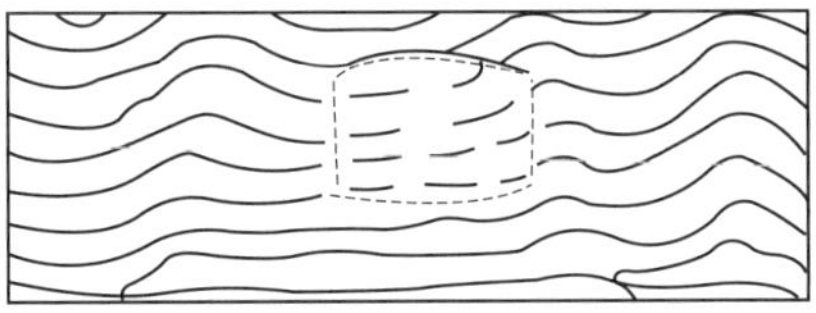

注:表中比高、高程单位为 m;其余注记单位为 mm。

拓展知识

我国地图的发展史

地图的发展历史载录了人类对客观环境的认识,也反映了不同历史时期社会生产力和科学技术的发展水平。地图在长期的历史发展中，逐渐充实和完善起来。根据各个时期地图及其制作特点，可以将我国地图发展历史划分为古代、近代和现代三个阶段。

1. 古代地图

中国有记载的最古老地图是 4 000 年前夏禹的九鼎，鼎上除了铸有各种图画外，还有表示山川的原始地图。已保存下来的最古老的地图是河南安阳出土的《田猎图》和云南发现的巨幅崖画《村圩图》，距今已有 3 500 年历史。

公元前 11 世纪，周成王决定在洛河流域建洛邑，《尚书》中《洛诰》里就记述了为修建洛邑绘制的洛邑城址地图，它是我国地图史上第一幅具有实际用途的城市建设地图。由于地图有明确疆域田界的作用，所以地图是统治阶级封邦建国、管理土地必不可少的工具。

在我国存留的地图中，年代最早的当属 20 世纪 80 年代在甘肃天水放马滩 1 号秦墓中发现的战国秦（公元前 239 年）时期，均用墨线绘在 4 块大小基本相同（长 26.7 cm、宽 18.1 cm、厚 1.1 cm）的松木板上的 7 幅《圭县地图》。按其用途可分为《政区图》《地形图》《林木资源图》。在这几幅图上，绘有山川、河流、居民点、城邑，地图中有关地名、河流、山脉及森林资源的注记有 82 处之多，且有相距里程和方位，比例尺约为 1∶30 万，图中标明的各种林木有蓟、柏、楠、松等，同今天渭水地区的植物分布和自然环境基本相同，今天渭水支流以及该地区的许多峡谷在地图中都可以找到，可见，这些地图是相当准确的实测图。

1973 年湖南长沙马王堆 3 号汉墓出土 3 幅西汉初年地图，一幅为地形图，一幅为驻军图，另一幅为城邑图。这 3 幅图均绘于帛上，为公元前 168 年以前的作品，距今已有 2 100 多年。这三幅地图中，《地形图》和《驻军图》已基本复原，《城邑图》由于破损严重，至今没有复原。《地形图》是世界上现存最早的以实测为基础的古地图。图的方位是上南下北，长宽各为 98 cm 的正方形，描述的是西汉初年的长沙国南部，今湘江上游第一大支流潇水流域、南岭、九嶷山及其附近地区，内容包括山脉、河流、聚落、道路等，用闭合曲线表示山体轮廓，以高低不等的 9 根柱状符号表示九嶷山的 9 座不同高度的山峰，有 80 多个居民点、20 多条道路、30 多条河流。另外两幅是表示在地理基础上的 9 支驻军的布防位置及其名称的《驻军图》和表示城垣、城门、城楼、城区街道、宫殿建筑等内容的《城邑图》。马王堆汉墓出土的这 3 幅地图制图时间之早、内容之丰富、精确度之高、制图水平和使用价值之高，令人惊叹。

古代地图制图学的主导理论："制图六体"和"计里画方"。西晋时，著名的地理学家、制图理论家裴秀，堪称"中国科学制图学之父"。他以古时《禹贡》为依据，对山岳、湖泊、河道、高原、平原、坡地、沼泽、古代九州的范围以及当时十六州都做了核查，绘制了中国第一部地图集——十八幅《禹贡地域图》。他提出了六项制图原则，即有名的"制图六体"：分率、准望、道里、高下、方邪、迂直。值得一提的是，裴秀及以后的地图学家还运用了"计里画方"的原则，这成为中国古代和近代地图制图的基本方法和数学基础，是中国古代地图独立发展的重要标志。

清代康熙年间，技术人员采用天文和大地测量方法在全国测算 630 个点的经纬度，并测绘大面积的地图，制成《皇舆全览图》，实为按省分幅的 32 幅地图，是中国第一部实测全国地图，采用经纬差各 1°的梯形经纬网格，详细地表示了地形、水系、居民地及其汉字名称，并在边疆地区加注满文。1717 年成图，1719 年制成铜版，52.5 cm×77 cm 共 41 幅，比例尺为 1∶140 万，现藏于北京图书馆。乾隆年间，在此基础上，增加了新疆、西藏新的测绘资料，编制成《乾隆内府地图》。清代完成了我国地图从计里画方到经纬度制图方法的转变，是地图制作历史上一次大的进步。清末魏源（1794—1859 年）采用经纬度制图方法编制了一部世界地图集《海国图志》。该图集有 74 幅地图，选用了多种地图投影，是制图方法转变的标志。杨守敬（1839—

1915 年)编制的《历年舆地沿革险要图》共 70 幅,是我国历史沿革地图史上的旷世之作,后来成为《中华人民共和国大地图集》中历史地图集的基本资料。1863 年,胡林翼主纂,邹世治、顾圭斋运用计里画方古法和经纬度制图新法,编制成《大清一统舆图》,因涉外,又称《皇朝中外一统舆图》,为应用最广泛的古代地图。

2. 近代地图

辛亥革命后,南京临时政府于 1912 年设陆地测量总局,实施地形图测图和制图业务。到 1928 年,全国新测 1∶25 万比例尺地形图 400 多幅,1∶5 万比例尺地形图 3 595 幅,在清代《皇舆全览图》的基础上调查补充,完成 1∶10 万和 1∶20 万比例尺地形图 3 883 幅,并于 1923—1924 年编绘完成全国 1∶100 万比例尺地形图 96 幅。除了军事部门以外,水利、铁道、地政等部门的测绘业务也有所发展,均测制了一些相关地图。到 1948 年止,全国共测制 1∶5 万比例尺地形图 8 000 幅,又于 1930—1938 年、1943—1948 年先后两次重编了 1∶100 万比例尺地图。在地图集编制方面,1934 年由上海申报馆出版的《中华民国新地图》,采用等高线加分层设色表示地貌,铜凹版印刷,在我国地图集的历史上具有划时代的意义。

在第二次国内革命战争时期,红军总部就设有地图科,随军搜集地图资料,并作一些简易测图和标图。长征前夕,地图科为主力红军制作了江西南部 1∶10 万比例尺地形图;过雪山、草地时绘制了“1∶1 万宿营路线图”。解放战争时期,地图使用已十分广泛,各野战军都设有制图科,随军做了大量的地图保障工作。如 1948 年平津战役前夕,编制了北平西部航摄像片图和天津、保定驻军城防工事图,为解放战争胜利做出了贡献。

3. 现代地图

中华人民共和国成立后,随着经济建设和国防建设及科学文化事业的迅速发展,我国的地图事业也得到了迅速发展,并且进入现代地图的发展时期。

为满足恢复和发展经济建设及国防建设的需要,国家先后建立了各级测绘管理、实施和教育机构,并组织了大规模国家基本比例尺地形图测绘和编印。1950 年组建的军委测绘局(后改为中国人民解放军总参测绘局),以及 1956 年组建的国家测绘总局,成为中国军队和地方测绘工作管理和组织实施的两大机构,领导全国的地图测绘和编绘工作。1946 年成立的解放军测绘学院,以及 1956 年建立的武汉测绘学院,从军方和地方两方面担负起了培养地图制图高等科技人才的重任。

1953 年总参测绘局组织编制了 1∶150 万的全国挂图《中华人民共和国全图》,由 32 幅对开拼成。1956 年出版了 1∶400 万《东南亚形势图》。20 世纪 50 年代后期,先后 3 次编制出版了 1∶250 万《中华人民共和国全图》,之后又多次修改、重编出版,成为我国全国挂图中稳定的品种。该图内容丰富、色彩协调、层次清晰,较好地反映了中国的三级地势和中国大陆架地貌。20 世纪 70 年代,各省(自治区)、市测绘部门分别完成了省(自治区)、市挂图和大量的区县地图的编制工作。

从 20 世纪 80 年代起,测绘部门开始大规模建设国家级的基础地理信息数据库,至今已经陆续建成了全国 1∶400 万地形数据库、重力数据库,全国 1∶100 万的地形数据库、地名数据库、数字高程模型库,全国 1∶25 万的地形数据库、地名数据库、数字高程模型库。还在 1999 年建成了全国七大江河重点防范区 1∶1 万的数字高程模型(12.5 m 格网)和长江三峡库区 1∶5 万数字高程模型(50 m 格网)。这些数据库作为重要的基础地理信息数据来源,已经在全国各行各业得到了广泛的应用。

进入 21 世纪后,现代地图学所研究的对象不断扩大,人类的认识正在从陆地表层向海洋、地壳深部和外层空间扩延，几乎任何与空间位置有关的人类活动，都可以用地图来研究。现在地图学的任务已不满足于对地理环境各种原始测绘数据的加工，而是更注意开发高层次、知识密集型的地图产品。地图品种正朝向多维、动态、多媒体、网络等方向发展，地图出版的数量也是以前任何时期无法比拟的。

地图是测绘的标准产品，以精度高、可靠性好、专业性强为优点，今后，地图也将走产业化道路，大众对地图的需求将决定地图的发展方向，地图将越来越通俗化、多样化。伴随着数字化测绘体系的建立和日益发展的网络技术，可量测影像(DMI)、网络地图等已走进普通大众生活，直接为大众服务。

地图的作用就是认知地理空间世界，最好的认知方式就是身临其境，当然，最好的地图就是能够向人们提供身临其境体验的产品，也就是虚拟的地理环境。

思政小故事

陕甘宁边区地形图测绘

抗日战争时期，人民军队进行过一次范围和影响较大的战场测绘，即陕甘宁边区 1∶5 万地形图测绘。

1942 年 6 月，陕甘宁晋绥联防军司令部测量队完成延属地区 1∶5 万比例尺地形图测绘任务后，又承担了陕甘宁广大地区地形图的绘制翻印任务。随后，绥德军分区 4 个作业队展开了辖区的测绘。各小组采用图板、米尺、指北针等简易工具，以沟(川)为界分工展开测绘，测完一个乡即绘出草图整理拼接，发现错漏及时补测或重测。

三边军分区测绘队采取三种方法展开作业：对于居民地较多地区，采用较为正规的平板仪测图方法；对于草地和沙丘地带，采用骑马快速调绘方法，即先访问当地老百姓，绘出测区轮廓，然后骑马到实地调查、核实、补充、修正成图；对于敌占区的测绘，则化装成老百姓或商人进行。

陇东军分区测量队完成了包括庆阳、环县、合水、曲子、东花池、西花池三岔、毛井、洪德等地的 1∶5 万地形图的测绘。

关中军分区完成了 1∶2.5 万地形图应急测绘任务。后又完成 1∶2.5 万地形图缩编、补测及修测任务。

解放战争时期，这些地图在中共中央撤出延安后的作战任务中发挥了重要作用。时任中央军委副主席兼总参谋长彭德怀利用这些图，指挥西北野战部队在青化砭、羊马河、蟠龙三战三捷，稳定了陕北战局。

项目小结

本项目主要介绍了数字测图的发展历史和地形图比例尺及分幅、编号，指出无人机航测是测图的发展新方向；根据比例尺精度概念，按工作需要，多大的地物需在图上表示出来或测量地物要求精确到什么程度，由此可参考决定测图的比例尺；当测图比例尺决定之后，可以推算出测量地物时应精确到什么程度；为了便于测绘、印刷、保管、检索和使用，所有的地形图均需按规定的大小进行统一分幅并进行有系统的编号等；介绍了地形图图式上规定的地物和地貌符号,为后续的地形图测绘和判读学习打下了理论基础。

复习思考题

1. 简述常用的数字测图方法及特点。
2. 常见的比例尺精度有哪些?
3. 简述 1∶100 万比例尺地形图的分幅和编号原则。
4. 简述地物符号的分类。
5. 简述等高线的特性。

项目2　控制测量

项目描述

控制测量是数字测图的前期工作。测量工作的组织原则是“从整体到局部”“先控制后碎部”“由高级到低级”，其含义就是在测区内，先建立测量控制网，用来控制全局，然后根据控制网测定控制点周围的地形或进行建筑施工放样，利用控制测量方法不仅可以保证整个测区有一个统一、均匀的测量精度，而且可以加快测量进度。所谓控制网，就是在测区内选择一些有控制意义的点（称为控制点）构成的几何图形。图2-1为控制测量与地形图测绘的关系。

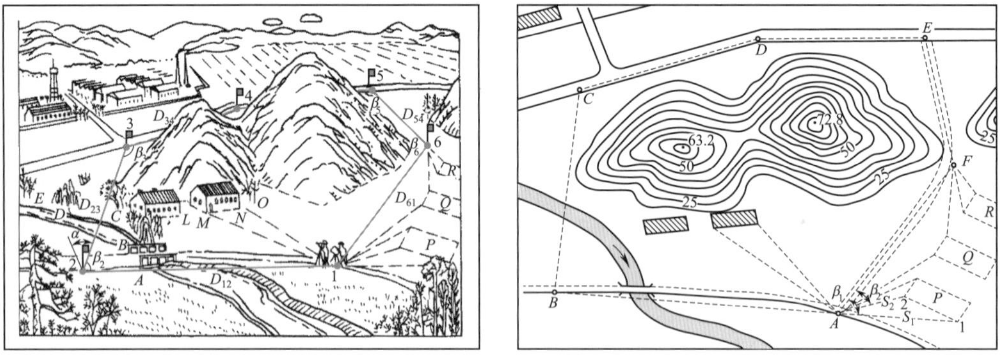

图2-1　控制测量与地形图测绘的关系

在碎部测量中，专门为地形测图而布设的控制网称为图根控制网，相应的控制测量工作称为图根控制测量。控制测量分为平面控制测量和高程控制测量。平面控制测量确定控制点的平面坐标，高程控制测量确定控制点的高程。在传统测量工作中，平面控制网与高程控制网通常分别单独布设。目前，一般将上述两种控制网合并布设成三维控制网。

学习目标

1. 知识目标

（1）掌握平面控制网的布设和测量方法；

（2）掌握高程控制点的布设和测量方法；

（3）掌握一步法和辐射法测量图根导线；

（4）掌握使用RTK测量图根导线的方法；

（5）掌握控制点的布设原则；

（6）理解我国使用的坐标系统。

2.能力目标

(1)能根据测区大小和比例尺大小布设控制网;

(2)能现场踏勘选点;

(3)能根据测图要求选择控制精度。

3.素质目标

(1)具有严谨求实的工作作风;

(2)具有精益求精的工匠精神;

(3)具有团队协作和自主创新意识。

相关案例——某市数字测图控制网布设

某地级市计划测绘全市范围内的数字化地形图,任务区域位于东经116°23′~116°40′,北纬36°58′~36°10′,覆盖该市所辖的长安区、裕华区(含高新技术产业开发区)、路南区、路北区、新华区及市郊部分地区,面积约200 km^2。在测图开始前,首先进行了测区内的控制测量,控制测量主要包括以下内容。

1.任务内容及任务量

(1)平面控制网

包括:首级GNSS基准网(7个点);二等平面控制网(26个点,其中基准网7个点);四等平面控制网(188个点,其中高级点26个);一级导线(900 km)。

(2)高程控制网

包括:首级高程控制网,二等水准线路,140 km左右;四等水准线路,750 km。

2.目的和意义

第一,综合利用GNSS技术和水准测量技术,建立该市高精度城市平面与高程控制网,为今后全市范围的数字化测图工程奠定基础。

第二,按照逐级控制、逐级布网、统一规划、整体设计的原则,布设某市高精度城市平面与高程控制网,使该网具有最优的科学性和先进性,实现城市控制网的典范性工程。

第三,完成与国家"1954年北京坐标系统""1980西安坐标系统""world geodetic system 1984(以下简称WGS 84)地心坐标系统"和原有地方坐标系统的严密挂接与精确转换。

任务2.1 图根平面控制测量

2.1.1 任务目标

在测图任务开始前应首先进行图根控制测量,图根控制测量是地形图测绘的一部分;其具体任务是在测图区域均匀的布设控制点,然后准确地测量出这些点的三维坐标作为测图定向基准,并且可以起到控制测图时的误差积累作用。因为此项控制测量目的是直接为测图服务,故此种控制测量被称为图根控制测量。通过本任务,掌握图根平面控制测量的方法和流程。

视频

图根平面控制测量

2.1.2 相关配套知识

1. 图根控制点布设

图根控制点是直接供地形图测绘使用的依据。图根控制点的密度应根据实地地物、地貌的复杂程度，地形图测绘的测量手段和作业方式等情况决定。图根控制点的选择，一般是利用测区内已有的地形图，先在图上选点，拟定导线布设方案，然后到实地踏勘、确定点位。当测区不大或无现成的地形图可利用时，可直接到现场边踏勘、边选点。不论采用何种方法，选点时应注意下列几点：

第一，如果采用导线测量，相邻点间通视要良好，地势平坦、视野开阔，其目的在于方便量边、测角和有较大的控制范围。第二，点位应设置在土质坚硬又安全的地方，其目的在于能稳固地安置仪器和有利于点位的保存。第三，导线边长应符合表 2-1 的要求，导线边长应大致相等，相邻边长差不宜过大，点的密度要符合表 2-1 的要求，且均匀分布于整个测区。

表 2-1 导线测量技术要求

等级	附合导线长度/m	平均边长/m	测距相对中误差	测角中误差/(″)	方位角闭合差	导线全长相对中误差	测回数	
							DJ_2	DJ_6
一级	4 000	500	1/30 000	±5	$\pm10\sqrt{n}$	1/15 000	2	4
二级	2 400	250	1/14 000	±8	$\pm16\sqrt{n}$	1/10 000	1	3
三级	1 200	100	1/7 000	±12	$\pm24\sqrt{n}$	1/5 000	1	2
图根	$\leqslant\alpha\cdot m$	—	—	±20	$\pm40\sqrt{n}$	$\leqslant1/(2\ 000\alpha)$		1

注：1. α 为比例系数，取值宜为 1，当采用 1∶500、1∶1 000 比例尺测图时，α 值可在 1～2 之间选用；
2. M 为测图比例尺分母，但对于工矿区现状图测量，无论测图比例尺大小，M 取值为 500；
3. 施测困难地区导线相对闭合差不应大于 $1/(1\ 000\alpha)$。

当点位选定后，应马上建立和埋设标志。标志的形式，可以制成临时性标志，如图 2-2 所示，即在选的点位上打入 7 cm×7 cm×40 cm 的木桩，在桩顶钉一钉子或刻画“十”字，以示点位。如果需要长期保存点位，可以制成永久性标志，如图 2-3 所示，即埋设混凝土桩时，在桩中心的钢筋顶面上刻“十”字，以示点位。

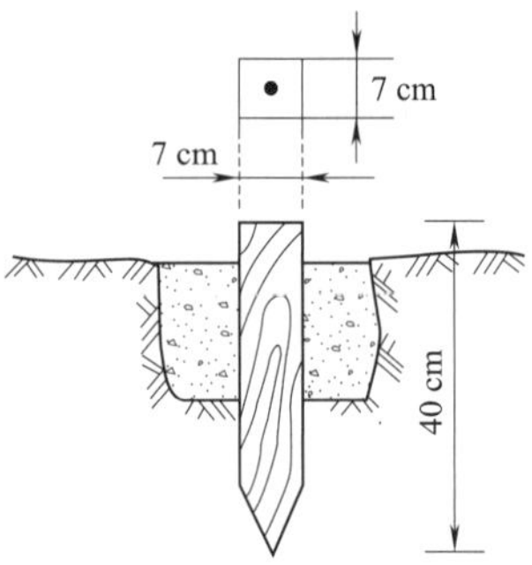

图 2-2 导线桩

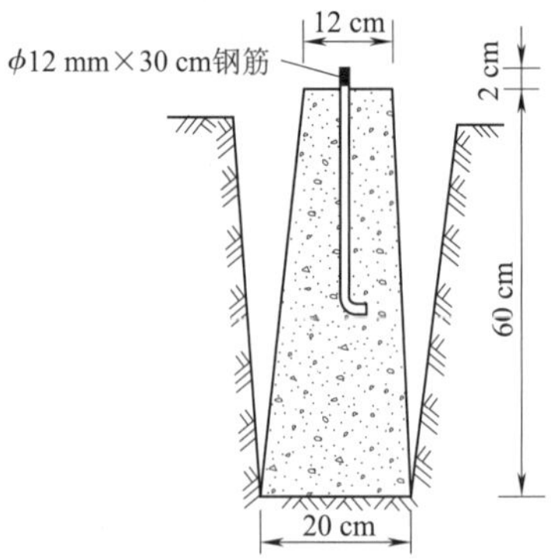

图 2-3 永久性控制桩

标志埋设好后，对作为导线点的标志要进行统一编号，并绘制导线点与周围固定地物的相对位置图，称为点之记，如图 2-4 所示，作为今后找点的依据。

草图	导线点	相关位置	
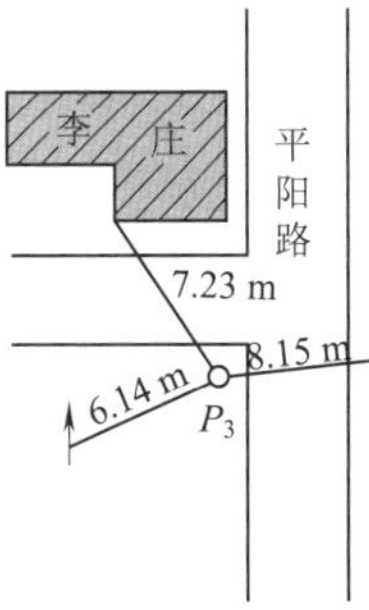	P_3	李庄	7.23 m
		化肥厂	8.15 m
		独立树	6.14 m

图 2-4　导线点之标记

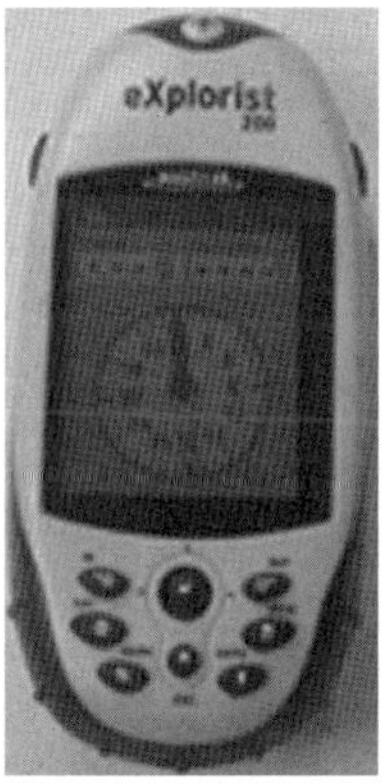

图 2-5　手持 GNSS

近些年，随着手持 GNSS(图 2-5)和手机定位的出现，外业绘制点之记和找点的工作已大大简化，多数情况下，埋设完控制点后只需使用手持 GNSS 或手机在现场记录下埋点的位置和控制点的点名，需要使用该控制点时，再使用手持 GNSS 或手机的导航功能寻找该点即可。这种方法在控制点在多数情况下可追踪到控制点周围 1～2 m 范围内，在控制点所在的位置没有被遮盖时可取得良好效果。对于被遮盖的控制点，由于定位精度有限，作为最后使用的方法，可以在临近的两个控制点上设站和定向，然后使用坐标放样的方法找到控制点的实地位置。

2. 图根平面控制点测量

图根控制点布设完成后即开始测量工作，根据实地情况结合测量设备以及技术手段，图根控制点的平面测量可采用光电测距导线、GNSS 快速静态/静态相对定位和 GNSS-RTK 等满足精度要求的方法。GNSS-RTK 测量有很多优势，从条件上讲，其在控制测量时是不会受到诸如通视、天气和地区类型等因素的影响，从使用上讲，其操作简单，可以灵活处理不同情况下的测量，用时短且效率高，可以达到节约人力、物力的效果，从测量精度上讲，其所控制的误差远远好于传统的测量。GNSS-RTK 控制测量前，应根据任务需要，收集测区高等级控制点的地心坐标、参心坐标、坐标系统转换参数和高程成果等进行技术设计。平面控制点可以逐级布设、越级布设或一次性全面布设，每个控制点宜保证有一个以上的等级点与之通视。

GNSS-RTK 测量可采用单基准站 RTK 测量和网络 RTK 测量两种方法进行，在通信条件困难时，也可以采用后处理动态测量模式进行测量，在已建立 CORS 网的地区，宜优先采用网络 RTK 技术测量。RTK 图根控制测量可采用单基站 RTK 测量模式，或采用网络 RTK 测量模式；作业时有效卫星数不宜少于 6 个，多星座系统有效卫星数不宜少于 7 个，PDOP 值应小于 6，并采用固定解成果。RTK 图根测量平面位置校核偏差不应大于图上 0.2 mm，高程校核偏差不应大于基本等高距的 1/5，不满足时，应重新设置流动站。用 RTK 技术施测的图根点平面成果应进行 100%的内业检查和不少于总点数 10%的外业检测，外业检测采用相应等级的全站仪测量边长和角度等方法进行，其检测点应均匀分布测区。

除此以外还可采用“辐射法”和“一步测量法”(图 2-6)。辐射法就是在某一通视良好的等级控制点上，用极坐标测量方法，按全圆方向观测方式，一次测定周围几个图根点。这种方法无须平差计算，直接测出坐标。为了保证图根点的可靠性，一般要进行两次观测(另选定向点)。该方法最后测定的一个点必须与第一个点重合,以检查仪器是否变动,重合误差应小于图根点精度。“一步测量法”就是充分利用全站仪精度高、坐标实时解算的特点,在采集碎部点时根据现场测量需要随时布设和测量图根点,然后将全站仪直接搬到新测定的图根点上,图根点的坐标直接从仪器内存读取。需注意的是最后图根点一定要与高级点附合,以检核测量图根点的过程中有无粗差,如果最后的不符值小于图根导线的不符值限差,则测量成果可以使用,如果不符值超限,则要仔细找出原因,改正图根点坐标,或返工重测图根点坐标,但这个返工工作量仅限于图根点的返工,而碎部点原始测量的数据仍可利用,闭合后,重算碎部点坐标即可。这种将图根导线与碎部测量同时作业的方法效率非常高,省去了图根导线的单独的测量和计算平差过程,适合数字测图,实践表明该种方法能够达到规定精度。

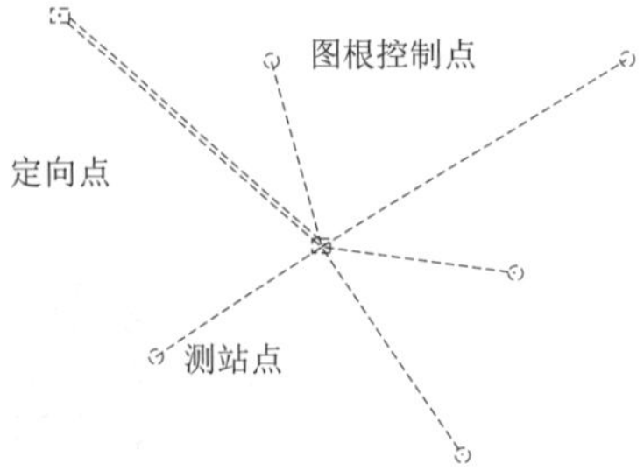

(a) 辐射法

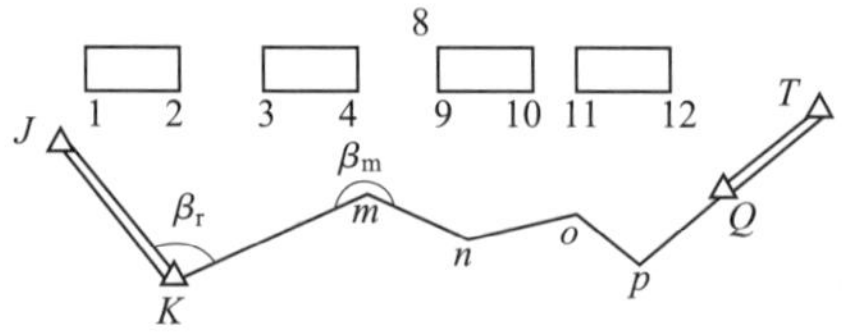

(b) 一步法

图 2-6 图根控制点测量示意

3. 图根导线测量算例

某地为测绘 1∶2 000 大比例尺地形图,按相关规范要求布设图根闭合导线如图 2-7 所示,起始边坐标方位角 $\alpha_{12}=335°24'00''$,起始点 1 坐标为(500.00,500.00),各观测数据如图 2-7 所示,请根据已知数据和观测数据计算导线各点坐标,并将相关计算数据填入表 2-2 中。

(1)在表 2-2 中填入已知数据

将导线略图中的点号、观测角、边长、起始点坐标、起始边坐标方位角填入表 2-2。

(2)计算、调整角度闭合差

$$f_\beta=\sum\beta_{测}-\sum\beta_{理}=540°00'50''-540°=50''$$

$$f_{容}=\pm 40''\sqrt{n}=\pm 40''\sqrt{5}=\pm 89''$$

因为 $|f_\beta|\leqslant|f_{\beta容}|$,所以满足限差要求,可以对 f_β 进行调整。

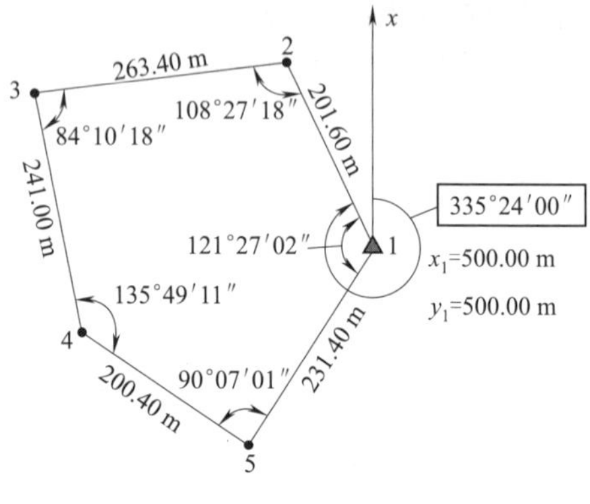

图 2-7 闭合导线计算示意

根据闭合导线角度闭合差调整原则,分别计算各角角度改正数,将此数据填入表 2-2 第 2 列,检查可得 $\sum v_\beta=-f_\beta$,说明计算无误。

计算改正后的角度值 β',将此数据填入表 2-2 第 3 列。

根据起始边已知坐标方位角和改正后角值按照坐标方位角推算公式,有

$$\alpha_{前}=\alpha_{后}+180°\pm\beta$$

计算各边坐标方位角,本例导线转折角为左角,此处取“+”,将此数据填入表 2-2 第 4 列。

(3)计算与调整坐标增量闭合差

根据已推算出的各边坐标方位角及各相应边长,按照坐标正算公式计算各边纵、横坐标增

量，并将此数据填入表 2-2 第 7 列、第 8 列。

根据坐标增量闭合差的计算公式可得坐标增量闭合差 f_x、f_y、f_D，即

$$f_x=\sum\Delta x_{测}=-0.30\ \text{m}$$

$$f_y=\sum\Delta y_{测}=-0.09\ \text{m}$$

$$f_D=\sqrt{(-0.30)^2+(-0.09)^2}=0.31\ \text{m}$$

根据导线相对全长闭合差计算公式可得

$$K=\frac{f_D}{\sum D}=\frac{1}{\dfrac{\sum D}{f_D}}=\frac{0.31}{1\ 137.80}=\frac{1}{3\ 600}$$

根据图根导线要求有 $K_{容}=1/2\ 000$，$K\leqslant K_{容}$，说明成果符合精度要求。

(4)调整坐标增量闭合差

根据闭合导线坐标增量闭合差的调整公式分别可得纵坐标增量改正数和横坐标增量改正数，将计算及调整后的改正数填入表 2-2 第 7、第 8 列。

经检核纵、横坐标增量改正数之和满足闭合差相反数的要求，故计算无误。

计算改正后的纵坐标增量，将此数据填入表 2-2 第 9 列。

计算改正后的横坐标增量，将此数据填入表 2-2 第 10 列。

(5)计算导线点坐标

计算各导线点横坐标、纵坐标，将此数据填入表 2-2 第 11、第 12 列。

表 2-2 图根导线测量内业计算

点号	观测角（左角）	改正数	改正角	坐标方位角	距离/m	增量计算值 Δx/m	增量计算值 Δy/m	改正后增量 Δx/m	改正后增量 Δy/m	坐标值 x/m	坐标值 y/m	点号
1	2	3	4=2+3	5	6	7	8	9	10	11	12	13
1										500.00	500.00	1
				335°24′00″	201.60	+5 +183.30	+2 −83.92	+183.35	−83.90			
2	108°27′18″	−10″	108°27′08″							683.35	416.10	2
				263°51′08″	263.40	+7 −28.21	+2 −261.89	−28.14	−261.87			
3	84°10′18″	−10″	84°10′08″							655.21	154.23	3
				168°01′16″	241.00	+7 −235.75	+2 +50.02	−235.68	+50.04			
4	135°49′11″	−10″	135°49′01″							419.53	204.27	4
				123°50′17″	200.40	+5 −111.59	+1 +166.46	−111.54	+166.47			
5	90°07′01″	−10″	90°06′51″							307.99	370.74	5
				33°57′08″	231.40	+6 +191.95	+2 +129.24	+192.01	−129.26			
1	121°27′02″	−10″	121°26′52″							500.00	500.00	1
				335°24′00″								
2												
$\sum$	540°00′50″	−50″	540°00′00″		1 137.80	−0.30	−0.09	0	0			

辅助计算：

$f_\beta=\sum\beta_m-(n-2)\times180^\circ$ $=540^\circ00'50''-(5-2)\times180^\circ=50''$

$f_x=\sum\Delta x_m=-0.30\ \text{m}$　　$f_y=\sum\Delta y_m=-0.09\ \text{m}$

$f_D=\sqrt{f_x^2+f_y^2}=\sqrt{(-0.30\ \text{m})^2+(-0.09\ \text{m})^2}$ $=0.31\ \text{m}$

$f_{\beta p}=\pm40''\sqrt{n}=\pm40''\sqrt{5}=\pm89''$

$|f_\beta|<|f_{\beta p}|$　　$K=\dfrac{f_D}{\sum D}=\dfrac{0.31\ \text{m}}{1\ 137.80\ \text{m}}\approx\dfrac{1}{3\ 600}<\dfrac{1}{2\ 000}$

任务 2.2 图根高程控制测量

2.2.1 任务目标

图根高程控制测量具体任务就是在测图区域均匀的布设高程控制点，一般可以平面控制点共同布设，然后准确地测量出这些点的高程，用以在测图过程中控制高程。可采用水准测量、光电测距三角高程、RTK 图根高程测量方法。通过本任务，掌握图根高程控制测量的方法和流程。

2.2.2 相关配套知识

1. 基本要求

如采用水准测量的方法，图根水准测量应起讫于不低于四等的高程点上。图根三角高程测量应起讫于不低于图根水准精度的高程点上，边数不应超过 15 个，当超过规定时，路线应布设成节点网。当采用 GNSS-RTK 图根点测量高程时用于求取转换参数的点必须能够控制测区范围，拟合残差和各次测量高程较差均不应大于 1/10 等高距，各次结果取中数作为最后成果。用 RTK 技术施测的图根点高程成果应进行 100%的内业检查和不少于总点数 10%的外业检测，外业检测采用相应等级的三角高程、几何水准测量等方法进行，其检测点应均匀分布测区。

视 频

图根高程控制测量

2. 四等水准测量

四等水准路线用于建立小区域首级控制网和图根高程控制网。水准观测的主要技术要求见表 2-3，仪器等级采用 DS_3 级水准仪，水准尺不同于普通水准尺，它是双面水准尺，每次观测使用两把尺子，称为一对，每根水准尺一面为红色，另一面为黑色。一对水准尺的黑面尺底刻画均为零，而红面尺一根尺底刻画为 4.687 m，另一根尺底刻画为 4.787 m，这一数值用 K 表示，称为同一水准尺红、黑面常数差。四等水准测量每站的观测顺序简称为"后—后—前—前"，记录计算见表 2-4。

表 2-3 水准观测的主要技术要求

等级	水准仪的型号	视线长度/m	前后视较差/m	前后视累积差/m	视线离地面最低高度/m	黑面、红面读数较差/mm	黑面、红面所测高差较差/mm
三等	DS_1	100	3	6	0.3	1.0	1.5
	DS_3	75	3	6	0.3	2.0	3.0
四等	DS_3	100	5	10	0.2	3.0	5.0

表 2-4 四等水准测量记录计算表

<table>
<tr><td rowspan="4">测站编号</td><td rowspan="4">测点编号</td><td rowspan="2">后尺</td><td>下丝</td><td rowspan="2">前尺</td><td>下丝</td><td rowspan="4">方向及尺号</td><td colspan="2" rowspan="3">水准尺读数/m</td><td rowspan="3">K+黑−红/mm</td><td rowspan="3">高程中数/m</td></tr>
<tr><td>上丝</td><td>上丝</td></tr>
<tr><td colspan="2">后视距</td><td colspan="2">前视距</td></tr>
<tr><td colspan="2">视距 d</td><td colspan="2">∑d</td><td>黑面</td><td>红面</td><td></td><td></td></tr>
<tr><td></td><td></td><td colspan="2">(1)
(2)
(9)
(11)</td><td colspan="2">(5)
(6)
(10)
(12)</td><td>后 7
前 8
后一前</td><td>(3)
(7)
(15)</td><td>(4)
(8)
(16)</td><td>(13)
(14)
(17)</td><td>(18)</td></tr>
</table>

续上表

测站编号	测点编号	后尺 下丝 上丝 后视距 视距 d	前尺 下丝 上丝 前视距 $\sum d$	方向及尺号	水准尺读数/m 黑面	水准尺读数/m 红面	K+黑−红/mm	高程中数/m
1	$BM_1 \sim Z_1$	1.891 1.525 36.6 −0.2	0.758 0.390 36.8 −0.2	后 7 前 8 后−前	1.708 0.574 +1.134	6.395 5.361 +1.034	0 0 0	+1.134 0
2	$Z_1 \sim Z_2$	2.746 2.313 43.3 −0.9	0.867 0.425 44.2 −1.1	后 8 前 7 后−前	2.530 0.646 +1.884	7.319 5.333 +1.986	−2 0 −2	+1.885 0
3	$Z_2 \sim Z_3$	2.043 1.502 54.1 +1.0	0.849 0.318 53.1 −0.1	后 7 前 8 后−前	1.773 0.584 +1.189	6.459 5.372 +1.087	+1 −1 +2	+1.188 0
4	$Z_3 \sim BM_2$	1.167 0.655 51.2 −1.0	1.677 1.155 52.2 −1.1	后 8 前 7 后−前	0.911 1.416 −0.505	5.696 6.102 −0.406	+2 +1 +1	−0.505 5
页检核	$\sum(9) = 185.2$ $-\sum(10) = 186.3$ -1.1 末站(12) =−1.1 总视距 $= \sum(9) + \sum(10) = 371.5$			总高差 $= \sum(18) = +3.701\ 5$ 总高差 $= \frac{1}{2}[\sum(15) + \sum(16)] = +3.701\ 5$ 总高差 $= \frac{1}{2}\{\sum[(3)+(4)] - \sum[(7)+(8)]\}$ $= \frac{1}{2}(32.791 - 25.388)$ $= 3.701\ 5$				

3. 光电测距三角高程测量

三角高程测量是根据测站至观测目标点的水平距离或斜距以及竖直角，运用三角学的公式，计算获取两点间高差的方法。三角高程测量按使用仪器分为经纬仪三角高程测量和光电测距三角高程测量，前者施测精度较低，主要用于地形测量时测图高程控制；后者根据实验数据证明可以替代四等水准测量。随着光电测距仪的发展和普及，光电测距三角高程测量已广泛用于实际生产。

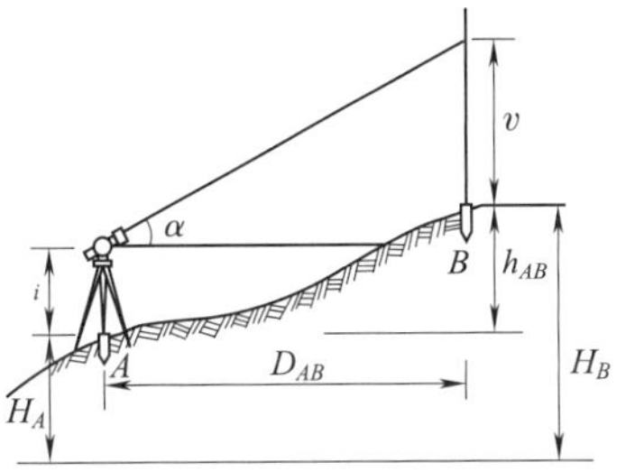

图 2-8 三角高程测量原理

(1) 三角高程测量基本原理

以水平面代替大地水准面时，如图 2-8 所示，欲测 A、B 两点间的高差，将光电测距仪安置在 A 点上，对中、整平，用小钢尺量取仪器中心至桩顶的高度 i，B 点安置棱镜，读取棱镜高度，测得竖直角 α，测得 AB 间的水平距离 D_{AB}，从图中可得，三角高程测量计算高差的基本公式，即

$$h_{AB} = D_{AB} \times \tan\alpha_A + i - v \tag{2-1}$$

(2)三角高程测量观测与计算

三角高程测量一般应采用对向观测，即由 A 向 B 观测，再由 B 向 A 观测，也称为往返测。取双向观测的平均值可以消除地球曲率和大气折光的影响。

将光电测距仪安置于测站上，用小钢尺量取仪器高 i，觇标高 v(若用对中杆，可直接设置高度)。用中丝照准，测定其斜距，用盘左、盘右观测竖直角。

仪器高度、觇标高应用小钢尺丈量两次，取其值精确至 1 mm。对于四等高程测量，当较差不大于2 mm 时，取其平均值。对于五等高程测量，当较差不大于 4 mm 时，取其平均值。

光电测距三角高程测量应采用高一级的水准测量联测一定数量的控制点，作为高程起闭数据。四等高程测量应起讫于不低于三等水准的高程点上，五等高程测量应起讫于不低于四等水准的高程点上；其边长均不应超过 1 km，边数不应超过 6 条，当边长小于 0.5 km 时，或单纯作高程控制时，边数可增加一倍。

三角高程边长的测定，应采用不低于Ⅱ级精度的测距仪。四等应采用往返各一测回；五等应采用一测回。视线竖直角不超过 15°。

光电三角高程测量的技术要求见表 2-5。使用全站仪进行三角高程测量时，直接选择大气折光系数值，输入仪器高和棱镜高，利用仪器高差测量模式观测。

表 2-5　光电三角高程测量的技术要求

等级	仪器	测回数(中丝法)	指标差较差/(″)	垂直角度较差/(″)	对向观测高差较差/mm	附合或环形闭合差/mm
四等	DJ_2	3	≤7	≤7	$40\sqrt{D}$	$20\sqrt{\sum D}$
五等	DJ_2	2	≤10	≤10	$60\sqrt{D}$	$30\sqrt{\sum D}$

(3)三角高程测量算例

某地为测绘 1∶2000 大比例尺地形图，布设附和三角高程路线如图 2-9 所示，各观测数据见表 2-6，利用式(2-1)和式(2-2)可计算出各测段高差值。高差计算完毕，若每段高差的往返较差合乎要求，则取它们的平均值，然后再计算整条路线的高差闭合差。

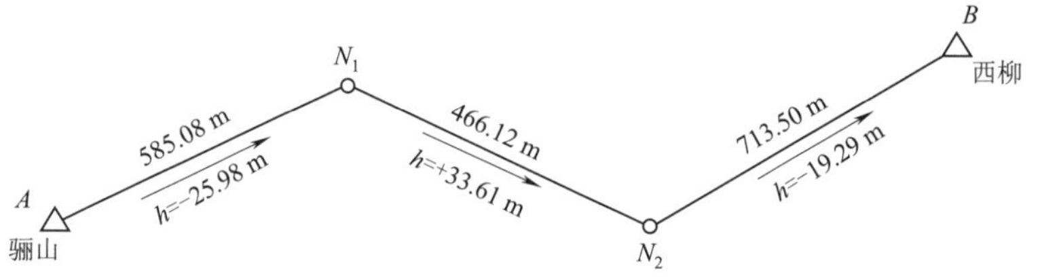

图 2-9　附和三角高程路线

$$\Delta h = \sum h - (H_B - H_A) = \sum h + (H_A - H_B) \tag{2-2}$$

如果 $\Delta h \leqslant \Delta h_{容}$，则先求出距离每百米的高差改正数 $\delta_{百}$，即

$$\delta_{百} = -\frac{\Delta h}{\sum S_{百}} \tag{2-3}$$

式中　$\sum S_{百}$——以百米为单位的路线总长。

表 2-6　三角高程路线高差计算(m)

测站点	骊山	N_1	N_1	N_2	N_2	西柳
觇点	N_1	骊山	N_2	N_1	西柳	N_2
觇法	直	反	直	反	直	反
α	$-2°28'54''$	$+2°32'18''$	$+4°07'12''$	$-3°52'24''$	$-1°17'42''$	$+1°21'52''$
S	585.08	585.08	466.12	466.12	713.50	713.50
$h'=S\tan\alpha$	−25.36	+25.94	+33.58	−31.56	−16.13	+16.99
f	+0.02	+0.02	+0.02	+0.02	+0.03	+0.03
i	+1.34	+1.30	+1.30	+1.32	+1.32	+1.28
v	−2.00	−1.30	−1.30	−3.40	−1.50	−2.00
h	−26.00	+25.96	+33.60	−33.62	−16.28	+16.30
高差平均值	−25.98		+33.61		−16.29	

计算每段高差的改正数,有

$$\delta_i = S_{i百} \times \delta_{百}$$

式中　$S_{i百}$——以百米为单位的第 i 段距离。

以各段高差改正数之和应与闭合差绝对值相等而符号相反作为计算的校核。

$\Delta h_{容}$的大小与测图等高距和测区地面的平均坡度有关,其值在作业规范中都有具体的规定。N_1、N_2 点的高程见表 2-7。

表 2-7　三角高程路线成果整理(m)

点　号	距离	高差中数	改正数 δ_i	改正后的高差	平差后的高程	备　注
骊山					430.74	
	585.08	−25.98	+0.05	−25.93		
N_1					404.81	
	466.12	+33.61	+0.04	+33.65		
N_2					438.46	
	713.50	−16.29	+0.06	−16.23		
西柳					422.23	
$\sum$	1 764.70					

(4)光电测距三角高程测量注意事项

①水准点光电测距三角高程测量可与平面导线测量合并进行,并作为高程转点。距离和角度必须进行往返测量。

②提高竖直角的观测精度,在三角高程测量中尤为重要,增加竖直角的测回数,可以提高测角精度,测回数要求见表 2-5。

③往返的间隔时间应尽可能缩短,使往返测的气象条件大致相同,这样才会有效地抵消大气折光的影响。

④量距和测角应选择在较好的自然条件下观测,避免在大风、大雨、雨后初晴等折光影响较大的情况下观测。成像不清晰、不稳定时应停止观测。

拓展知识

坐标系统

坐标系统的选择是任何控制测量不能回避的问题。由于地球表面是个不可展的球面，而现实中人们应用的各种图纸是一个平面，如何用平面表示球面上的内容是人们必须要解决的一个问题。在我国，大多应用高斯投影的方法将球面上的地物投影到平面上，而高斯投影一个必要的条件就是需要知道我们所在的地球的大小形状。一般来说，人们将大地水准面所围成的球体近似的认为是地球体，而这个球体是不规则的，无法用公式表达，所以人们用一个跟本地区的大地水准面最为接近的椭球体来代替这个大地体。椭球体可以用公式来表达，其上的测量数值可以方便地解算。所以，不同地区的人根据本地区的大地水准面对地球体有不同的解读，这就产生了同一个地球因为地区不同而使用不同半径和扁率的椭球体的情况。这些椭球体就称为参考椭球，基于不同的参考椭球投影产生的平面坐标称为不同的坐标系统。在我国，应用广泛的有北京 54 坐标系统和西安 80 坐标系统，这两个坐标系统分别基于苏联的克拉索夫斯基椭球（地球长半径 6 378 245 m，椭球扁率倒数 298.3）和国际测量学大会推荐的 IAG-75 椭球（椭球长半径 6 378 140 m，椭球扁率倒数 298.3）。表 2-8 为国际主要椭球参数表。

表 2-8　国际主要椭球参数表

椭球名称	建立年份	椭球长半径/m	扁率	建立国家
德兰勃	1800	6 375 653	1∶334.0	法国
瓦尔别克	1819	6 376 896	1∶302.8	俄国
埃弗瑞斯特	1830	6 377 276	1∶300.801	英国
克拉索夫斯基	1940	6 378 245	1∶298.3	苏联
贝塞尔	1841	6 377 397	1∶299.152	德国
克拉克	1856	6 377 862	1∶298.1	英国
1975 年大地坐标系	1975	6 378 140	1∶298.257	1975 年国际第三个推荐值
日丹诺夫	1893	6 377 717	1∶299.7	俄国
赫尔默特	1906	6 378 140	1∶298.3	德国
海福特	1906	6 378 283	1∶297.8	美国

1. 北京 54 坐标系

中华人民共和国成立以后，我国大地测量进入了全面发展时期，在全国范围内开展了正规、全面的大地测量和测图工作，迫切需要建立一个参心大地坐标系。首先采用了苏联的克拉索夫斯基椭球参数，并与苏联 1942 年坐标系进行联测，通过计算建立了我国大地坐标系，定名为 1954 年北京坐标系。因此，1954 年北京坐标系可以认为是苏联 1942 年坐标系的延伸，它的原点不在北京而是在苏联的普尔科沃。

它是将我国一等锁与苏联远东一等锁相连接，然后以连接处呼玛、吉拉宁、东宁基线网扩大边端点的苏联 1942 年普尔科沃坐标系的坐标为起算数据，平差我国东北及东部区一等锁，这样传算过来的坐标系就定名为 1954 年北京坐标系。

北京54坐标系在中华人民共和国成立后很长的一段时间内在测绘工作中发挥了巨大的作用，但由于该坐标系采用的苏联地区的参考椭球，所以在我国境内存在着由西向东的明显倾斜。为此，1978年在西安召开了“全国天文大地网整体平差会议”，提出了建立属于我国自己的大地坐标系，即后来的1980西安坐标系。但时至今日，北京54坐标系仍然是在我国使用最为广泛的坐标系。

2. 西安80坐标系

1978年4月在我国测绘学者在西安召开“全国天文大地网平差会议”，确定重新定位，建立我国新的坐标系。为此有了1980年国家大地坐标系。1980年国家大地坐标系采用地球椭球基本参数为1975年国际大地测量与地球物理联合会第十六届大会推荐的数据。该坐标系的大地原点设在我国中部的陕西省泾阳县永乐镇，位于西安市西北方向约60 km，故称1980年西安坐标系，又简称西安大地原点。

3. CGCS2000坐标系

这是我国当前最新的国家大地坐标系，英文名称为china geodetic coordinate system 2000，英文缩写为CGCS2000。

中华人民共和国成立以来，利用20世纪50年代和80年代分别建立的1954年北京坐标系和1980年西安坐标系，测制了各种比例尺地形图，在国民经济、社会发展和科学研究中发挥了重要作用，限于当时的技术条件，中国大地坐标系基本上是依赖于传统技术手段实现的。随着社会的进步，国民经济建设、国防建设、社会发展和科学研究等对国家大地坐标系提出了新的要求，迫切需要采用原点位于地球质量中心的坐标系统（以下简称地心坐标系）作为国家大地坐标系。采用地心坐标系，有利于采用现代空间技术对坐标系进行维护和快速更新，测定高精度大地控制点三维坐标，并提高测图工作效率。

国家大地坐标系的定义包括坐标系的原点、三个坐标轴的指向、尺度以及地球椭球的4个基本参数的定义。2000国家大地坐标系的原点为包括海洋和大气的整个地球的质量中心；2000国家大地坐标系的Z轴由原点指向历元2000.0的地球参考极的方向，该历元的指向由国际时间局给定的历元为1984.0的初始指向推算，定向的时间演化保证相对于地壳不产生残余的全球旋转，X轴由原点指向格林尼治参考子午线与地球赤道面（历元2000.0）的交点，Y轴与Z轴、X轴构成右手正交坐标系，采用广义相对论意义下的尺度。2000国家大地坐标系采用的地球椭球参数的数值为长半轴$a=6\ 378\ 137$ m，扁率$f=1/298.257$。

相关规范、规程与标准

1.《工程测量标准》(GB 50026—2020)；

2.《卫星定位城市测量技术标准》(CJJ/T 73—2019)。

思政小故事

北斗卫星研发历程

2018年年末，北斗三号基本系统完成建设并向全球提供基本导航服务。回首北斗系统的研发历程，我国科研工作者曾苦苦摸索，在理论探索和研制实践方面开展了卓有成效的工作。

20 世纪 60 年代末立项的“灯塔计划”为北斗工程积累了宝贵的经验。随后，在 1983 年，我国学者又提出了利用 2 颗地球同步轨道卫星来测定地面和空中目标的设想，也就是最早的“北斗双星”定位系统。1993 年初，在初步确定卫星技术参数和总体技术指标后，在 1994 年，北斗一号系统工程立项，在经过艰苦卓绝的关键技术攻关，终于在 2003 年建成北斗一号系统，使我国成为继美、俄之后第三个拥有自主卫星导航系统的国家。

2004 年，北斗二号正式立项研制。2012 年实现了北斗系统面向亚太区域提供服务，成为国际卫星导航系统四大服务商之一。2009 年 12 月的北斗三号正式立项，并于 2018 年完成了 10 箭 19 星发射，创下世界卫星导航系统建设的新纪录。

北斗工程的最大特点就是自主创新。中国北斗始终把发展的主动权牢牢掌握在自己手中。北斗一号原创性地提出双星定位的卫星实现方法，打破了国外技术垄断。

北斗二号突破了区域混合导航星座构建、高精度时空基准建立的关键技术，实现星载原子钟国产化，在国际上首次实现混合星座区域卫星导航系统。区域系统建成后，各项技术指标均与 GPS 等国际先进水平相当。

北斗三号率先提出国际上首个高中轨道星间链路混合型新体制，形成了具有自主知识产权的星间链路网络协议、自主定轨、时间同步等系统方案。成功应用星载大功率微波开关、行波管放大器等关键国产化元器件和部组件，打破核心器部件长期依赖进口、受制于人的局面，为全球快速组网建设铺平道路。

项目小结

本项目讲述了数字测图的图根控制点的布设和测量方法。在重点上突出了 RTK 测量图根控制点的新技术和使用全站仪充分发挥仪器精度的一步法和辐射法等新方法的使用。由于这些方法速度快、检核条件少，所以在使用时，一定要注意多测重合点，避免测量粗差。

复习思考题

1. 辐射法适用于哪些情况？
2. 如果直接使用 RTK 测图，是否需要先测设图根控制点？为什么？
3. 什么是北京 54 坐标系统？什么是西安 80 坐标系统？什么是 CGCS2000 坐标系？

项目 3　草图法测图

项目描述

地面上的地物、地貌形态虽然多种多样，但这些形态总是可以概括、分解成各种几何形体的；而任何几何形体都是由不同的面构成，任何面又都可由一些特征点所连成的折线或曲线来确定。可以说，各种地物、地貌的形态最终是由点决定。我们把决定地物、地貌形态的点称为地物特征点或地貌特征点。地形测量中需要将地物、地貌的特征点测绘到图纸上，这些特征点又称为碎部点。碎部点测量实际上就是测定地物、地貌碎部点在图上的点位及其高程，然后依次描绘出各种地物、地貌。

大比例尺数字测图野外数据采集按碎部点测量方法，分为全站仪测量方法和 GNSS-RTK 测量方法。

学习目标

1. 知识目标

(1)掌握地形图测绘的基本原理；

(2)掌握全站仪和 RTK 进行碎部点位采集的原理；

(3)掌握取舍地形点的基本原则；

(4)掌握技术设计书的编写要领；

(5)掌握地形草图的绘制方法；

(6)掌握数字成图软件实现地形图的绘制的方法。

2. 能力目标

(1)能够利用经纬仪完成一测站白纸测图；

(2)能够读懂技术设计书，按照技术设计书的要求组织开展测图工作；

(3)能够利用全站仪和 RTK 进行碎部点位采集；

(4)能够熟练使用地形图图式，取舍地形点；

(5)能将野外采集数据传输到计算机，并进行地形图的绘制编辑，最后形成地形图。

3. 素质目标

(1)具有严谨求实的工作作风；

(2)具有团队组织管理能力；

(3)具有动手能力、处理问题的能力。

相关案例一——××县数字测图任务概况

××院数字化测绘队承担了某地区约 4 km² 的数字化测图任务。该测区范围：东至京广铁路，西至县城西二环线中线，南至××河北岸北河堤，北至县中学北边界。整个测区内涉及工厂、医院、商业、铁路、公路、山丘等，交通不太便利，地形较为复杂，测量工作难度较大。整个测量任务要求在 2 个月内完成，为了能够合理调配单位人力物力，按时完成测绘任务，保证测绘成果质量，在工程开始前该单位组织专家编写了数字测图技术设计书。

1. 测区概况

测绘区域处华北平原西部，是××省重要的地级城市，也是华北地区重要的中心城市之一。该工程主要处于××市建成区，位于东经 114°××′××″～114°××′××″，北纬 39°××′××″～39°××′××″。该工程东至京广铁路，西至县城西二环线中线，南至××河北岸北河堤，北至县中学北边界，测区面积约 4 km²。城区地势平坦，地形西北高、东南低，坡度约千分之一，市区海拔约为 70 m。市区建筑物净高不超过 150 m。

该市地处暖温带，属半湿润季风气候，年平均气温 12.9°，极端最高气温 42°，极端最低气温－25°。雨季集中在 7—10 月，最适宜作业季节为 3—11 月。

2. 已有资料

(1)控制资料

测区内有国家测绘局第一大地测量队 1977 年施测的国家一等水准点Ⅰ永汉 86 基(Ⅰ宝褒 29 基)，其高程系统为 1956 年黄海高程系统。该点保存完好，而且精度满足本次测量的要求，可以作为本次测量高程控制的起算数据。

(2)地图资料

城市规划院 1998 年测绘的 1∶1 000 比例尺地形图，可用作本次测量的参考用图。

3. 设计技术依据

《城市测量规范》(CJJ/T 8—2011)；

《国家基本比例尺地图图式　第 1 部分：1∶500　1∶1 000　1∶2 000 地形图图式》(GB/T 20257.1—2017)；

《卫星定位城市测量技术标准》(CJJ/T 73—2019)；

本技术设计书及作业期间的补充技术规定。

4. 实施方案

(1)采集数据时，地物点测距最大长度为 320 m，地形点测距最大长度为 350 m；高程注记点应分布均匀，其间距宜为 30 m，平坦及地形简单地区可放宽至 1.5 倍，地貌变化较大的地区应适当加密。

(2)测量内容及取舍应符合如下规定：

①山顶、鞍部、山脊、山脚、谷口、谷底、沟底、沟口、凹地、台地、河川湖池岸旁、水崖线上、城市建筑区的街道中心线、街道交叉中心、建筑物墙基角和相应的地面、管道检查井井口、桥面、广场、较大的庭院或空地上以及其他地面倾斜变换处，均应测设高程注记点。

②房屋的轮廓应以墙基外角为准，并按建筑材料和性质分类，注记层数。房屋应逐个表示，临时性房屋可舍去。

③建筑物和围墙轮廓凸凹在图上小于 0.4 mm，简单房屋小于 0.6 mm 时，可用直线连接。

④围墙、栅栏、栏杆等垣栅可根据其永久性、规整性、重要性等综合考虑取舍。

⑤工矿建(构)筑物及其他设施依比例尺表示的，应实测其外部轮廓，并配置符号或按图式规定用依比例尺符号表示；不依比例尺表示的，应准确测定其定位点或定位线，用不依比例尺符号表示。

⑥铁路轨顶(曲线段取内轨顶)、公路路中、道路交叉处、桥面等应测注高程，隧道、涵洞应测注底面高程。

⑦公路与其他双线道路在图上均应按实宽依比例尺表示。公路应在图上每隔 15～20 cm 注出公路技术等级代码，国道应注出国道路线编号。

⑧路堤、路堑应按实地宽度绘出边界，并应在其坡顶、坡脚适当测注高程。

⑨永久性的电力线、电信线均应准确表示，电杆、铁塔位置应实测。当多种线路在同一杆架上时，只表示主要的。城市建筑区内电力线、电信线可不连线，但应在杆架处绘出线路方向。各种线路应做到线类分明、走向连贯。

⑩各种天然形成和人工修筑的坡、坎，其坡度在 70°以上时表示为陡坎，70°以下时表示为斜坡。当坡、坎比高小于 1/2 基本等高距或在图上长度小于 5 mm 时，可不表示，坡、坎密集时，可适当取舍。独立石、土堆、坑穴、陡坎、斜坡、梯田坎、露岩地等应在上、下方分别测注高程或测注上(或下)方高程及量注比高。

⑪植被应实测范围，同一地段生长有多种植物时，可按经济价值和数量适当取舍。

(3)采集的数据应进行检查，删除错误数据，及时补测错漏数据，超限的数据应重测。

5. 检查验收

本测区实行三级检查、二级验收制度，首先各作业组必须对自己的作业成果进行 100%的自查。在此基础上方可交队进行检查验收。各作业组自查、队级检查，均应做好检查记录，在队级检查验收通过后，连同组、队级检查验收记录提交院总工办检查验收。

本测区检查验收必须进行外业巡视检查及外业设站检查，并计算精度指标，以便评定其成果等级。

6. 工作安排及设备配置

(1)工作安排

根据该院生产工作安排，计划投入 19 人。计划工期 60 个有效工作日。

(2)设备配置

①华测 T7[h:±(8 mm+10^{-6}×D)，v:±(15 mm+10^{-6}×D)]接收机 4 台。

②DS_3 型水准仪 1 台。

③徕卡全站仪 TS02 PLUS±(2 mm+2×10^{-6}×D)4 台。

④对讲机 12 部。

⑤计算机 5 台。

7. 提交成果

(1)技术设计书 1 本。

(2)四等 GNSS 网平差计算资料 1 本。

(3)各等级导线平差计算资料 1 本。

(4)控制点点之记 1 本。

(5)四等水准观测记录 1 本。

(6)四等水准平差计算资料 1 本。

(7)1∶1 000 比例尺地形图(纸图)1 套。

(8)检查验收报告 1 本。

(9)技术总结 1 本。

(10)成果数据光盘 3 张。

8. 其他

本设计经审批后,与其他技术文件有矛盾的,以本设计为准;本设计书未提及的以《城市测量规范》(CJJ/T 8—2011)为准;各作业人员必须认真学习技术设计书,理解设计目的及要求,以达到作业方法及数据结构的统一和规整。

9. 附件

(1)GNSS 点标志及标志埋设图。

(2)导线点标志埋设图。

相关案例二——RTK 联合全站仪测图实例

RTK 在城市测量中,一般流动站和基准站距离达不到 RTK 设备中所标述的最大值(一般为 20 km)。城市中一般能达到 500～3 000 m,且 RTK 的缺点在城市测量中能够完全体现,如多路径效应、电磁波干扰、高大建筑物对接收机视野的限制等。这些缺点给城市测量带来了巨大的影响,使得测量无法快速进行并且定位精度也受到一定的影响。

为能够满足城市测量的需求,以及在短时间内完成作业任务,使用全站仪与 RTK 联合可以满足这些需求,并且能够保持更好的精度。城市中高等级控制点距离远、不通视,普通等级点破坏大、测量过程中通视不方便(车、人容易阻挡视线)。完全利用全站仪耗时间、耗人力,无法快速测量,利用 RTK＋全站仪的方法可以很好地解决这些问题。在测区范围内利用 RTK 布设控制点、在 RTK 不容易到达或局限性较大的地方可在附近布设控制点再利用全站仪进行测量,这样可以快速完成各种测量任务,且精度也可保证。

1. 测区概况

××单位承担了某测区的测量任务,总面积约为 1.5 km^2,成图比例尺为 1∶2 000。该测区位于丘陵地带,地形条件复杂,测区内部有两个主要的山体,山上以荒草和灌木为主。两个建筑物密集区(一村庄、一矿山集中区)。

综合测区以上情况,通过认真讨论、试验和分析,决定对于接收卫星信号较好的山坡和平坦地区采用 RTK 碎部测量;其余地区采用全站仪碎部测量;全站仪所需图根控制点采用 RTK 进行测定。测图方式为野外数字化测图,使用一套徕卡 1200(1＋3)动态 GNSS 接收机、两台徕卡全站仪进行外业采集,应用广州南方测绘科技股份有限公司(简称“南方测绘”)CASS 软件地形地籍软件成图,为便于规划设计,地形图不进行分幅,等高距为 1 m。

2. 人员配置

在人员分工上,RTK 分为 3 组(每个流动站为一组),每组 2 人,一人操作 RTK、一人画草图;另有一人留守基准站,负责基准站的安全;每组画草图的人员将野外采集的数据导入计算机,根据野外草图进行数字化成图。全站仪组为 3 人,一人施仪、一人跑尺、一人画草图。人员配置共 7 人,所以 RTK 与全站仪分开时段测图。

3. 已有资料分析

测区附近有 GNSS 四等点 3 个,保存完好,精度满足要求。1 个点在测区外、2 个点在测区内，用这3个点作RTK的点校正。

4. 数据采集

在本次的地形图测绘中利用RTK可随时为全站仪测图测量图根点。按照《城市测量规范》中地形测量的要求进行地形图的碎部测量。测量方法是全站仪与RTK联合进行地形要素的自动采集和存储，并成图。对于开阔的地段(主要是田野、公路、河流、沟、渠、塘等)直接采用RTK进行全数字野外数据采集。实地绘制地形草图，对于树木较多或房屋密集的村庄等采用RTK给定图根点位，利用全站仪采集地形地物等特征点，实地绘制草图。回到室内将野外采集的坐标数据通过数据传输线传输到计算机，根据实地绘制的草图，在计算机上利用CASS10.1成图软件进行制图。

RTK作业的具体操作：

①采用RTK技术进行碎部点采集，所采集的数据为当地平面坐标。

②应用RTK采集碎部点时，遇到一些对卫星信号有遮蔽的地带，这时可采用RTK给出图根点的点位坐标，然后采用全站仪测碎部点坐标。

全站仪作业的具体操作：

①整平对中，对中偏差不得超过5 mm。

②启动全站仪，进入文件管理界面，建立文件名，并选择该文件在文件下存储。

③以后视点为检核点进行检核，偏差在限差范围内才可进行点收集；否则应查明原因，符合限差要求后可采集数据。

④采集碎部点数据信息。

全站仪注意事项：

①一个测站应一个方向观测，切勿盘左、盘右不分。

②一个测站仪器如有碰动需重新对中整平检核。

5. RTK成果的质量检验

为了检验RTK图根点实际精度，RTK测量结束后，应用徕卡全站仪对部分通视图根点间的相对位置关系进行实测检查。检查工作共布设了两条附合导线，导线起算点为已知GNSS点，共联测检查了20个图根点。根据导线测量成果与RTK结果的较差，可算出图根点相对于相邻点点位中误差和高程中误差，见表3-1。根据表中的数据可算出图根点点位中误差 $m_{\mathrm{p}}=\pm 4.3$ cm，高程中误差 $m_{\mathrm{h}}=\pm 6.3$ cm，分别小于预设精度±10 cm，也小于《城市测量规范》的规定值±20 cm；完全符合图根控制和碎部点的精度要求。

由于RTK测设的相邻图根点之间并没有直接联系，因此，其相邻点与导线测量中所讲的相邻点意义不同，它仅仅是地理位置的相邻，彼此之间没有误差传递，相邻点之间的点位误差只与卫星信号的质量以及卫星的分布质量有关。因此，不能以导线测量的相对误差、角度中误差等指标作为衡量RTK相邻点精度的指标。

表3-1　图根点与导线点精度对比分析

点号	坐标较差		点位较差	高程较差
	d_x/cm	d_y/cm	d_{p}/cm	d_{H}/cm
T1	+3.1	−2.3	3.9	+7.1
T2	−0.9	+3.5	3.6	+5.0
T3	+4.3	+4.0	5.9	+8.0

续上表

点号	坐标较差		点位较差	高程较差
	d_x/cm	d_y/cm	d_P/cm	d_H/cm
T4	+3.7	+5.1	6.3	+7.8
T5	+1.1	+3.9	4.1	+6.5
T6	+2.7	−2.2	3.5	−4.3
T7	+4.8	−3.7	6.1	−9.7
T8	−1.1	+0.8	1.4	+6.0
T9	+0.7	+1.8	1.9	−0.8
T10	+3.5	+4.7	5.9	+9.3
T11	+5.0	+3.7	6.3	+10.1
T12	−0.9	+1.1	1.4	+4.3
T13	+0.2	+1.8	1.8	−0.2
T14	−0.1	+1.5	1.5	+0.6
T15	+3.4	+2.1	4.0	−3.7
T16	+5.8	+3.1	6.6	+7.0
T17	+1.2	+0.8	1.4	+4.6
T18	+4.7	+3.4	5.8	+6.1
T19	+4.3	−0.9	4.4	−40.7
T20	−0.9	+6.3	6.4	+5.7

6. 应注意的问题

通过此次实验表明，全站仪联合 RTK 测图，能大大加快工作进度，节省工程成本。与常规测量相比，RTK 测量需要的测量人员少、作业时间短，能够极大地提高工作效率。但是在实施时，也可能会出现一些问题，影响工作进度，主要有以下方面：

(1)各作业小组要注意协作分工，不要漏测重测。在 RTK 测量困难地区，应利用全站仪测图。尽量保证当天成图，以便对漏测地区进行及时补测。

(2)选择基准站时要考虑数据链能否正常工作，因为电台的功率一般比较低，又是“近直线”方式传播，所以要考虑距离和“视场”。一般基准站选择在靠近测区中央、位置较高的地方。

任务 3.1　经纬仪测图

3.1.1　任务目标

地形图测绘是以控制点为基础，按一定的要求和规则，将地面上各种地物、地貌测绘到图纸上。经纬仪测图主要介绍极坐标定点测图（利用与已知方向的水平夹角和到控制点的水平距离确定地面点在图纸上的位置），通过本任务，掌握地形图测绘的基本原理。

3.1.2　相关配套知识

地形测量中需要将地物、地貌的特征点测绘到图纸上，这些特征点又称为碎部点。相对于地形控制而言，具体的地物和地貌是测区的碎部，因此又称为地形碎部测绘。

我国传统大比例尺测图主要采用大平板仪测图、小平板仪与经纬仪联合测图及经纬仪与半圆仪(即量角器)测图三种方法。

大平板仪测图就是将大平板仪置于测站上对中、整平、定向,用照准仪观测附近地形,随即绘于图板上;小平板仪与经纬仪联合测图是以小平板仪为主,将小平板仪置于测站上,经纬仪为辅在旁边配合测图;而经纬仪与量角器测图则是以经纬仪为主,将经纬仪置于测站上,小平板仪为辅,它仅作为绘图板用。

以上三种测图方法的距离均是采用视距测量。在作图方面,前两种均采用图解法,而后一种是极坐标法用量角器作图。本节重点介绍第三种方法。

视频

经纬仪白纸测图

1. 经纬仪测绘法

经纬仪测绘法就是把经纬仪安置在测站点上测方向、距离和高程,使用量角器在小平板上展绘成图,其成图方法即经纬仪测绘法。

工作原理如图 3-1 所示。把经纬仪安置在测站点 A 上,量取仪器高用望远镜瞄准另一图根点 B 作为起始方向,并使水平度盘读数为 0°00′00″。再以顺时针方向依次瞄准各立尺点,读记水平角、视距和竖直角。按顺序算出立尺点的水平距离和高程。按照观测出的水平角计算出水平距离,用量角器在小平板上展绘出立尺点的位置,并标注高程。再根据测绘于小平板上的地形点描绘地物、地貌。用量角器展绘地形点的方法如图 3-2 所示。A、B 是图上的已知图根点,M 是欲展绘的地形点。将量角器底边中央的小孔对准图上的测站点 A 并在小孔中插一测针。转动量角器,使起始方向 AB 正对在立尺点 M 的水平角值上,此时量角器底边的方向就是测站 A 到立尺点 M 的方向,根据量角器直径上的比例尺分划,按 AM 的水平距离,在图上刺出立尺点 M 的位置。如立尺点的水平角值大于 180°,在展点时要使用量角器里圈注明角度值,沿直径左边的比例尺分划刺点。

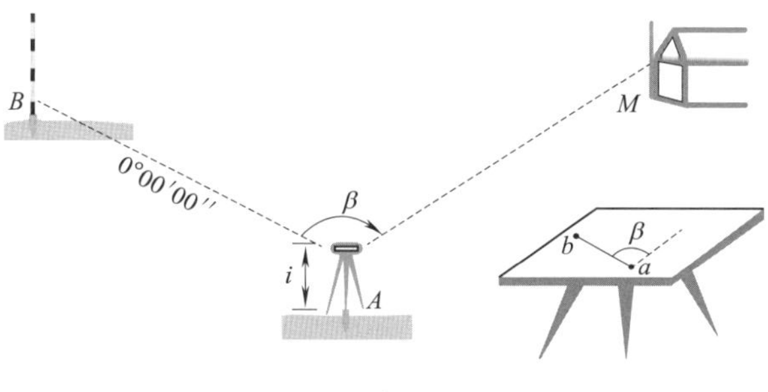

图 3-1 经纬仪测绘法原理

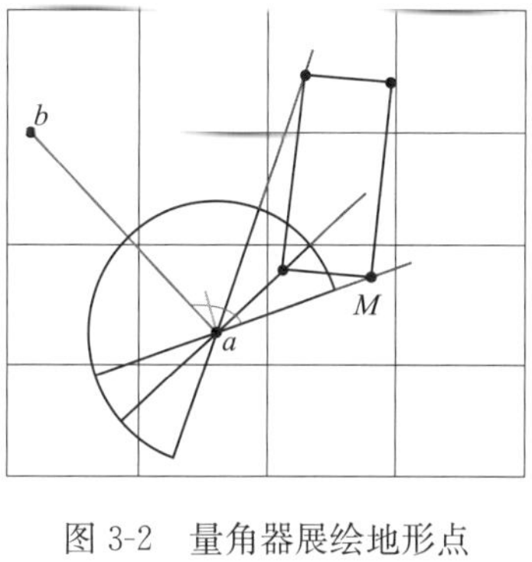

图 3-2 量角器展绘地形点

使用经纬仪测绘法测图时,要及时检查起始方向水平度盘读数是否为零,防止出现差错。

2. 等高线的勾绘

视频

等高线勾绘

(1)连接地性线

当测绘出一定数量的地貌特征点后,测绘员应及时依照实际情况,用铅笔轻轻在图上连接地性线,待勾绘完等高线后再将地性线擦掉。图 3-3 中,实线表示山脊线、虚线表示山谷线。在实际工作中,地性线应随地貌特征点的陆续测定而随时连接。

(2)确定等高线通过点

举例:如图 3-3 所示,a、b 两点高程分别为 42.8 m 和 47.4 m。若等高距为 1 m,则可以判断出该地性线 ab 间必有 43、44、45、46、47 五条等高线通过。现将图中的 ab 线及其实际斜坡

AB 线表示在图 3-4 中。从图 3-4 可以看出，确定 ab 地性线上等高线的通过点，实际上就是确定图上 ac、cd、de、ef、fg、gb 的长度。

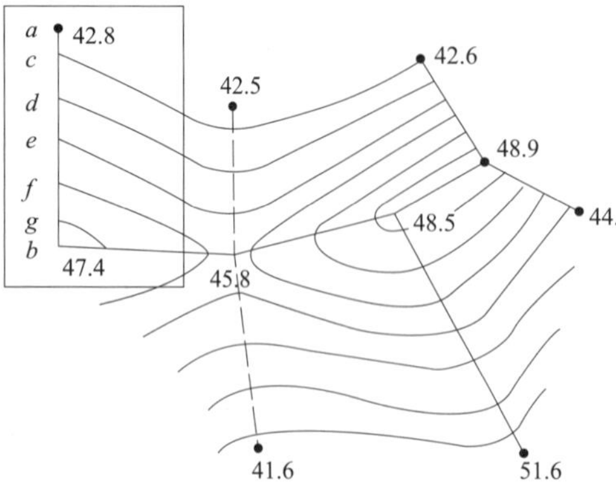

图 3-3　等高线勾绘示意(单位:m)

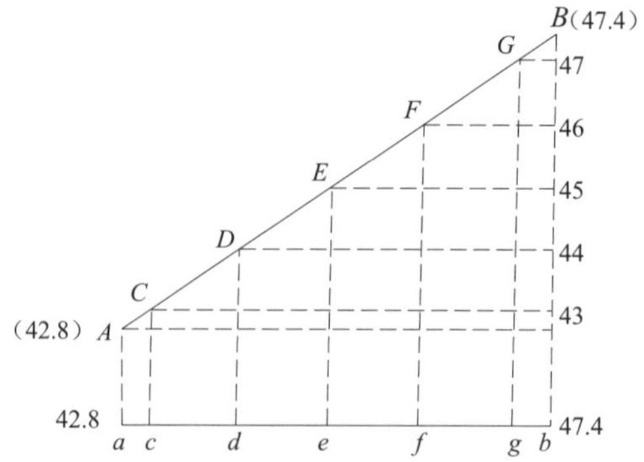

图 3-4　等高线通过点位置计算原理(单位:m)

$$ac=\frac{ab}{h_{AB}}\cdot h_{AC}$$
$$gb=\frac{ab}{h_{AB}}\cdot h_{GB} \tag{3-1}$$

$$\left.\begin{aligned}&h_{AB}=47.4-42.8=4.6(\mathrm{m})\\&ab=21(\mathrm{mm})\\&h_{AC}=43-42.8=0.2(\mathrm{m})\\&h_{GB}=47.4-47=0.4(\mathrm{m})\end{aligned}\right\}\Rightarrow\left.\begin{aligned}&ac=\frac{21}{4.6}\times0.2=0.91(\mathrm{mm})\\&gb=\frac{21}{4.6}\times0.4=1.83(\mathrm{mm})\end{aligned}\right\}$$

平板仪测图、经纬仪和小平板仪联合测图等，都是采用人工逐点立尺作为基本手段。这是落后的测图方法，工作量大、效率低，尤其是在山区测图更为严重，已远远不适应测绘工作发展的需要。目前常用的全站仪测图与经纬仪测绘法原理相同，它是用光电测距取代了视距测量，其他与经纬仪测绘过程相同，就是在测站上安置全站仪、用全站仪测出地形点的水平角、竖直角和水平距离，用仪器内置程序自动计算地形点的坐标，在野外观测后记录保存各地形点坐标，并绘制草图，在室内完成地形图的绘制。全站仪测图可减轻作业强度，提高测图效率。

任务 3.2　数字测图技术设计书编写

3.2.1　任务目标

测绘技术设计是制定切实可行的技术方案，保证测绘成果符合技术标准和顾客需求，并获得最佳的经济效益和社会效益。因此，每个测绘项目开始前都需要制定技术设计。所谓技术设计是根据测图比例尺、测图面积、测图方法以及用图单位的具体要求，结合测区的自然地理条件和本单位的仪器设备、技术力量及资金等情况，灵活运用测绘学的有关理论和方法，制订在技术上可行、经济上合理的技术方案、作业方法和实施计划，并将其编写成技术设计书。在数字测图项目开始之前，应认真完成技术设计书的编写。技术设计书是对项目实施的一个总体规划，它能够使各方面对工程如何具体实施有具体的了解，便于协调各工作组之间的关系，有利于今后工作的开展。通过本任务，掌握技术设计书的编写要求和方法。

3.2.2　相关配套知识

1. 现场踏勘

接受下达任务或签订数字测图任务的合同后，就可以进行测区踏勘工作，为编写技术设计、施工设计、成本预算等提供资料来源。测区踏勘调查了解的主要内容如下。

(1)交通情况：包含公路、铁路、乡村便道的分布及通行情况等。

(2)水系分布情况：包含江河、湖泊、池塘、水渠的分布、桥梁、码头及水路交通情况等。

(3)植被情况：包含森林、草原、农作物的分布及面积等。

(4)控制点分布情况：包含三角点、水准点、GNSS点、导线点的等级、坐标、高程系统，已知点位的数量及分布，点位标志的保存状况等。

(5)居民点分布情况：包含测区内城镇、乡村居民点的分布、食宿及供电情况等。

(6)当地风俗民情：包含民族的分布、习俗及地方方言、习惯及社会治安情况等。

踏勘的详略取决于测区的大小。如果测区范围大、任务重，则需要仔细踏勘，尽可能发现影响测绘工作开展的因素。如果测绘任务较小，则踏勘可以适当从简，甚至在对测区比较了解的情况下省略这一步骤。

2. 收集已有资料

收集资料是编写技术设计书的重要一环，充分的资料收集可以大大减小任务工作量。根据踏勘测区掌握的情况，需收集的资料如下。

(1)控制资料：在数字测图开始前应有一定数量的已知坐标的控制点，这样才能使数字测图的坐标系统一到国家坐标系。控制点资料可以到当地的测绘主管部门购买，购买的内容包括：控制点坐标成果、控制点分布图、控制点点之记等。

(2)各类图件：测区及测区附近已有的测量成果等资料，其内容应说明其施测单位、施测年代、等级、精度、比例尺、规范依据、平面和高程坐标系统、投影带号、标石保存情况以及可利用的程度等。

(3)其他资料：包含测区有关的地质、气象、交通、通信等方面的资料及城市与乡、村行政区划表等。

3. 确定作业依据

作业的依据是技术设计书设计方案的理论基础，可以是以下内容：

(1)上级下达任务的文件或合同书。

(2)有关的法规和技术规范。

(3)地形测量的生产定额、成本定额和装备标准等。

(4)测区已有的资料等。

4. 编写实施方案

数字测图技术设计书的实施方案部分需详细写明工程开展各环节的技术细节，包括如下内容：

(1)测区控制的具体实施计划。

(2)野外数据采集及实施计划。

(3)仪器配备、经费预算计划。

(4)提交资料的时间计划以及检查验收计划等。

①平面控制测量设计

平面控制测量设计包括平面控制坐标系统的确定、首级网的等级、起始数据的配置、加密层次及图形结构、点的密度、觇标和标石规格要求、使用的仪器和施测方法、平差计算方法、各项主要限差及应达到的精度指标。

②高程控制测量设计

高程控制测量设计包括高程系统的选择、首级高程控制的等级及起算数据的选取、加密方案及网形结构、路线长度和点的密度、标石类型和埋设规格、使用的仪器和施测方法、平差计算方法、各项主要限差及应达到的精度指标。

③地形测图设计

地形测图设计包括地形图采用的分幅和编号方法、地形图分幅编号图、测站点的观测方法和要求、对地形要素的表示和对地形的要求、地形图清绘方法、整饰规格以及复制方式。若采用新技术、新仪器、新方法测图时，在设计方案中应对其先进性和成图精度进行详细说明。

④工作量统计、计划安排和经费预算

a. 工作量统计：根据设计方案，分别计算各工序的工作量。

b. 计划安排：根据工作量统计和计划投入的人力物力，参照生产定额，分别列出各期进度计划和各工序的衔接计划。

c. 经费预算：根据设计方案和进度计划，参照有关生产定额和成本定额，编制分期经费和总经费计划，并作必要的说明。

工作量统计、计划安排和经费预算一般应编制专门的图表，这些图表可以形象地反映劳动组织、工作进程、工序衔接和经费开支，便于迅速准确地了解工作任务的全貌，及时指挥生产。

⑤上交资料清单

数字测图的成果除地形原图外，还有各种其他资料。用图单位根据生产建设的需要，地形测图的成果资料也有具体的要求。技术设计书中应列出用图单位要求提交的所有资料的清单。

⑥建议和措施

为顺利地完成测绘任务，还应就如何组织力量、提高效益、保证质量等方面提出建议，并指出业务管理、物资供应、膳宿安排、交通设备、安全保障等方面必须采取的措施。

视频

数字测图技术设计书编写

5. 技术设计的一般规定

(1)技术设计目的

技术设计的目的是制订切实可行的技术方案，保证测绘产品符合技术标准和用户要求，并获得最佳的社会效益和经济效益。因此，每个测绘项目在作业前都必须进行技术设计。技术设计书未经批准不得实施。

(2)技术设计分类

技术设计可分为项目设计和专业设计。项目设计是指对具有完整的测绘工序内容，其产品可提供社会直接使用和流通的测绘项目而进行的综合性设计。构成测绘项目的有大地测量、地形测量、地图制图和印制、工程测量和多用途地籍测量基础资料测绘等。专业设计是在项目设计基础上，按工种进行具体的技术设计，是指导作业的主要技术依据。项目设计由承担测绘任务的主管部门编写和上报，专业设计由测绘生产单位编写和上报。设计工作可委托测绘设计单位进行，亦可组织专职设计人员编写。

(3)技术设计的依据和基本原则

①技术设计的依据

主要有三个方面：一是上级下达任务的文件或合同书；二是有关的法规和技术标准；三是有关测绘产品的生产定额、成本定额和装备标准等。

②技术设计的基本原则

基本原则主要有五个方面：一是技术设计方案应先考虑整体后考虑局部，且顾及发展，要满足用户的要求，重视社会效益和经济效益；二是要从作业区实际情况出发，考虑作业单位的实力（人员技术素质和装备情况），挖掘潜力、选择最佳作业方案；三是广泛收集、认真分析和充分利用已有的测绘产品和资料；四是积极采用适用的新技术、新方法和新工艺；五是工作量大的项目，可将作业区划为几个小区，分别进行技术设计。

（4）对设计人员的要求

主要包括三个方面：一是设计人员首先要明确任务的性质、工作量、要求和设计的原则；二是设计人员应认真做好作业区情况的踏勘和调查分析工作；三是设计人员应对其设计书负责，要深入第一线检查了解设计方案的正确性，发现问题应及时处理。

（5）编写技术设计书的要求

主要包括三个方面：一是内容要明确、文字要简练，标准已有明确规定的一般不再重复，对作业中容易混淆和忽视的问题应重点叙述；二是采用新技术、新方法和新工艺时，要说明可行性研究或试生产的结果以及达到的精度，必要时可附鉴定证书或试验报告；三是名词、术语、公式、符号、代号和计量单位等应与有关法规和标准一致。

6. 技术设计书中图表的编绘

地形测图技术设计书是一项技术文献，在编写过程中必不可少的要用到一系列设计图、表，而且设计图、表能使有些应用文字很难叙述清楚的问题能够表达明了、形象直观。文字、图、表的密切配合使整个技术设计全貌和各作业工序之间的相互关系一目了然。因此设计图、表是技术设计书的重要组成部分，应重视图、表的编绘和设计。

（1）设计图

地形测图技术设计书中用到的设计图一般有以下几种：

①××测区平面控制测量点位布置图。

②××测区高程控制测量控制点分布图。

③××测区控制点标志埋设图。

设计图应有标题（图名、代号）、编制单位、编制者、审核者、日期及必要说明注记和图例。图的内容要能反映工作量，图面清晰明了，幅面大小适宜。

（2）表格

地形测图技术设计书中用到的表格有综合工作量表、工作进度计划表、经费预算表、主要物资器材表、已有资料利用情况表、预计上交成果资料表。

任务 3.3　草图法野外数据采集

3.3.1　任务目标

数字测图的基本思想是将地面上的地形要素（或称模拟量）转换为数字量，然后由电子计算机对其进行处理，得到内容丰富的电子图，需要时由图形输出设备（如显示器、绘图仪）输出地形图或各种专题图。数字测图通常分为野外数据采集和内业数据处理、绘图两部分，外业采集的绘图信息包括点的定位信息、连接信息和属性信息。草图法是在全站仪采集定位信息的同时，现场绘制观测草图，记录所测地物的形状并注记测点顺序号（即属性信息和连接信息），内业将观测数据传输至计算机，在测图软件的支持下，对照观测草图进行测点连线及图形编辑。通过本任务，会利用草图法进行野外数据采集等工作。

3.3.2 相关配套知识

地形图的要素主要包含地形要素、数学要素和整饰要素，其中数学要素和整饰要素都不在数据采集的范围内，数据采集实际上是对地形要素的采集，数字测图需要采集的地形要素信息又包括定位信息、连接信息和属性信息。

定位信息又称为点位信息，是用仪器在碎部测量中测得，最终以[X,Y,Z(H)]表示的三维坐标。点号在一个数据采集过程中是唯一的，根据它可以提取点位坐标，因此点号也属于定位信息。

连接信息是指测点之间的连接关系，它包括连接点号和连接线形，据此可以将相关点连接起来。上述两种信息称为几何信息。

属性信息又称为非几何信息，用来描述地形点的特征和地物属性的信息，一般用拟定的特征码和文字表示，用来描述地物的类别、地理名称、单位名称、数量、强度等属性信息，例如楼层信息。数字测图的数据采集不仅要测定地形点的位置(坐标)，还要知道是什么点，是道路还是房屋等，当场记下测点的属性信息，内业成图时才能选择正确的地形图图式绘制成图。

草图法通常利用全站仪或 GNSS-RTK 等测量设备直接测定碎部点的定位信息，即三维坐标，并用草图记录其连接关系及其属性，为内业成图提供必要的信息。定位信息是数字测图的基础工作，其质量好坏将直接影响成图质量与效率。

草图法的基本思路及作业流程如图 3-5 所示。

视 频

草图法综述与草图绘制

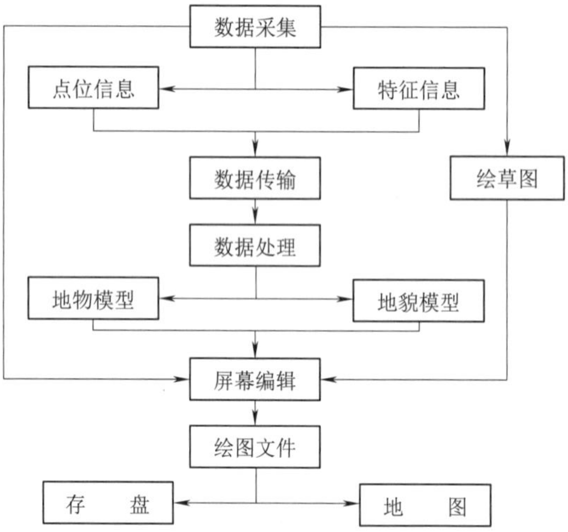

图 3-5　草图法基本作业流程

1. 作业前的准备工作

(1)搜集测区的控制点成果、卫星定位测量资料及连续运行基准站系统的覆盖情况。

(2)搜集测区的平面基准和高程基准的参数，应包括参考椭球参数、中央子午线经度、纵横坐标的加常数、投影面高程、平均高程异常等。

(3)搜集卫星导航系统的地心坐标框架与测区地方坐标系的转换参数及相应参考椭球的大地高基准与测区的地方高程基准的转换参数。

(4)网络 RTK 使用前，应在服务中心进行登记、注册，并应获得系统服务的授权。

2. 草图法作业安排

测图方法不同，人员组织也不一样，一般而言，人员组织主要考虑两方面的内容：一是根据测区大小和总的测量任务确定各小组间的人员分配情况；二是具体到一个小组内的人员配备。

草图法是在全站仪或 RTK 采集数据(即定位信息)的同时，现场绘制观测草图，记录所测地物的形状并注记测点顺序号(即属性信息和连接信息)，内业将观测数据传输至计算机，在测图软件中，对照观测草图将观测点连线及图形编辑。

草图法的人员配置和流程如下：

(1)全站仪野外数据采集

①仪器设备：全站仪、三脚架、棱镜、对中杆、备用电池、数据线、钢卷尺、记录用具、对讲机、测伞等。

②外业人员：观测员 1 人，领尺员(绘制草图)1 人，跑尺员 1～3 人。

③内业流程：联机传输数据→展点→根据草图绘制地形图。

(2)GNSS-RTK 野外测图

①仪器设备：GNSS 基站、电源、移动站、天线等。

②外业人员：观测员 1 人，领尺员(绘制草图)1 人。

③内业流程：联机传输数据→展点→根据草图绘制地形图。

3. 草图的绘制

草图也可称为工作草图，是内业绘图的依据，成果图质量的保证。如果测区有相近比例尺的地形图，可利用旧的地形图或影像图的复印件作为工作底图进行草图绘制，也可以在碎部点采集时绘制。草图可按地物的相互关系分块绘制，也可按测站绘制，地物密集处可绘制局部放大图，也可用文字辅助说明。草图的绘制要遵循清晰、易读、相对位置准确、比例一致的原则。

绘制草图的人员要对各种地物地貌有一个总体的概念，知道不同形状的地物应该采集几个点，例如一般点状地物采集一个点，线状地物采集两个或三个点，面状地物采集轮廓线的拐点等，这就要求学生熟悉图形绘制软件和地形图图式。

绘制草图时要注意图上点号标注清楚、准确，一定要与全站仪或 RTK 手簿里记录的点号保持一致。工作草图记录的主要内容包括地物的相对位置、点名、丈量距离记录、地貌的地形线、地理名称和说明注记等。按测站绘制时，应注记测站点点名、北方向、绘图时间、绘图者姓名等，最好在每到一测站时，整体观察一下周围地物，尽量保证一张草图把一测站地物表示完全，可对地物特别密集处标上标记、另起一页的方法表示，草图样例如图 3-6 所示。

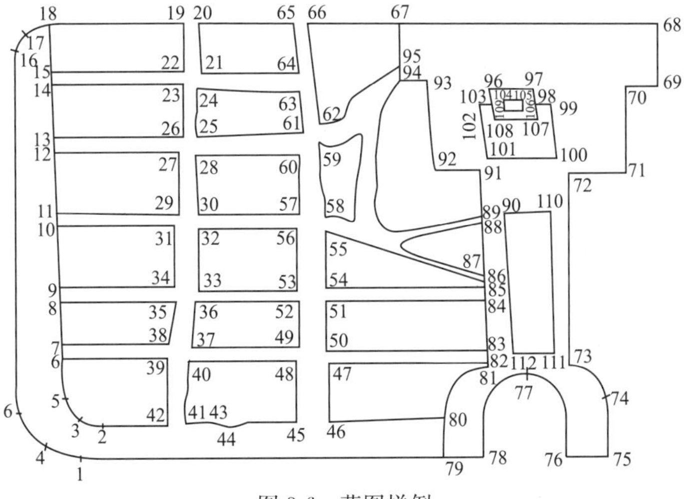

图 3-6　草图样例

数字测图过程中的草图绘制并不是一成不变的，可以根据自己的习惯和理解绘图，不必拘泥于某种形式，只要能够保证可以顺利地完成内业软件成图即可。

需要特别提醒的是，由于草图法所有的属性信息和连接信息全部记录在草图上，一旦草图损毁或丢失将造成内业无法准确有效的编辑地形图，甚至无法编辑地形图。因此除了妥善保存草图原图外，还应使用随身携带的手机或其他带照相功能的数码产品不定时对草图进行拍照，对草图记录的绘图信息进行备份，降低或避免由于草图损毁或丢失造成的损失。

4. 地物特征点采集

地物特征点指决定地物形状的地物轮廓线上的转折点、交叉点、弯曲点及独立地物的中心点等。地形图应表示定位基础、居民地及附属设施、独立地物、管线及境界、公路、水系、植被等各项地物要素，并突出公路规划、设计、建设、管理等各项有关要素。

(1)地物测绘通用原则

①行业规范和国家标准(如《地形图图式》)是地物测绘的依据。

②地物测绘要遵循“看不清不测”的原则。

③依据测图比例尺，按相应的地形测量规范和《地形图图式》的要求，能依比例尺的地物要测定其轮廓点，使其与实地地物相似。

④半依比例尺的地物要测定其中心线。

⑤不依比例尺的地物要准确测定其中心位置，并以相应的地物符号表示。

⑥遵守地物测绘综合取舍原则：

a. 要求地形图上的地物位置准确、主次分明，符号运用恰当、充分反映地物特征，图面清晰、易于使用。

b. 保留主要、明显、永久地物，舍弃次要、临时性地物。对有方位意义及对勘测、设计、规划、施工等重要参考意义的地物，要重点表示。

c. 当两种地物符号在图上较为密集、不能容纳时，可将主要的地物精确表示，次要的适当位移表示，位移时应保持其相对位置的正确，保持总貌和轮廓特征。

d. 许多同类地物聚集于一处，不能逐一表示时，可综合为一个整体表示，如相邻的几幢房屋可表示为街区；密集地物无法表示又不能综合或移位时，取其主要地物，舍弃次要地物，如密集池塘不能综合为河流、湖泊；两地物相重叠或立体交叉时，按投影原则下层被上层遮盖的部分断开，上层保持完整。

(2)特殊规定

在地形图测绘过程中，地物的综合取舍是个十分复杂的问题，只有通过大量的实践才能较为正确的掌握。地物测绘的综合取舍除应符合现行国家测绘局制定的图式外，还应遵守下列各项规定。

①各种比例尺地形图上均应展绘或测出各等级三角点(包括各等级平面控制点)、图根点、水准控制点等测量控制点，并按规定符号表示。

②房屋外轮廓应以墙为准，临时性的可不测。

③各类建筑物、构筑物及其主要附属设施均应进行测绘，房屋外轮廓可以墙角为准。1∶500、1∶1 000、1∶2 000 的测图，居民区房屋应详细测绘，房屋应加注层数及建筑材料。当建筑物的轮廓凹凸在 1∶500 比例尺图上小于 1 mm、其他比例尺图上小于 0.5 mm 时，可用直线连接。地物能按比例尺表示的应实测外轮廓，填绘符号；不能按比例尺表示的，应准确表示其定位点或定位线。

④防空巷道等地下设施，宜测量出口、竖井平面位置和高程。

⑤测绘 1∶500 和 1∶1 000 比例尺的房屋建筑区地形图时，房屋宜单座测绘；测绘小于 1∶2 000 比例尺的建筑区地形图时，可进行综合测绘；狭窄的巷道可不单绘。

⑥独立地物，能按比例尺表示的，应实测外廓；不能按比例尺表示的，应准确标出其位置。

⑦各种比例尺地形图的线状地物，如管线、高低压线等应实测其支架或电杆的位置。高压线路应注明千伏安；同高压线交叉时，应实测其悬垂线与地面的最小垂直距离。线路密集或居民区的低压电线、通信线可根据用途需要测绘，管线转角均应实测。测区范围内有重要的通信电缆等地下管线时，必须详细测定其位置。线路密集时，居民区的低压电线、通信线和各种管线的检修井可择要测绘。

⑧公路及其附属物应按实际形状测绘。较宽公路的中心线及公路平交时的交叉中心应标注高程；乡间道路可择要测绘；公路经过村镇时，图上不应中断，应按真实位置测绘。测绘已建公路应施测路肩边缘，并标注路面类型；公路里程碑应实测其点位，并注明里程数；公路交叉口处应注明每条公路的走向；人行小道可视需要测绘。

⑨铁路应标注轨面高程，曲线段标注内轨面高程。铁路与公路图应在图上每约 0.1 m(山区公路 0.05 m)处及地形起伏变换处、桥隧建筑物等处测注高程点。

⑩水系测绘应符合的规定：

a. 河流、湖泊、水库、池塘、沟渠、泉眼、水井等按实际情况测绘；比例尺小于 1∶2 000 的地形图上，泉眼和水井用符号表示。

b. 干涸自然河流、冲沟按地形特征测绘。

c. 湖泊、水库、池塘、河流、渠道等的水域部分均测量水底高程。

d. 图上河流宽度小于 0.5 mm、渠道实际宽度小于 0.8 m 时，用单线表示。

e. 海岸线按平均大潮高潮所形成的实际痕迹进行测绘。

f. 沿海灯塔、灯桩均测量灯光中心高程，并从平均大潮高潮面起算。

⑪堤坝应标注顶部与坡角高程，涵洞应标注洞底高程。

水井应标注井台高程；泉眼应标注泉口高程；陡坡应标注坡顶、坡底高程或标注比高；下水道井盖应标注井盖高程，比例尺大于 1∶1 000 的测图还应标注井底高程。

5. 地貌特征点采集

视频

地物特征点采集

地球表面的形态，可被看作是由一些不同方向、不同倾斜面的不规则曲面组成，两相邻倾斜面相交的棱线，称之为地貌特征线(地性线)。如山脊线、山谷线即为地性线。在地性线上比较显著的点有山顶点、洼地的中心点、鞍部的最低点、谷口点、山脚点、坡度变化点等，这些点称之为地貌特征点。表 3-2 为地形点平均间距。

表 3-2　地形点平均间距

比例尺	1∶500	1∶1 000	1∶2 000
地形点平均间距/m	25	50	100

(1)地貌测绘的注意事项

①开始工作前，应先观察地貌总体特征和细部特征，根据实际情况确定跑尺路线。

②正确选择立尺点，注意选择地性线的坡度和方向变换点作为立尺点。

③正确掌握立尺的密度，一般在图上间隔为 3～4 cm 内有点。

视频
地貌特征点选取

④要及时连接地性线,以构成形象的地貌骨架。

(2)地貌测绘综合取舍原则

①地貌一般以等高线表示,特征明显的地貌不能用等高线表示时,应以规定符号表示。山顶、鞍部、凹地、山脊、谷底及倾斜变换处,应测记高程点。

②露岩、独立石、梯田坎应测记比高,斜坡、陡坎比高小于1/2基本等高距(表3-3)或在图上长度小于5 mm时可舍去。当坡、坎较密时,可适当取舍。

表3-3 地形图的基本等高距(m)

地形类别	比例尺		
	1∶500	1∶1 000	1∶2 000
平坦地	0.5	0.5	1
丘陵	0.5	1	2
山地	1	1	2
高山地	1	2	2

视频
全站仪文件设置

6. 全站仪野外数据采集

(1)全站仪测图方法与技术要求

①全站仪测图的仪器安置及测站检核,应符合下列要求:

a. 仪器的对中偏差不应大于5 mm,仪器高和反光镜高的量取应精确至1 mm。

b. 应选择较远的图根点作为测站定向点,并施测另一图根点的坐标和高程,作为测站检核。检核点的平面位置较差不应大于图上0.2 mm,高程较差不应大于基本等高距的1/5。

c. 作业过程中和作业结束前,应对定向方位进行检查。

②全站仪测图的测距长度不应超过表3-4的规定。

表3-4 全站仪测图的最大测距长度(m)

比例尺	最大测距长度	
	地物点	地形点
1∶500	160	300
1∶1 000	300	500
1∶2 000	450	700
1∶5 000	700	1000

视频
全站仪坐标定向测量

当布设的图根点不能满足测图需要时,应采用极坐标法增设少量测站点。

③数字地形图测绘,应符合下列要求:

a. 当采用草图法作业时,应按测站绘制草图,并对测点进行编号。测点编号应与仪器的记录点号相一致。草图的绘制,宜简化表示地形要素的位置、属性和相互关系等。

b. 在建筑密集的地区作业时,对于全站仪无法直接测量的点位,可采用支距法、交会法等几何作图方法进行测量,并记录相关数据。

④全站仪测图,可按图幅施测,也可分区施测,按图幅施测时,每幅图应测出图廓线外5 mm,分区施测时,应测出区域界线外图上5 mm。最后对采集的数据应进行检查处理,删除

或标注作废数据、重测超限数据、补测错漏数据，对检查修改后的数据，应及时与计算机联机通信，生成原始数据文件并做备份。

(2)数据采集准备工作

①仪器器材与资料准备

实施人野外数据采集作业前，应准备好仪器、器材、控制成果和技术资料。仪器、器材主要包括全站仪、脚架、对讲机、绘制草图所需的图纸与画板、备用电池、通信电缆、花杆、反光棱镜、皮尺或钢尺等。作业前还要将已知点数据录入全站仪或电子手簿中，并对全站仪进行必要的检验和校正。

②作业组织

a. 测区较广时，为了便于多个作业组作业，在野外采集数据之前，通常要对测区进行"作业区"划分。一般以沟渠、道路等明显线状地物将测区划分为若干个作业区域。对于地籍测量来说，一般以街道为单位划分作业区域。分区的原则是各区之间的数据(地物)尽可能地独立。

b. 为切实保证野外作业的顺利进行，出测前必须对作业组及作业组成员进行合理分工，根据各成员的业务水平、特点，选好观测员、记录员(绘制草图或记录点号及编码)、立镜员等。合理的分工组织，可大大提高野外作业效率。

c. 人员配备根据作业模式不同略有差异，测记法施测时作业人员一般配置为观测员 1 人，领尺员(绘制草图)1 人，立镜员 1～3 人。

(3)草图法数字测图碎部点采集流程

草图法数字测图碎部点采集是指外业使用全站仪测量碎部点三维坐标的同时，领图员绘制碎部点构成的地物形状和类型并记录下碎部点点号(必须与全站仪自动记录的点号一致)。内业将全站仪或电子手簿记录的碎部点三维坐标，通过测图软件传输到计算机，转换成软件能识别的坐标格式文件并展点，根据野外绘制的草图在成图软件中绘制地物，如图 3-7 所示。

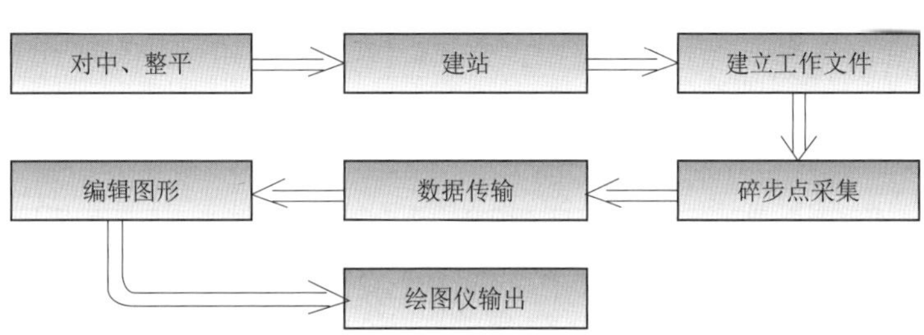

图 3-7　草图法数字测图的流程

(4)全站仪野外数据采集步骤

①安置仪器：在控制点上安置全站仪，检查中心连接螺旋是否旋紧，对中、整平、量取仪器高、开机。

②创建文件：在全站仪的内存或电子记录手簿中选择或创建一个文件用于存储即将测量的碎部点数据。在创建文件时最好将文件名改为自己容易记录或识别的文件名，并做好记录，便于后续数据传输时容易找出数据所在的文件。

③测站定向：先输入测站点信息，按提示输入测站点点号及标识符、坐标、仪高，后视点点号及标识符、坐标、镜高，仪器瞄准后视点，进行定向。

④测量碎部点坐标：仪器定向后，即可进入"测量"状态，采点开始，观测员照准反射棱镜，输入棱镜高度，在全站仪或电子手簿上按操作键完成测量及记录工作，同时向棱镜处的记录员

报告全站仪或电子手簿按测点顺序保存的测点号，进入下一点的采集（具体操作步骤见表 3-5）。记录员在棱镜处记录测点点号及属性信息编码，或通过绘制草图的方法把所测点的属性及所测点之间的相互关系在草图上显示出来，以供内业处理、编辑图形时用。在野外采集时，能采集到的点要尽量测，实在测不到的点可利用皮尺或钢尺量距。当记录员确定已全部测完当前测站所能采集的所有点后，通知观测员迁站，一个测站的工作结束。然后搬站到下一测站，重新按上述采集方法、步骤进行数据采集。

⑤临时测站点的测量：在数据采集过程中，有些碎部点用已有的控制点无法测到，这时需临时增加一个测站点，也就是我们常说的支导线点。临时测站点的测量是根据前述的碎部点测量中的测量方法进行，只是在测量之前要输入临时测站点的测站名而已，方法不变；其所得到的坐标数据同样被保存在文件中。为提高临时测站点的测量精度，可以通过重复观测取平均值或者对向观测等方法提高测量精度。

表 3-5　全站仪（索佳 250）坐标测量的操作步骤

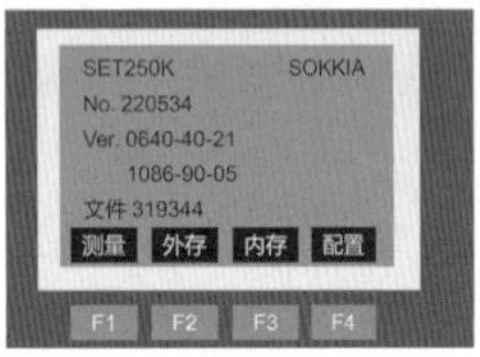	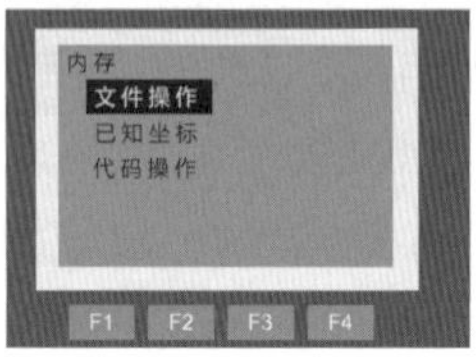	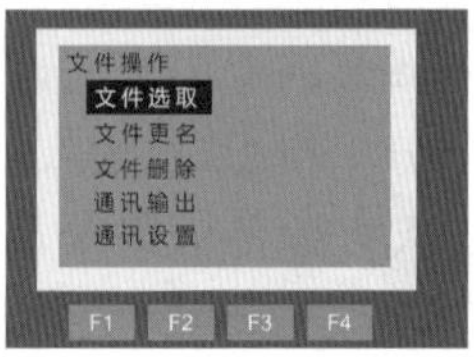
Step1：在初始界面按＜内存＞键（F3）	Step2：通过上下键选择＜文件操作＞，按回车键	Step3：通过上下键选择＜文件选取＞，按回车键
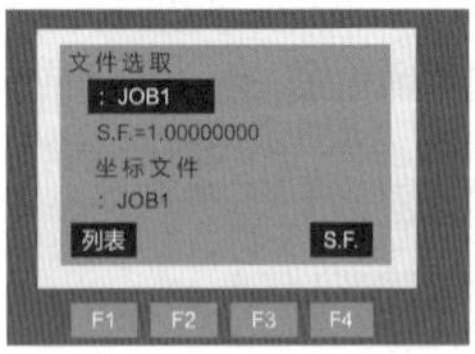	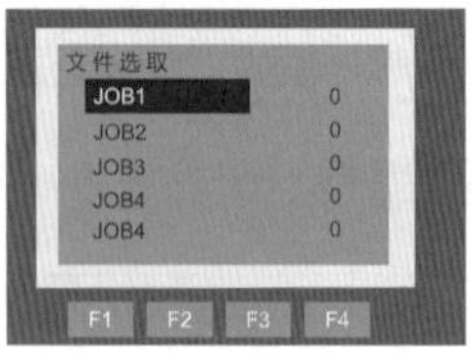	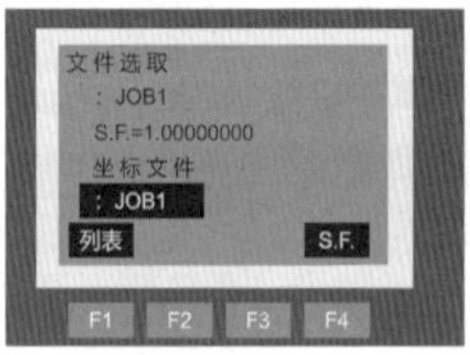
Step4：通过上下键选择＜：JOB1＞，按列表键（F1）	Step5：通过上下键选择＜：JOB1＞，按回车键	Step6：通过上下键选择＜坐标文件＞下的＜：JOB1＞，按回车键
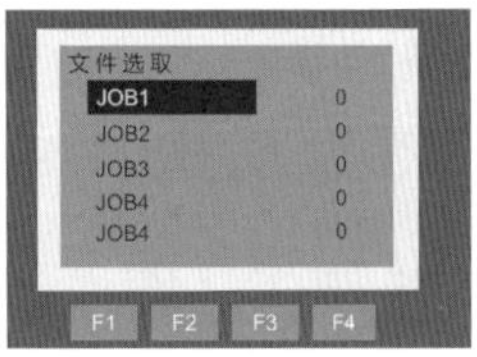		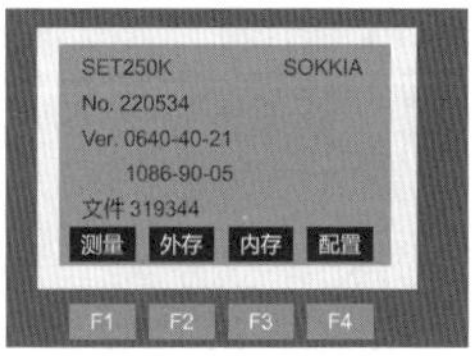
Step7：通过上下键选择＜：JOB1＞，按回车键	Step8：通过＜：SFT＞键切换输入法，根据需要输入文件名，按回车键退出	Step9：按＜ESC＞键返回至最初的界面，按＜测量＞键（F1）
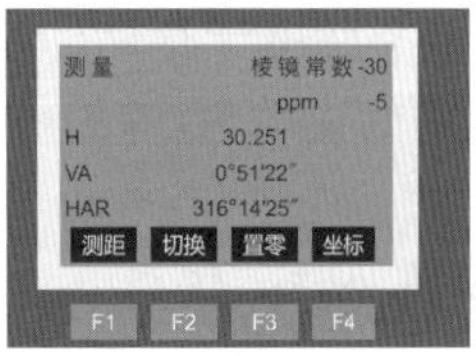	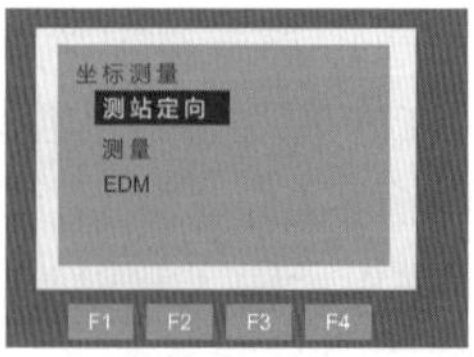	
Step10：按＜坐标＞键（F4）	Step11：通过上下键选择＜测站定向＞，按回车键	Step12：通过上下键选择＜测站坐标＞，按回车键

续上表

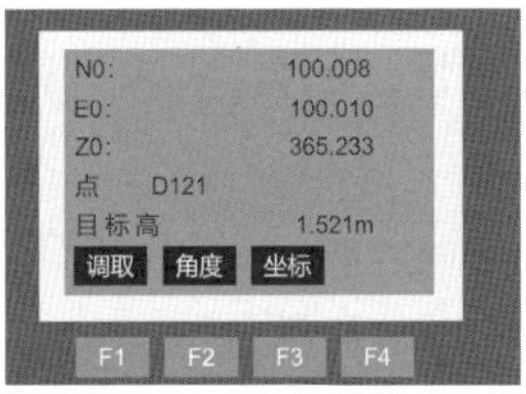	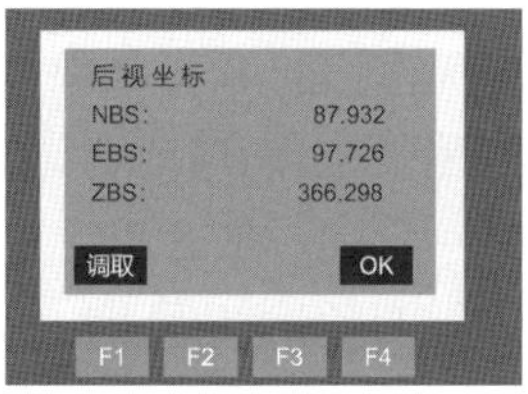	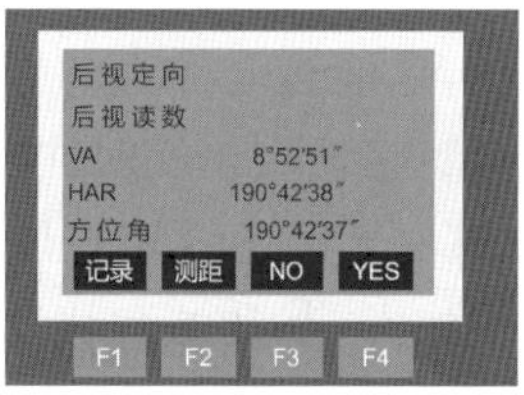
Step13：输入测站点坐标、点号、目标棱镜高，核对无误，按坐标键＜F3＞	Step14：输入后视定向点坐标，核对无误，按 OK 键＜F4＞	Step15：精确瞄准后视点以后，按 YES 键＜F4＞
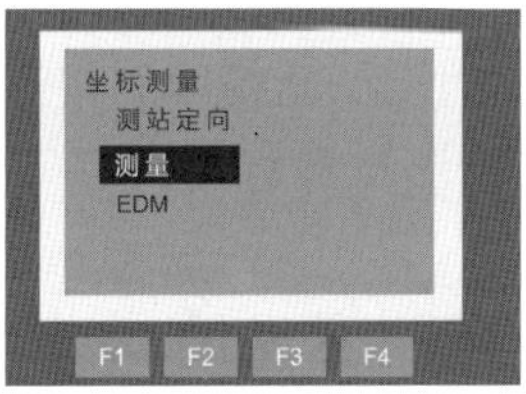	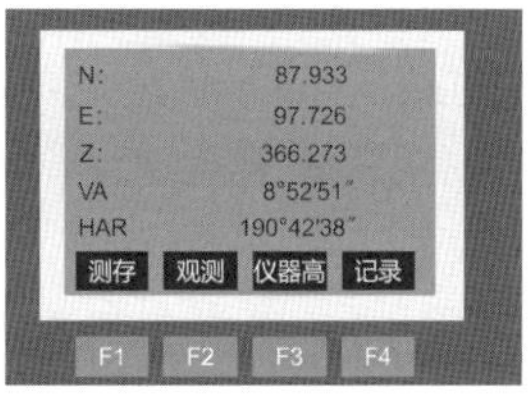	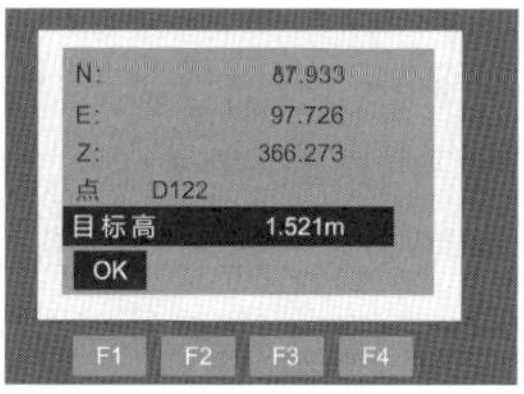
Step16：瞄准后视定向点后，按回车键测量，检核定向是否正确	Step17：检核无误后，按记录键＜F4＞进行数据保存	Step18：输入点号、目标高，按 OK 键＜F1＞保存记录坐标数据

7. GNSS-RTK 数据采集

视频

RTK基础知识

RTK 是 GNSS 载波相位实时动态差分定位技术的简称。RTK 测量在合适的观测条件下，能够实时进行厘米级精度的定位测量，在控制测量、地形测量、工程测量等诸多测量领域得到广泛应用，可完成水准仪、经纬仪、全站仪等常规测量仪器承担的工作，并显著的提高作业效率和精度。

(1)GNSS-RTK 系统的组成

GNSS-RTK 系统由基准站、若干个流动站及无线电通信系统三部分组成。基准站包括 GNSS 接收机、GNSS 天线（天线内置于 GNSS 接收机）、无线电通信发射系统、供 GNSS 接收机和无线电台使用的电源（12 V 蓄电瓶）及基准站控制器等部分。流动站由 GNSS 接收机、GNSS 天线（天线内置于 GNSS 接收机）、无线电通信接收系统、供 GNSS 接收机和无线电使用的电源及流动站控制器等部分组成。GNSS-RTK 系统结构如图 3-8 所示。

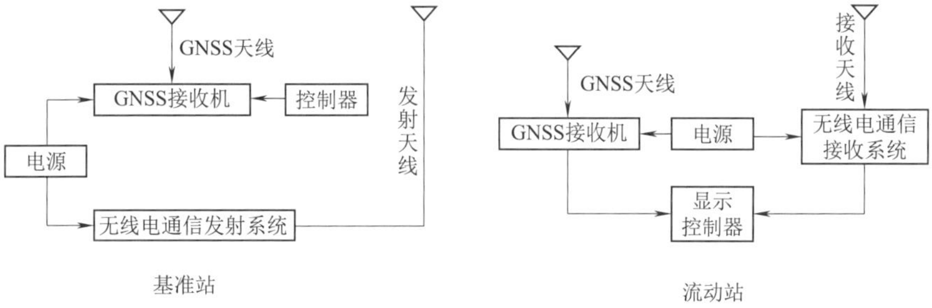

图 3-8　GNSS-RTK 系统结构

(2)GNSS-RTK 工作原理

GNSS 系统包括三大部分，即地面监控部分、空间卫星部分、用户接收部分。各部分均有各自独立的功能和作用，同时又相互配合形成一个有机整体系统。对于静态 GNSS 测量系统,GNSS 系统需要两台或两台以上接收机进行同步观测,记录的数据用软件进行处理后可得到两测站间的精密 WGS84 坐标系统的基线向量,经过基线向量解算、自由网平差、约束平差等工作,才能获取待测点的坐标,现场无法直接求得结果,不具备实时性。因此,GNSS 静态测量很难直接应用于实时性要求较高的测量工作,特别是地形图的测绘。

RTK 实时相对定位原理如图 3-9 所示。在 RTK 作业模式下,基准站和移动站同步接收 GNSS 卫星信号,基准站通过数据链,将基准站的 WGS84 坐标和接收到的载波相位信号(或载波相位差分信号)发射出去,移动站在接收卫星信号的同时,也通过数据链接收基准站发射的信号,移动站根据两路信号,利用专业软件进行解算,精确计算出基准站和移动站的空间位置关系,移动站实时得到高精度的相对于基准站的 WGS84 三维坐标,然后通过坐标转换和高程拟合,计算出待测点目标坐标系下的坐标。数据流程如图 3-10 所示。

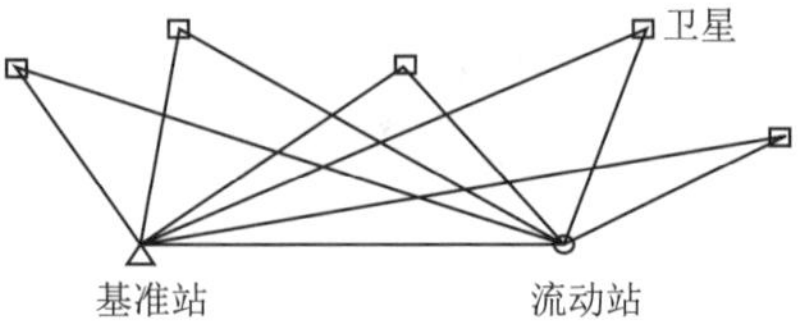

图 3-9 RTK 实时相对定位示意

RTK 测量技术的关键在于数据的实时传输。早期数据传输一般通过数传电台来实现,随着无线网络的兴起,GNSS 技术应用日益广泛,且不断发展,数据传输由原先的电台,发展到现在的 4G、5G 等无线网络,大大提高了数据的传输效率和传输距离,RTK 测量由传统的基准站加移动站模式,发展到了广域差分系统模式。由多基站构成网络式的 GNSS 服务体系,已成为 GNSS 技术发展的目标。网络 RTK 技术提供了高精度的统一的空间参考框架和一个高效率的空间定位数据采集手段,在实时动态定位领域取得了革命性的进步。

视频
RTK电台模式设置

视频
RTK CORS 模式设置

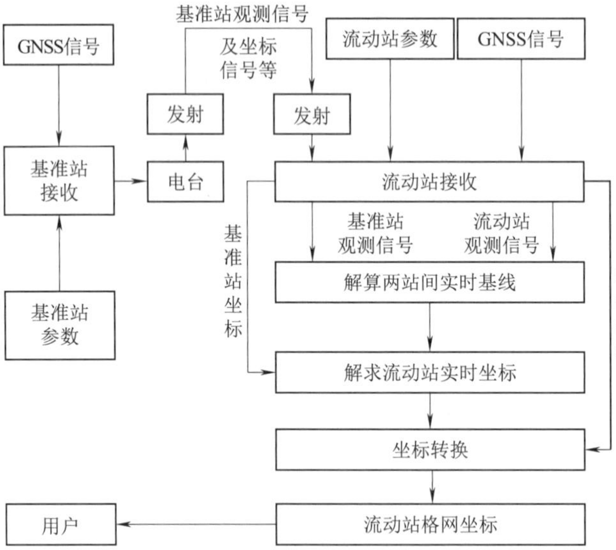

图 3-10 RTK 数据流程

从 2000 年起,部分城市连续运行参考站系统(CORS)陆续建成,RTK 测量实现了无须架设基准站,定位的可靠性和精度相对较高、作业范围更大,可全天候的获得厘米级实时定位精度。

(3)RTK 测绘地形图的技术要求

①转换关系的建立应符合下列规定:

a. 基准转换可采用重合点求定三参数或七参数的方法进行。

b. 坐标转换参数和高程转换参数的确定宜分别进行；坐标转换位置基准应一致，重合点的个数不少于 4 个，并应分布在测区的周边和中部；高程转换可采用卫星定位高程测量的方法。

c. 坐标转换参数可应用测区卫星定位网二维约束平差所计算的参数。

d. 对于大面积的测区，需要分区求解转换参数时，相邻分区不应少于 2 个重合点。

e. 转换参数宜采取多种点组合方式分别计算，并应择优选取。

②既有转换参数(模型)的应用应符合下列规定：

a. 转换参数(模型)的应用，不应超越转换参数的计算所覆盖的范围。

b. 正式使用前，应对转换参数(模型)的精度、可靠性进行分析和实测检查，检查点应分布在测区的中部和边缘；采用卫星定位实时动态图根控制测量方法检测，检测结果平面较差不应大于图上 0.1 mm、高程较差不应大于等高距的 1/10；超限时，应分析原因，并应重新建立转换关系。

c. 对于平原与山区的接边区域，应绘制高程异常等值线图，并应分析高程异常的变化趋势是否同测区的地形变化相一致。不一致时，应进行检查，超限时，应精确求定高程拟合方程。

d. 网络 RTK 的平面坐标系与项目坐标系不兼容时，应通过校准建立转换关系。

③单基站点位的选择应符合下列规定：

a. 应根据测区面积、地形和数据链的通信覆盖范围，均匀布设基准站。

b. 单基站站点的地势应宽阔，周围不得有高度角超过 15°的障碍物和干扰接收卫星信号或反射卫星信号的物体。

c. 单基站的有效作业半径不应超过 10 km。

(4)RTK 测绘地形图的作业过程

利用 RTK 对地形图野外数据采集过程主要包括基准站设置、电台设置、数据采集等过程，本任务以华测 X900GNSS 为例，叙述 GNSS 野外数据采集操作过程。

①电台模式移动站、基站设置

作业前，首先要对基准站进行设置。基准站可架设在已知点上，也可架设在未知点上，然后根据仪器说明书设置基准站参数。

基准站的架设包括电台天线的安装以及电台天线、基准站接收机、DL3 电台、蓄电池之间的电缆连线。基准站应当架设在视野开阔区域，这样有利于卫星信号的接收及基准站无线电信号发射。首先将基准站架设在未知点上，将基准站接收机与手簿连接好，进行基准站设置，设置完成后段开连接，基准站接收机与电台主机连接，电台主机与电台天线连接好；基准站接收机与无线电发射天线最好相距 3 m 开外，最后用电缆将电台和电瓶连接起来，但应注意正负极。注意事项：无线电发射天线，不是架设的越高越好，应根据实际情况调整天线高度。风大时天线尽量架低以免发生意外。

实际操作过程如下：

a. 仪器蓝牙连接

首先进行基准站蓝牙连接，点击“配置”→“连接”，弹出蓝牙设备连接界面，如图 3-11 所示。

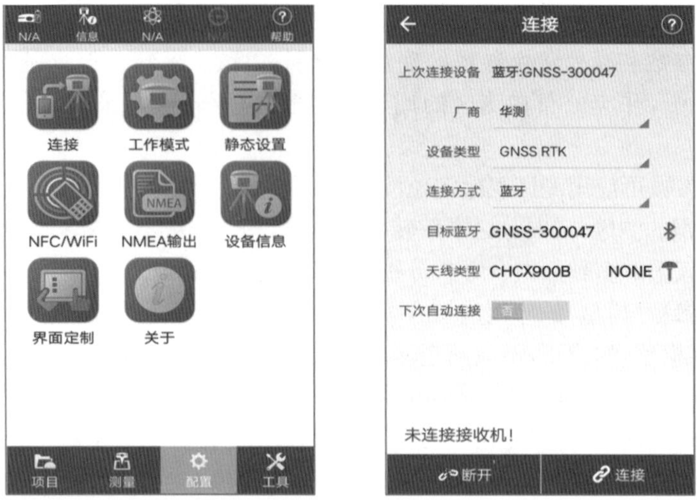

图 3-11　蓝牙连接界面

设备类型可选择 GNSS-RTK 或智能 RTK，连接方式为蓝牙，目标蓝牙为基准站 GNSS 接收机的 SN 号，若蓝牙管理列表中无基准站蓝牙设备，可通过搜索蓝牙设备，完成蓝牙配对与连接。

b. 基准站设置

点击“配置”→“工作模式”，主机工作模式可选择默认的自启动基准站，此时基准站使用默认参数，该工作模式下基准站参数不可编辑；也可通过新建工作模式的方式完成基准站设置，将仪器模式设置为自启动基准站，并按照实际情况对基准站主机数据链、差分数据格式、功率以及电台通道进行设置，如图 3-12 所示。设置完成后通过基准站观察电台通信灯(TX 灯)是否红色闪烁，若是，表示基准站设置完成。图 3-13 为移动电台模式设置界面。

移动站电台设置：移动站设置与基准站设置类似，首先将手簿与移动站接收机蓝牙连接，操作过程与基准站蓝牙连接相同；然后进行移动站工作模式设置，工作方式选择自启动移动站，接收方式可为电台、手簿差分、网络。

图 3-12　基准站设置界面

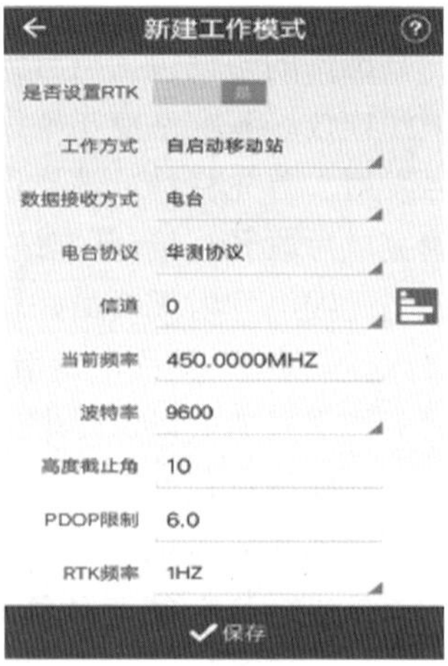

图 3-13　移动电台模式设置界面

电台模式下设置参数主要包括信道、频率及波特率等；

手簿网络模式下设置参数包括通信协议、IP 地址与端口等；

网络模式下设置参数主要包括通信协议、域名/IP 地址、端口、APN 等。

②流动站数据采集

移动站在固定状态下即可进行测量，打开测地通，点击“测量”→“点测量”，在实际作业过程中，一般都采用当地坐标，在移动站得到固定解进行测量时，手簿测地通里所显示的点位坐标值是 GNSS 坐标系下的坐标。若要得到和已有成果相符的坐标，则需要做“点校正”，获取转换参数。

a. 确定坐标系统

打开测地通，点击“工程管理”→“新建工程”→“常用坐标系”→“坐标系管理”，根据已知点选取所需要的坐标系，一般来说坐标系选择为地方坐标系，主要修改椭球参数及中央子午线（可根据当地经度或者已知点坐标计算出 3°带或 6°带的中央子午线），而“基准转换”“平面校正”“高程拟合”“校正参数”都无须设置，点校正后参数将自动保存到此处。图 3-14 为坐标系管理界面。

图 3-14　坐标系管理界面

假设测区内有 K4、K5、K7 三个已知点具有地方坐标，但不具有 WGS84 坐标，已知条件如下：

坐标系统：北京 54 坐标；中央子午线：120°；投影高度：0；已知点 K4、K5、K7 坐标值为

K4——X：3 846 323.456；　Y：71 415.201；　H：116.345。

K5——X：3 839 868.970；　Y：474 397.852；　H：109.932。

K7——X：3 840 713.658；　Y：473 917.956；　H：108.419。

b. 新建任务

打开测地通，点击“项目”→“工程管理”，设置一个文件名，选择跟已知点相匹配的“坐标系统”，如“国家 2000 大地坐标系”，点击“确定”。

c. 输入已知点

点击“点管理”→“添加”，输入已知点点名为 K4，坐标系统选择本地 NEH，角色选择控制点，依次输入本地 N(北坐标)、本地 E(东坐标)、本地 H(高程)，点击“确定”，再继续输入 K5、K7 已知点，点击“确定”。

d. 点校正

测量已知点，找到 K4、K5、K7 的实地位置，点击“测量”→“测量点”，测量出三个点的坐标，分别命名为 K4-1、K5-1、K7-1，三个点必须在同一个 BASE 下，测量后开始进行点校正。

校正方法：“测量”→“点校正”。

点击“添加”，在 GNSS 点名称和已知点名称两项控件里分别选择实测的 WGS84 坐标 K4-1 和已知当地平面坐标 K4，校正方法选中“水平和垂直”，如图 3-15所示。重复点击“添加”，加入校正点 K5-1、K7-1 和 K5、K7，点击“计算”得出校正参数，再点击“应用”完成校正。

e. 重设当地坐标

在每个测区进行测量和放样的工作有时需要几天甚至更长的时间，为了避免每天都重复进行点校正工作或者每次测量前需将基站架在已知点上，可以在每天开始测量工作以前先“基站平移”（即基准站为任意架设或设置成自启动基站，移动站找寻某个控制点做平移的过程）。

视 频

RTK点校正、数据采集及数据导出

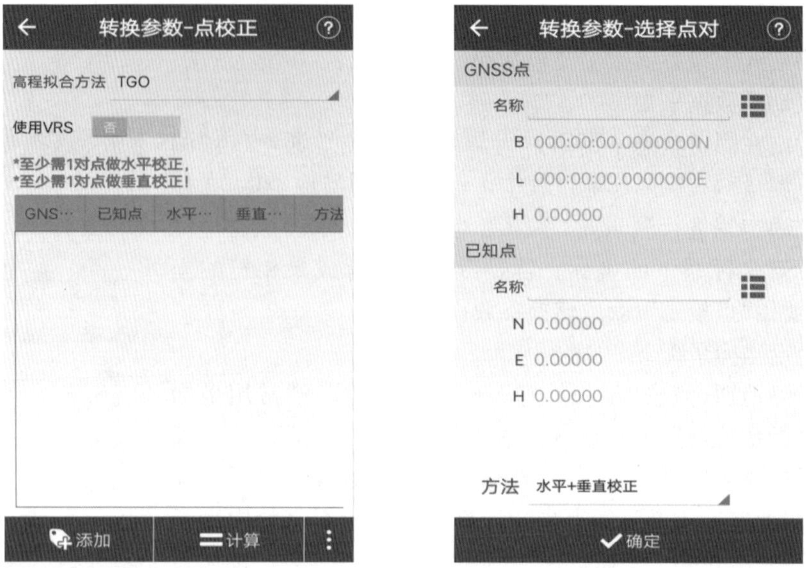

图 3-15　点校正界面

方法：首先测量已知点，找到 K4 的实地位置，选择“测量”→“测量点”，测量出一个已知点的 GNSS 坐标，命名为 K4-1。点击“点管理”→“添加”，输入已知点点名为 K4，坐标系统选择本地 NEH，角色选择控制点，依次输入本地 N、本地 E、本地 H，点击“确定”。点击“测量”→“基站平移”，在 GNSS 点名称和已知点名称两项控件里分别选择实测的 WGS84 坐标 K4-1 和已知当地平面坐标 K4，查看计算结果中基准站北平移量，东平移量及高程平移量，点击“确定”后即完成坐标改正操作。图 3-16 为基站平移界面。

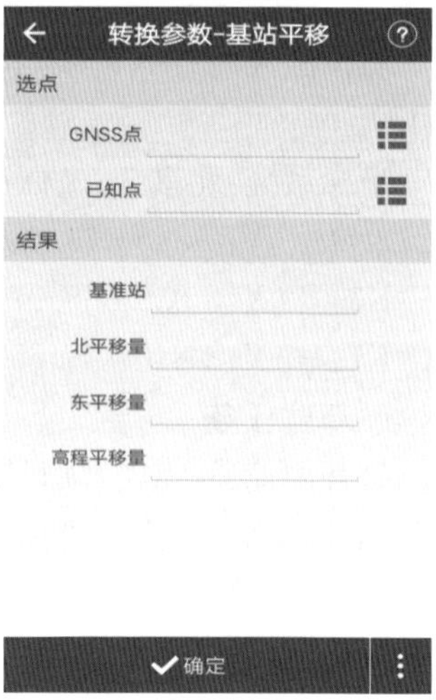

图 3-16　基站平移界面

f. 数据导出

打开测地通，点击“项目”→“导出”，可设置导出数据内容，主要包括测量点、输入点及基站点以及测量时间；导出点坐标类型（平面坐标或经纬度）；导出数据格式及文件格式。利用蓝牙或 Wi-Fi 将数据传输至计算机进行地形图绘制。

8. 外业数据采集注意事项

和传统方法一样，大比例尺数字测图野外数据采集也是采集测区的地形、地物的特征点，也就是正确描述地形、地物所必需的定位点。数字测图技术的成果精度，是以地物点相对于邻近图根点的位置中误差和等高线（地形点）相对于邻近图根点的位置中误差来衡量的。因此在野外数据采集时点位的选取与立镜员立镜的质量，就显得至关重要。

（1）描述测点间关系和地形、地物属性的记录是非常重要的，若无正确的、清晰的记录，所测的定位信息仅仅是一群离散的、关系不清的点而已，没有办法编辑成图。所以，与传统测图方法不同的是，数字测图工作实际上主要是在棱镜处进行的，测点记录人员（绘草图人员）不仅要熟悉地形、地物的表示方法，迅速地确定特征点采集的位置，还要能做出清晰、明了的关系及属性记录，以确保成果质量。

(2)数字测图是采用野外采集数据、计算机编辑成图的作业模式。计算机编辑成图软件具有移动、旋转、缩放、复制、镜像、直角转弯、隔点正交、闭合等多种图形编辑功能,因而在野外采集数据中记录员应指导立镜员正确的选择地物的特征点,结合地物分布情况,灵活利用这些方法,处理具有相同形状或对称性的地形、地物,有效地减少野外采集工作量,提高工作效率,尽量做到不漏测、不多测。

①任何依比例的矩形形状地物,只要测出一条边上的两个角点,量出其宽度或测出三个角点的点位,即可在内业由计算机编辑成图软件完成矩形形状地物的绘制。

②房屋的附属建筑(如台阶、檐廊、阳台等)和房屋轮廓线的交点可不在野外实地采集,可利用计算机编辑成图软件相关功能绘制。

③依比例的平行双线地物,如道路、沟渠等,采集其一边特征点,丈量其宽度或采集对边一点位坐标。依比例不平行的地物,如河流等,需采集两侧边线特征点。铁路采集中心点的坐标。

④圆形地物应在圆周上采集均匀分布的三点坐标,较小的圆也可采集直径方向的两个点的坐标。

(3)地物数据采集的采点方法:

①地物较多时,最好采取分类立镜采点,以免绘图员连错,不应仅因立镜员方便而随意立镜采点。例如立镜员可沿道路立镜,测完道路后,再按房屋立镜。当一类地物尚未测完,不应转到另一类地物上去立镜。

②当地物较少时,可从测站附近开始,由近到远,采用螺旋形线路立镜采点。待迁测站后,立镜员再由远到近以螺旋形立镜路线回到测站。

③若有多人立镜,可以测站为中心,划成几个区,采取分区专人包干的方法立镜,还可按地物类别分工立镜采点。

(4)地貌数据采集中的采点方法:

由于绘图软件自动绘制等高线所采用的算法有两种:ⓐ在尽可能构成锐角三角形的前提下,将相距最近的三个碎部点作为顶点构成三角形;ⓑ若等值点通过三角形的某一条边,则按线性内插的方法确定其在该三角形边上的位置。所以,当在需要勾绘等高线的区域内的地貌进行数据采集时,应特别注意以下几点。

①陡坎、陡坡数据采集法。有陡坎或陡坡时,除坎(坡)顶要采集高程点外,坎(坡)底也要采集高程点,或者量取坎(坡)高,在内业数据处理时输入。否则,坎(坡)顶的点会和远离坎(坡)相对较为平缓处的点构成三角形边,使得等高线反映不出陡坡、陡坎处较为密集,而其余地方较为稀疏的特征。

②沿山脊线和山谷线数据采集法。当地貌比较复杂,立镜员从第一个山脊的山脚开始,沿山脊线往上跑尺。到山顶后,又沿相邻的山谷线往下跑镜直至山脚;然后又跑紧邻的第二个山脊线和山谷线,直至跑完为止。这种跑镜方法,立镜员的体力消耗较大。

③沿等高线跑尺法。当地貌不太复杂,坡度平缓且变化均匀时,立镜员按“之”字形沿等高线方向一排排立尺。遇到山脊线或山谷线时顺便立尺。这种跑镜方法既便于内业绘等高线;同时,立尺员的体力消耗较小,但内业成图时,容易判断错地性线上的点位。故内业绘图时要特别注意对于地性线的连接。在内业建立DTM时应点选“建模过程考虑陡坎”和“建模过程考虑地性线”。

相关规范、规程与标准

1.《国家基本比例尺地图图式　第 1 部分：1∶500 1∶1 000 1∶2 000 地形图图式》(GB/T 20257.1—2017)；

2.《卫星定位城市测量技术标准》(CJJ/T 73—2019)；

3.《1∶500 1∶1 000 1∶2 000 外业数字测图规程》(GB/T 14912—2017)；

4.《基础地理信息要素分类与代码》(GB/T 13923—2022)；

5.《工程测量标准》(GB 50026—2020)。

拓展知识

碎部点测算原理与方法

1."测算法"的基本思想

在野外数据采集时，使用全站仪(主要是极坐标法)测定一些"基本碎部点"，再用勘丈法(只丈量距离)测定一部分碎部点的位置，最后充分利用直线、直角、平行、对称、全等等几何特征，在室内计算出所有碎部点的坐标。

"基本碎部点"指用仪器法测定的，能满足其他测定碎部点方法的必要起算点。测算法主要分为仪器法、勘丈法、计算法。

2.仪器法

仪器法主要包括极坐标法、直线延长偏心法、距离偏心法、角度偏心法、方向直线交会法等五种方法。

(1)极坐标法

极坐标法测量精度高，是测量碎部点坐标所采用的最普遍的方法。图 3-17 中，O、Z 为已知点，P_i 为待测点，其计算原理如下：

$$\begin{aligned} X_i &= X_Z + D_i\cos\alpha_{Z_i} \\ Y_i &= Y_Z + D_i\sin\alpha_{Z_i} \\ H_i &= H_Z + D_i\tan A_i + I - R_i \end{aligned} \tag{3-2}$$

式中，α_{Z_i} 为 ZP_i 的坐标方位角，$\alpha_{Z_i}=\alpha_{ZO}-\angle P_iZO$。

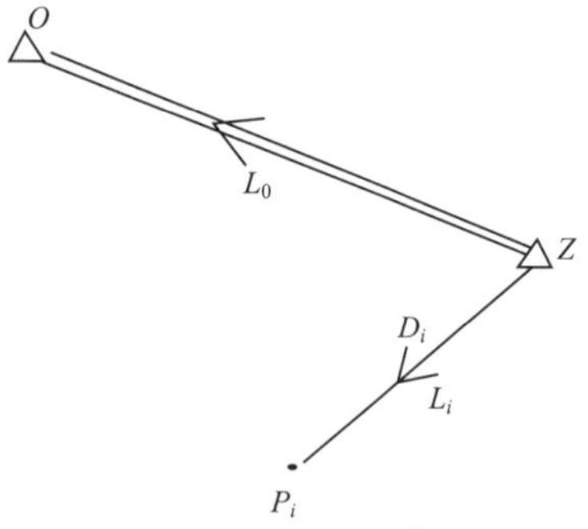

图 3-17　极坐标法原理

(2)直线延长偏心法

如图 3-18 所示，Z 为已知点，B 为待测点，但 Z、B 之间被障碍物阻挡，无法通视，A、B、B'在同一直线上，可先测量 A、B'的坐标，然后计算出 B 点坐标。计算公式如下：

$$X_B = X_{B'} + d\cos\alpha_{AB'};Y_B = Y_{B'} + d\sin\alpha_{AB'} \tag{3-3}$$

(3)距离偏心法

如图 3-19 所示，Z 点为已知点，B 点位待测点，但由于各种原因 B 点无法安置棱镜，导致不能直接观测 B 点，这时，可以在 B 点前后或左右选取两个点观测，进而求得 B 点的坐标。

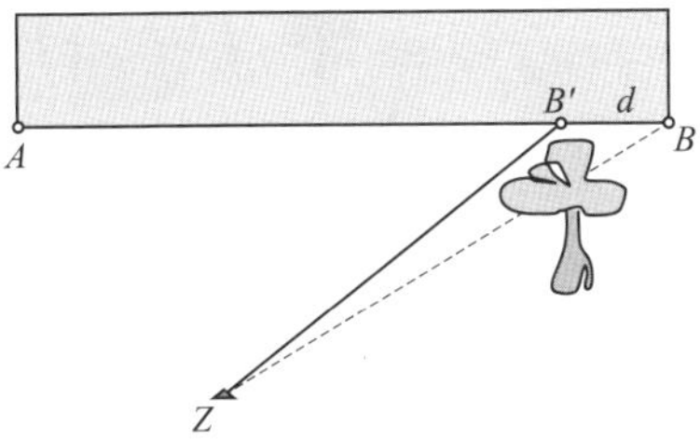

图 3-18　直线延长偏心法原理

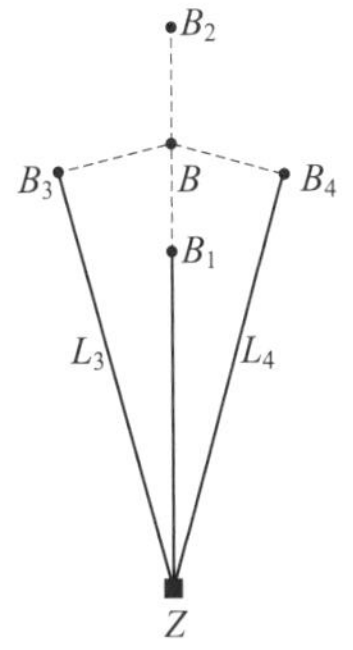

图 3-19　距离偏心法 1、2

①偏心点位于目标前方或后方(B_1、B_2)时,有

$$\left.\begin{aligned} X_B &= X_Z + (D_{ZB_i} \pm \Delta D_i)\cos\alpha_{ZB} \\ Y_B &= Y_Z + (D_{ZB_i} \pm \Delta D_i)\sin\alpha_{ZB} \end{aligned}\right\} \tag{3-4}$$

当 $i=1$ 时,取"+";当 $i=2$ 时,取"−"。式中,$\alpha_{ZB}=\alpha_{ZO}+L_B$;$\alpha_{ZO}$为定向线坐标方位角;$L_B$为直线 ZB 与直线 ZO 之间的夹角。

②当偏心点位于目标点 B 的左边或右边(B_3、B_4)时,偏心点至目标点的方向和偏心点至测站点 Z 的方向应成直角。当偏心距大于 0.5 m 时,直角必须用直角棱镜设定。

$$\left.\begin{aligned} X_B &= X_{B_i} + \Delta D_i \cdot \cos\alpha_{B_iB} \\ Y_B &= Y_{B_i} + \Delta D_i \cdot \sin\alpha_{B_iB} \end{aligned}\right\} \tag{3-5}$$

式中,$\alpha_{B_iB}=\alpha_{ZO}+L_i\pm 90°$,当 $i=3$ 时,取"+",当 $i=4$ 时,取"−"。

③在条件允许的情况下,如图 3-20 所示,当偏心点位于目标点 B 的左边或右边(B_1、B_2)时,选择偏心点至测站点的距离为与目标点 B 至测站点的距离相等处(等腰偏心测量法),可先测得 B_i 的坐标和 B_iB 之间的距离,B 点的坐标可按式(3-6)求得。

$$\left.\begin{aligned} X_B &= X_{B_i} + d \times \cos\alpha_{B_iB} \\ Y_B &= Y_{B_i} + d \times \sin\alpha_{B_iB} \end{aligned}\right\} \tag{3-6}$$

式中,$\alpha_{B_iB}=\alpha_{B_iZ}\pm\beta$;$\beta=90°-\dfrac{\theta}{2}$;$\theta=\dfrac{d\times 180°}{\pi D}$。

(4)角度偏心法

如图 3-21 所示,Z 点为已知点,B 点为待测点,Z、B 由于障碍物阻挡无法通视,可在 B 点左右两侧附近选取两对称点 B_1 和 B_2(B_1、B_2 到 Z 点的距离与 B 到 Z 的距离相等)进行角度观测,测出$\angle B_1ZB_2$,则$\angle BZB_2=\dfrac{1}{2}\angle B_1ZB_2$,再根据测量所得的直线 ZB_2 和起始方向 ZO 之间的夹角,求出 α_{ZB}。则由于各种原因 B 点无法安置棱镜,导致不能直接观测 B 点时,可以在 B 点前后或左右选取两个点观测,进而求得 B 点的坐标。

视 频

全站仪偏心测量

$$\left.\begin{aligned} X_B &= X_Z + D_{ZB} \cdot \cos\alpha_{ZB} \\ Y_B &= Y_Z + D_{ZB} \cdot \sin\alpha_{ZB} \end{aligned}\right\} \tag{3-7}$$

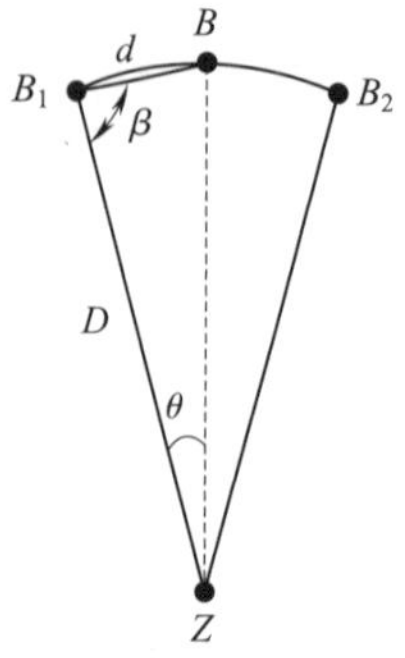

图 3-20　距离偏心法 3

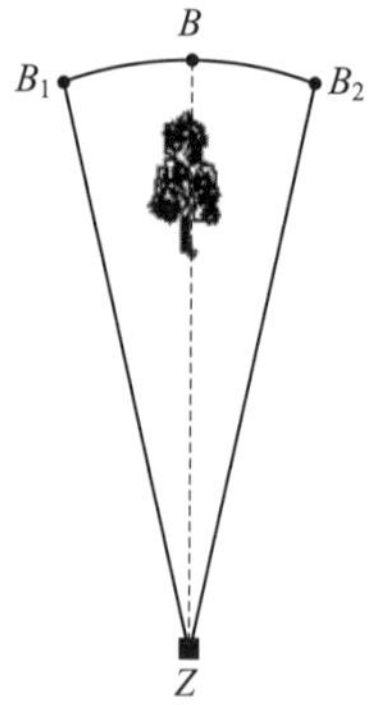

图 3-21　角度偏心法

(5)方向直线交会法

如图 3-22 所示，Z 为测站点，A、B 为可直接测量点，i 为直线 AB 上无法直接观测的一点。可通过 Z、A、B 三点的坐标计算出 i 点的坐标，公式如下：

$$\left.\begin{aligned} X_i &= \frac{X_A \times \cot\beta + X_Z \times \cot\alpha - Y_A + Y_Z}{\cot\alpha + \cot\beta} \\ Y_i &= \frac{Y_A \times \cot\beta + Y_Z \times \cot\alpha + X_A - X_Z}{\cot\alpha + \cot\beta} \end{aligned}\right\} \tag{3-8}$$

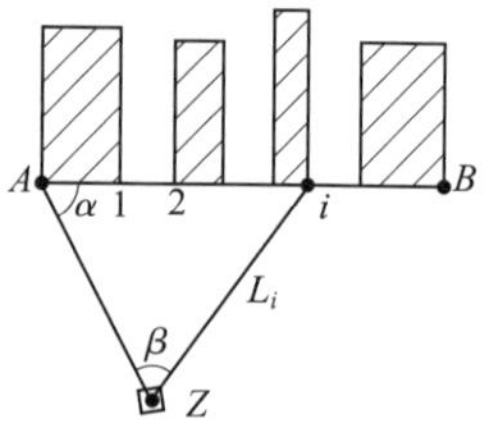

图 3-22　方向直线交会法

式中，$\alpha = \alpha_{AZ} - \alpha_{AB}$；$\beta = \alpha_{Zi} - \alpha_{ZA}$，$L_i = \alpha_{Zi}$，$\beta = L_i - \alpha_{ZA}$。

3. 勘丈法

勘丈法指利用勘丈的距离及直线、直角的特性测算出待定点的坐标，其对高程无效。勘丈法主要包括直角坐标法、距离交会法、直线内插法、定向微导线法四种方法。

(1)直角坐标法

如图 3-23 所示，A、B 两点为已知碎部点，1、2、3 点为欲求的未知碎部点，先用钢尺丈量出各垂足点到 A 点距离，则可根据 A、B 两点坐标计算出 1、2、3 点坐标，计算方法如下：

$$X_i = X_A + D_i \cos\alpha_i ; Y_i = Y_A + D_i \sin\alpha_i \tag{3-9}$$

式中，$D_i = \sqrt{a_i^2 + b_i^2}$ ；$a_i = a_{AB} \pm \arctan\dfrac{b_i}{a_i}$。

当碎部点位于轴线(AB 方向)左侧时，取“$-$”；右侧时，取“$+$”。

(2)距离交会法

如图 3-24 所示，A、B 两点为已知碎部点，现欲测量未知碎部点 i 的坐标，则可用钢尺丈量 i 点至 A、B 两点的距离 D_1、D_2，再计算 i 点的坐标。

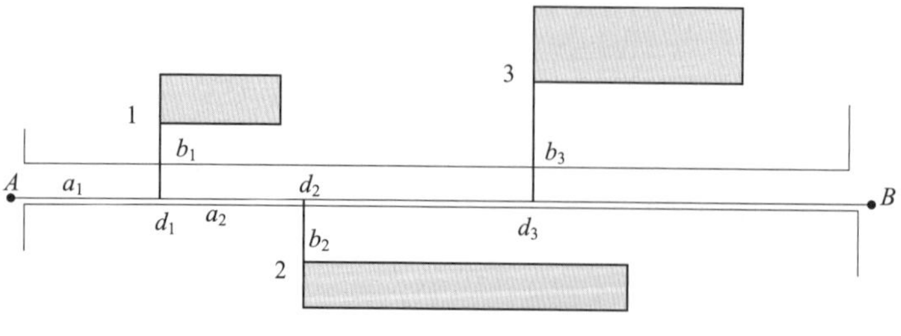

图 3-23　直角坐标法示意

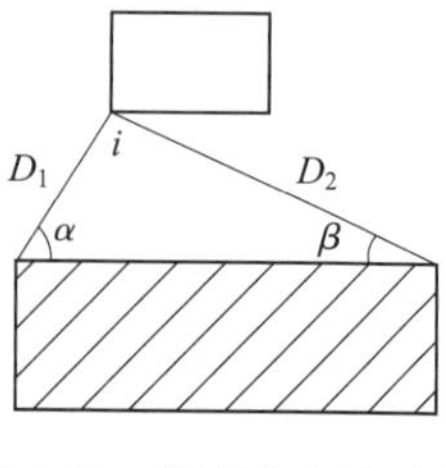

图 3-24　距离交会法示意

先根据余弦定理求出夹角 α、β。

$$\left.\begin{aligned}\alpha &= \arccos\frac{D_{AB}^2 + D_1^2 - D_2^2}{2D_{AB}\cdot D_1}\\ \beta &= \arccos\frac{D_{AB}^2 + D_2^2 - D_1^2}{2D_{AB}\cdot D_2}\end{aligned}\right\}\tag{3-10}$$

再根据变形戎格公式求得 i 点的坐标。

$$\left.\begin{aligned}X_i &= \frac{X_A\cdot\cot\beta + X_B\cdot\cot\alpha - Y_A + Y_B}{\cot\alpha+\cot\beta}\\ Y_i &= \frac{Y_A\cdot\cot\beta + Y_B\cdot\cot\alpha - X_A - X_B}{\cot\alpha+\cot\beta}\end{aligned}\right\}\tag{3-11}$$

(3)直线内插法

如图 3-25 所示,A、B 两点为已知碎部点,1、2、3……是在直线 AB 上的待求点,先用钢尺丈量出各点至 A 点的距离 D_i,则可求出各点的坐标。

$$\left.\begin{aligned}X_i &= X_A + D_{Ai}\cdot\cos\alpha_{AB}\\ Y_i &= Y_A + D_{Ai}\cdot\sin\alpha_{AB}\end{aligned}\right\}\tag{3-12}$$

式中,$D_{Ai}=D_{A1}+D_{12}+\cdots+D_{i-1,i}$。

(4)定向微导线法

如图 3-26 所示,A、B 两点为已知碎部点,1、2、3、4 为待求点,先用钢尺丈量出相邻两点的距离 D_i,则可求出各点的坐标。

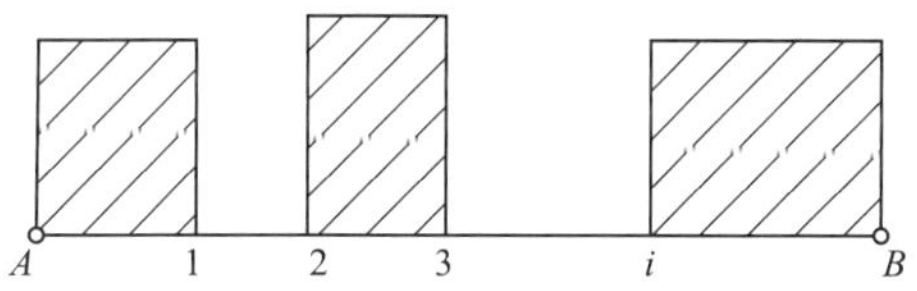

图 3-25　直线内插法示意

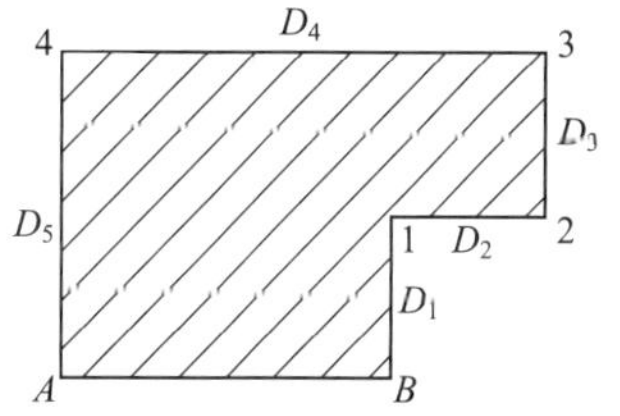

图 3-26　定向微导线法

$$\left.\begin{aligned}X_i &= X_{i-1} + D_i\cdot\cos\alpha_i\\ Y_i &= Y_{i-1} + D_i\cdot\sin\alpha_i\end{aligned}\right\}\tag{3-13}$$

式中,$\alpha_i=\alpha_{i-2,i-1}\pm 90^\circ$。

当 i 为左折点时取“－”,右折点时取“＋”,例如图 3-26 所示 1 点位于 AB 方向的左侧,称为左折点;2 点位于 B_1 方向的右侧,称为右折点。当推求点数超过三个时,最好计算一下闭合差,闭合差计算公式如下:

$$\left.\begin{aligned}f_x &= X_A' - X_A\\ f_y &= Y_A' - Y_A\end{aligned}\right\}\tag{3-14}$$

4. 计算法

计算法不需要外业观测数据,仅利用图形的几何特性计算碎部点的坐标。计算法主要包括矩形计算法、垂足计算法、直线相交法、平行曲线定点法、对称点法、平移图形法六种方法。

(1)矩形计算法

如图 3-27 所示,A、B、C 三点为已知碎部点,4 点为待求碎部点,根据 A、B、C 三点的坐标可计算出 4 点的坐标,计算公式如下:

$$\left.\begin{aligned} X_4 &= X_A - X_B + X_C \\ Y_4 &= Y_A - Y_B + Y_C \end{aligned}\right\} \tag{3-15}$$

(2)垂足计算法

如图 3-28 所示,A、B、1、2、3、4 点均为已知碎部点,1′、2′、3′、4′为待求碎部点,计算公式如下:

$$\left.\begin{aligned} X_{i'} &= X_A + D_{Ai}\cos\gamma_i\cos\alpha_{AB} \\ Y_{i'} &= Y_A + D_{Ai}\cos\gamma_i\sin\alpha_{AB} \end{aligned}\right\} \tag{3-16}$$

式中,$\gamma_i = \alpha_{AB} - \alpha_{Ai}$,平距 D_{Ai} 和坐标方位角 α_{Ai} 由 i、A 点坐标反算得到。

使用此法确定规则建筑群内楼道口点、道路折点十分有利。

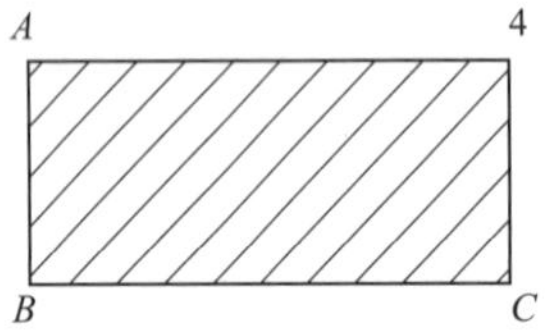

图 3-27　矩形计算法

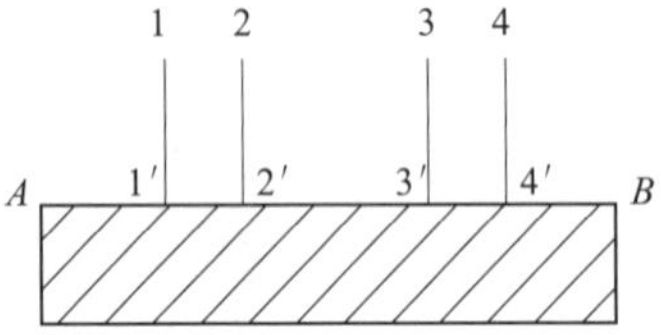

图 3-28　垂足计算法

(3)直线相交法

如图 3-29 所示,A、B、C、D 为已知碎部点,且直线 AB 与 CD 相交于 i 点,则交点 i 的坐标为

$$\left.\begin{aligned} X_i &= \frac{X_A \cdot \cot\beta + X_D \cdot \cot\alpha - Y_A + Y_D}{\cot\alpha + \cot\beta} \\ Y_i &= \frac{Y_A \cdot \cot\beta + Y_D \cdot \cot\alpha + X_A - X_D}{\cot\alpha + \cot\beta} \end{aligned}\right\} \tag{3-17}$$

式中,$\alpha = |\alpha_{AD} - \alpha_{AB}|$,$\beta = |\alpha_{DC} - \alpha_{DA}|$。

(4)平行曲线定点法

如图 3-30 所示,1、2、3、4、5 为某线路上的已知碎部点,其中 1、2 为直线部分,2、3、4、5 为曲线部分,求与该线间距为 R 的另一线路上的未知碎部点 1′、2′、3′、4′、5′的坐标。

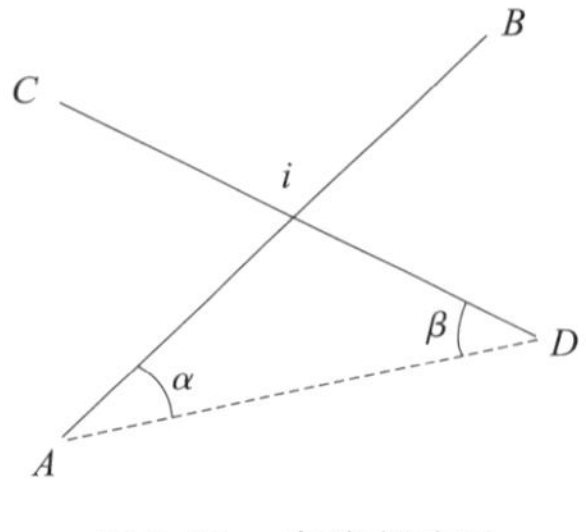

图 3-29　直线相交法

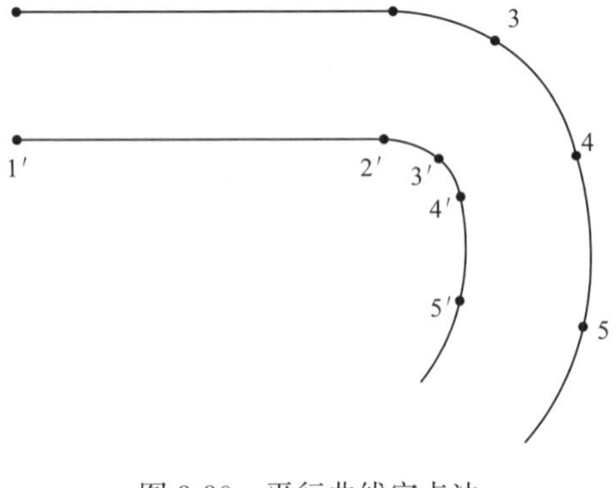

图 3-30　平行曲线定点法

①对于直线部分,其坐标公式为

$$\left.\begin{aligned} x_{2'} &= x_2 + R \cdot \cos\alpha_2 \\ y_{2'} &= y_2 + R \cdot \sin\alpha_2 \end{aligned}\right\} \tag{3-18}$$

式中,$\alpha_2 = \alpha_{12} \pm 90°$。

当所求点位于已知边的左侧时取“－”；当所求点位于已知边的右侧时取“＋”。

视 频

全站仪后方交会定向测量

②对于曲线部分，其坐标公式为

$$\left.\begin{aligned} x_{i'} &= x_i + R \cdot \cos(\alpha_i + c) \\ y_{i'} &= y_i + R \cdot \sin(\alpha_i + c) \end{aligned}\right\} \tag{3-19}$$

式中，$\alpha_i = \frac{1}{2}(\alpha_{i,i+1} + \alpha_{i,i-1})$。

当所求曲线点位于已知边的左侧，且 $\alpha_{i,i+1} > \alpha_{i,i-1}$ 时，或当所求点位于右侧，且 $\alpha_{i,i+1} < \alpha_{i,i-1}$ 时，$c=0$。

当所求曲线点位于已知边的右侧，且 $\alpha_{i,i+1} > \alpha_{i,i-1}$ 时，或当所求点位于左侧，且 $\alpha_{i,i+1} < \alpha_{i,i-1}$ 时，$c=180°$。

(5)对称点法

如图 3-31 所示，改图为某个对称地物，在测定出 A、1、2、3、4、5 点后，再测定地物上与 A 对称的 B 点，即可求出其他各对称点 1′、2′、3′、4′、5′的坐标。

$$\left.\begin{aligned} X_{i'} &= X_B + D_i \cdot \cos\alpha_i \\ Y_{i'} &= Y_B + D_i \cdot \sin\alpha_i \end{aligned}\right\} \tag{3-20}$$

式中，$D_i = \sqrt{\Delta X_{Ai}^2 + \Delta Y_{Ai}^2}$；$\alpha_i = 2\alpha_{AB} - \alpha_{Ai} + 180°$。

许多人工地物的平面图形是轴对称图形，运用该法可大量减少实测点。

(6)平移图形法

如图 3-32 所示，地物 A 与地物 B 全等且方位一致。若地物 A 中 1、2、3、4 四点和地物 B 中的一个点(如 1′点)的坐标均为已知，则可计算出另外三个点 2′、3′、4′的坐标，计算公式如下：

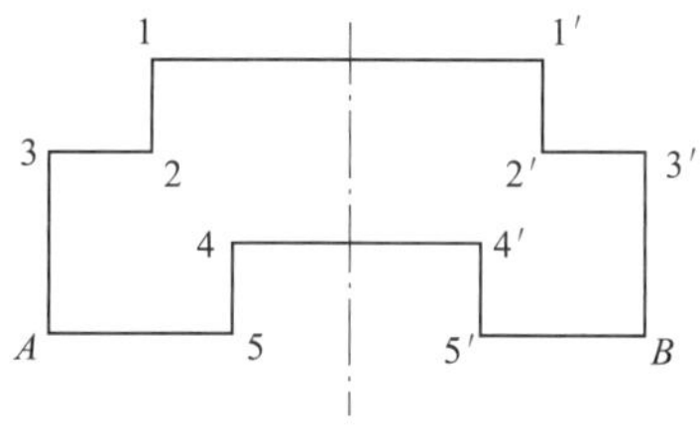

图 3-31　对称点法

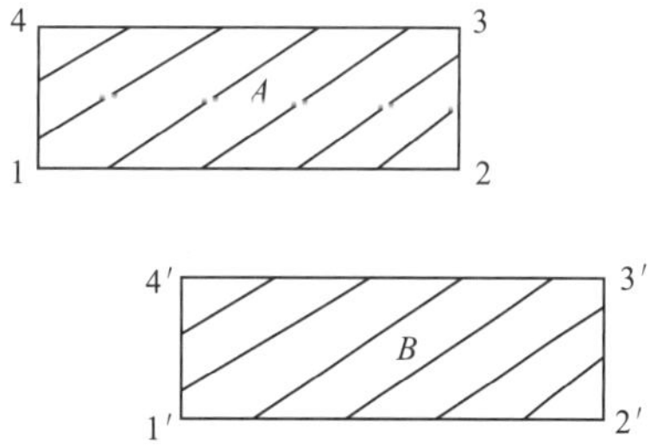

图 3-32　平移图形法

$$\left.\begin{aligned} X_{i'} &= X_{1'} - X_1 + X_i \\ Y_{i'} &= Y_{1'} - Y_1 + Y_i \end{aligned}\right\} \tag{3-21}$$

该方法用于确定规则建筑群位置时非常有利。

任务 3.4　草图法内业成图

3.4.1　任务目标

草图法即在外业过程中只画草图而不用为每一点都赋予编码，也不用加注点的连接信息，使外业的工作量减到最少。草图法内业成图的任务是当系统把所测的点展到计算机屏幕上之后，对照草图在屏幕上直接进行编辑成图。

草图法的外业工作量最少，数据采集过程最简单，并且最不容易出错，但内业编辑工作量比较大，在一般的作业单位中应用较广，其工作流程如下：

设站→照准观测→将数据输入计算机→格式转换→内业成图→编辑修改→图幅整饰→图形输出。

通过本任务，能利用草图法进行内业成图等工作。

3.4.2 相关配套知识

1. CASS11 的安装

CASS11 适用于 AutoCAD2010～2023 版本，具体各版本 AutoCAD 的安装，请参考其官方说明书。由于 AutoCAD2013 之前的版本不支持点云，推荐安装 AutoCAD2013 或者更高版本，以更好地使用 CASS11 的各个功能。

（1）CASS11 的安装应该在安装完 AutoCAD 并运行一次后才进行。右击 CASS11 安装程序. exe，选择“以管理员身份运行”（图 3-33），启动 CASS11 安装界面（图 3-34）。

图 3-33　以管理员身份运行 CASS11 安装程序

图 3-34　启动安装界面

（2）勾选“已阅读并同意最终用户许可协议”，用户可以自定义安装路径，同时安装向导会自动检测本机电脑上已安装的 AutoCAD 版本，用户只需选择需要运行的 AutoCAD 平台即可（图 3-35）。图 3-36 为 CASS11 安装过程。

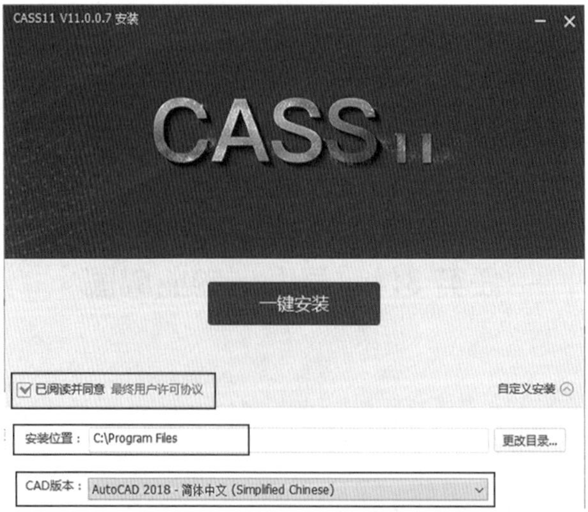

图 3-35　选择 AutoCAD 平台，设置 CASS11 安装路径

图 3-36　CASS11 安装过程

(3)点击“一键安装”后，软件会自动安装在指定的 CAD 平台上，安装完成后如图 3-37 所示的界面。

图 3-37　CASS11 安装完成界面

(4)安装加密狗，右键点击“sense_shield_installer_pub_2. 1. 0. 15800. exe”，选择“以管理员身份运行”，打开加密狗安装向导，如图 3-38 所示。

图 3-38　CASS11 加密狗“驱动安装”向导

若用户使用的是硬件加密狗，直接在本机电脑插上加密狗即可。若用户使用的是云锁加密，则需点击图 3-39 的红框内的标识，输入云账户的用户名和密码登录云锁。

图 3-39　打开深思用户许可工具

2. 软件介绍

CASS11 的操作界面主要分为顶部菜单面板、右侧屏幕菜单和工具条、属性面板，如图 3-40所示。每个菜单项均以对话框或命令行提示的方式与用户交互应答，操作灵活方便。本节将对各项菜单的功能、操作过程及相关命令进行简单介绍。

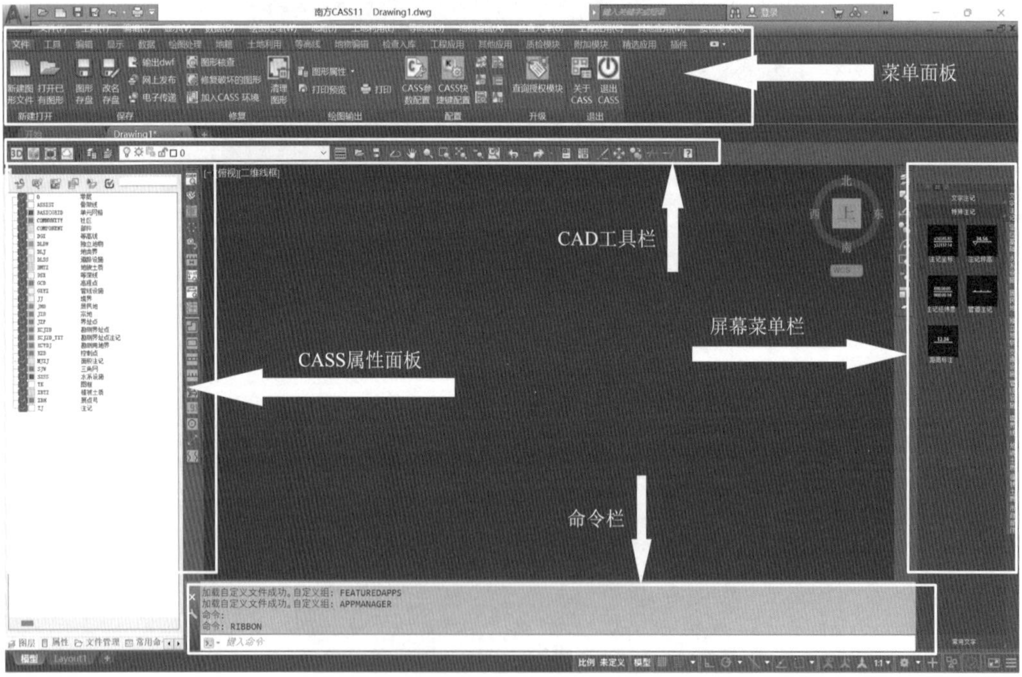

图 3-40　CASS11 操作界面

(1)文件

文件菜单主要用于控制文件的输入、输出，对整个系统的运行环境进行修改设定，本书仅介绍部分常用功能。

①图形存盘

功能：将当前图形保存下来。

操作：左键点取本菜单，若当前图形已有文件名，则系统直接将其以原名保存下来。若当前图形是一幅新图，尚无文件名，则系统会弹出一对话框。此时在文件名栏中输入文件名后，按保存键即可。在保存类型栏中有“dwg”“dxf”“dwt”等文件类型，可根据需要选择。

【注意】为避免非法操作或突然断电造成数据丢失，除工作中经常手工存盘外，可设置系统自动存盘。设置过程为：点击“文件”→“AutoCAD 系统配置”，在“打开和保存”选项卡中设置自动保存时间间隔。

②输出

功能：以其他文件格式保存图形中的对象。

③切换背景色

功能：切换当前图形绘图区域的颜色，当前为黑色，将切换为白色。

操作：左键点取本菜单即可一键切换。

④绘图输出

a. 图形变白

功能：为方便黑白打印图纸，将当前图形的图层全部变为白色，打印出来即为黑色。

b. 转换为国标 CMYK 分色图

功能：根据 CASS11 的配置文件，将当前图形上的图元颜色修改成地形图图式规定的 CMYK 值对应的 RGB 值。

c. 查看 CMYK 分色值

功能：查看所选实体的 CMYK 色值。

d. 页面设置

功能：控制每个新建布局的页面布局、打印设备、图纸尺寸和其他设置。

视频
批量修改坐标数据文件

e. 打印机管理器

功能：显示绘图仪管理器，从中可以添加或编辑绘图仪配置。

f. 打印样式管理器

功能：显示打印样式管理器，从中可以修改打印样式表。

g. 打印预览

功能：将要打印图形时显示此图形。

h. 打印

功能：将图形打印到绘图仪、打印机或文件。

⑤CASS 参数配置

CASS11 参数配置对话框设置 CASS11 的各种参数，用户通过设置该菜单选项，可自定义多种常用设置。

操作：用鼠标左键点击“文件”菜单的“CASS 参数配置”项，系统会弹出一个对话框，如图 3-41 所示。

a. 地物绘制(图 3-42)

高程注记位数：设置展绘高程点时高程注记小数点后的位数。

自然斜坡短坡线长度：设置自然斜坡的短线是按固定长度 1 mm。

电杆间是否连线：设置是否绘制电力电信线电杆之间的连线。

斜坡底线提示：设置是否提示绘制斜坡底线。

围墙是否封口：设置是否依比例将围墙的端点封闭。

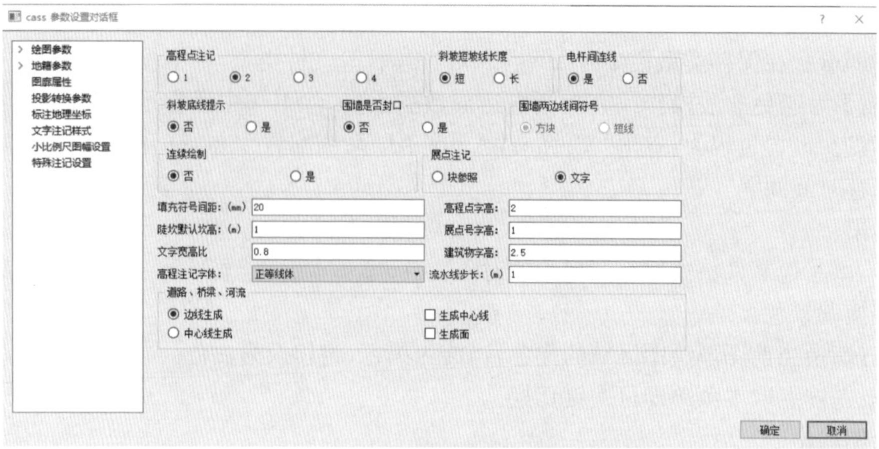

图 3-41　CASS 参数设置对话框

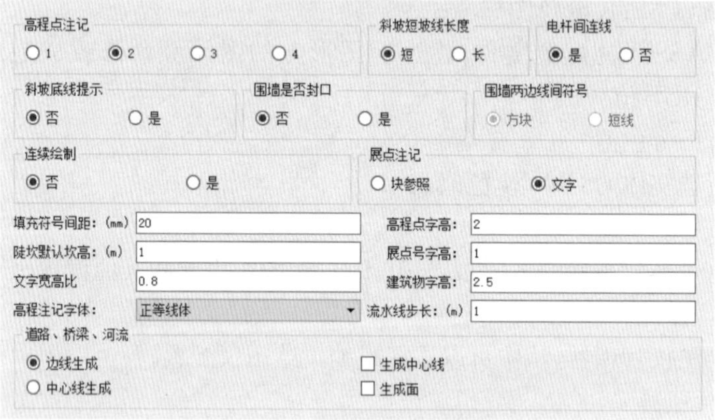

图 3-42　地物绘制参数设置对话框

围墙两边线间符号：设置依比例围墙两边线间的符号样式。

连续绘制：设置是否默认为连续绘制地物。

展点注记：设置展点注记的类型。

填充符号间距：设置植被或土质填充时的符号间距，缺省为 20 mm。

高程点字高：设置高程点注记字体高度。

陡坎默认坎高：设置绘制陡坎后提示输入坎高时默认的坎高。

展点号字高：设置野外测点点号的字高。

文字宽高比：设置一般文字注记宽高比。

建筑物字高：设置房屋结构和层数注记文字字高。

高程注记字体：设置高程注记默认字体。

流水线步长：设置流水线的步长，默认值为 1 mm。

道路、桥梁、河流：设置道路、桥梁、河流时的绘制方式，包括边线生成、中心线生成，是否同时生成中心线和地物面。

b. 电子平板(图 3-43)

提供“手工输入观测值”和七种全站仪供用户在使用电子平板作业时选用。

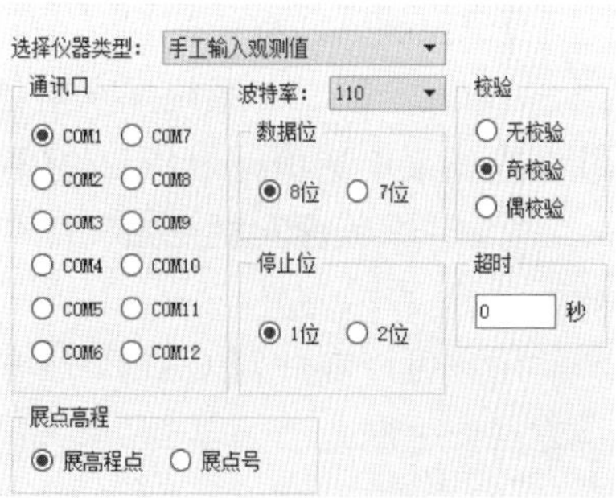

图 3-43　电子平板选项

展点类型：设置电子平板操作时，选择展绘高程值或点号。

c. 高级设置(图 3-44)

生成交换文件：按骨架线或按图形元素生成。

读入交换文件：按骨架线或按图形元素读入。

土方量小数位数：土方计算时，计算结果的小数位数设定。

方格网高程小数位数：生成方格网时，显示的高程小数位数。

横断面线高程注记位数：设置横断面线的高程注记位数。

横断面线距离注记位数：设置横断面线的距离注记位数。

图 3-44　高级设置选项

工程计算是否考虑陡坎：设置工程计算时，是否考虑陡坎。

DTM 三角形限制最小角：设置建三角网时三角形内角可允许的最小角度。系统默认为 10°，若在建三角网过程中发现有较远的点无法联上时，可将此角度改小。

简码识别房屋与填充是否自动封闭：设置简码法成图时，房屋是否封闭。

用户目录：设置用户打开或保存数据文件的默认目录。

图库文件：设置两个库文件的目录位置，注意库名不能改变。

重构设置：定义重构设置选项。

启用快捷键：勾选该设置，则可以在绘图操作中使用软件自带的快捷命令，包括按数字 3、4 执行增、删节点的操作。

SHP 输出面积扣除设置：导出成 SHP 文件时，设置要扣除面积的地物，可减少后期的拓扑错误。

⑥CASS 系统配置文件

以表格形式显示 CASS 的配置文件，包括符号定义文件 work. def、实体定义文件 index. ini、简编码定义文件 Jcode. def。

⑦AutoCAD 系统配置

AutoCAD2014 系统配置对话框设置 CASS11 的平台 AutoCAD2014 的各种参数，用户通过设置该菜单选项，可自定义多种常用参数。

操作：用鼠标左键点击“文件”菜单的“AutoCAD 系统配置”项，系统会弹出一个对话框，如图 3-45 所示。

用户可以在此对 CAD2014 的工作环境进行设置。不同版本的 CAD 可参阅 AutoCAD 的官方操作手册。

(2)工具

工具菜单，顾名思义，本项菜单在编辑图形时提供绘图工具。本书只介绍部分常用工具。

①操作回退

功能：取消任何一条执行过的命令，即可无限回退，可以用它清除上一个操作的后果。

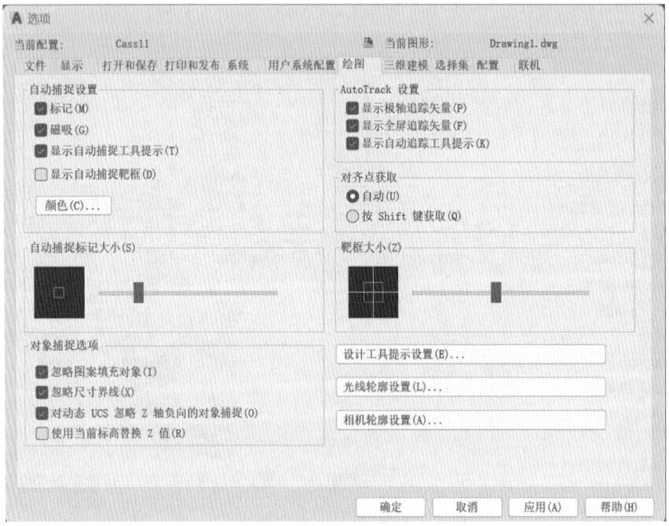

图 3-45　AutoCAD 系统配置对话框

操作：左键点取本菜单即可。

相关命令：键入 U 后回车，与点取菜单效果相同。U 命令可重复使用，直到全部操作被逐级取消。还可控制需要回退的命令数，键入 UNDO 回车，再键入回退命令数，回车即可(如输入 50 回车，则自动取消最近的 50 个命令)。

②物体捕捉模式

当绘制图形或编辑对象时，需要在屏幕上指定一些点。定点最快的方法是直接在屏幕上拾取，但这样却不能精确指定点。精确指定点最直接的办法是输入点的坐标值，但这样又不够简捷快速；而应用捕捉方式，便可以快速而精确地定点。AutoCAD 提供了多种定点工具，如栅格(GRID)、正交(ORTHO)、物体捕捉(OSNAP)及自动追踪(AutoTrack)。在物体捕捉模式中又有圆心点、端点、插入点等，子菜单如图 3-46所示。

图 3-46　物体捕捉模式子菜单

③前方交会

功能：用两个夹角交会一点，如图 3-47 所示。

操作：左键点取本菜单后，看命令区提示。

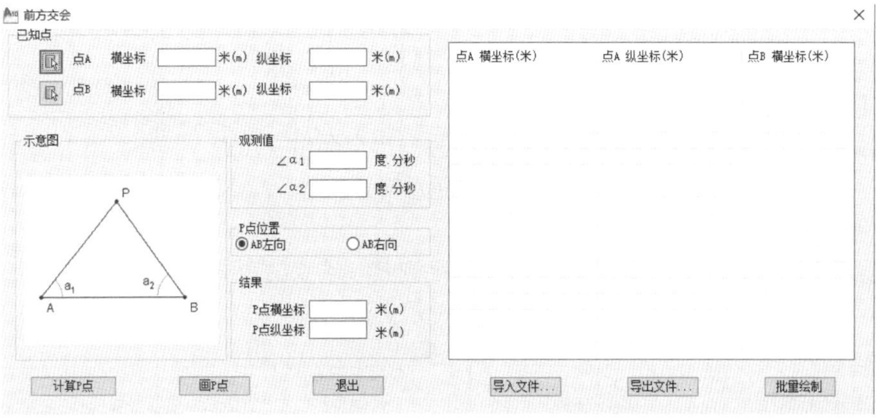

图 3-47　前方交会

已知点：输入两个已知点 A、B 的坐标，可利用按钮在屏幕上点击选取。

观测值：输入两个观测角度（单位：°　′　″）。

P 点位置：选择交会点 P 位于 AB 的方向。

计算 P 点：用鼠标左键点击该按钮，在结果栏会显示计算得到的 P 点坐标。

画 P 点：在屏幕上绘制计算得到的 P 点。

导入文件：导入交会的坐标文件，格式为.DAT。

导出文件：将列表中的点坐标导出到.DAT 文件中。

批量绘制：可批量绘制列表中的所有 P 点。

④后方交会

功能：已知两点和两个夹角，求第三个点坐标。

操作：左键点取本菜单后，弹出如图 3-48 所示对话框。

⑤边长交会

功能：用两条边长交会出一点。

操作：左键点取本菜单后，弹出如图 3-49 所示对话框。

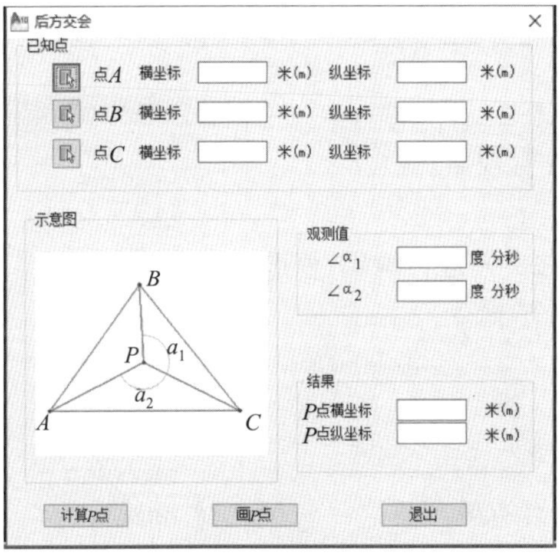

图 3-48　后方交会

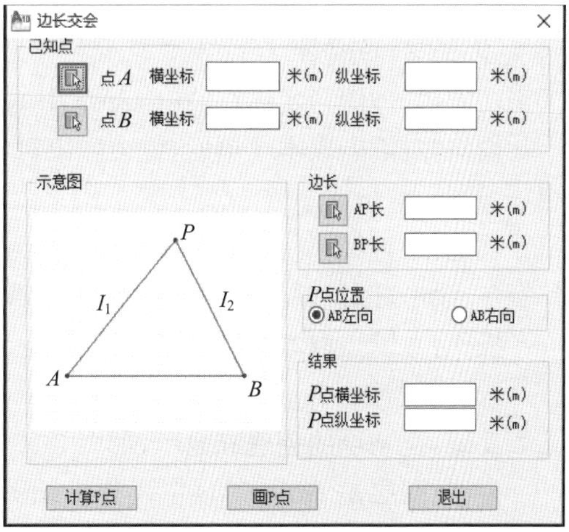

图 3-49　边长交会

【注意】:两边长之和小于两点之间的距离时不能交会;两边太长,即交会角太小时也不能交会。

⑥方向交会

功能:将一条边绕一端点旋转指定角度与另一边交会出一点。

操作:左键点取本菜单后,弹出如图 3-50 所示对话框。

⑦支距量算

功能:已知一点到一条边垂线的长度和垂足到其一端点的距离得出该点。

操作:左键点取本菜单后,弹出如图 3-51 所示对话框。

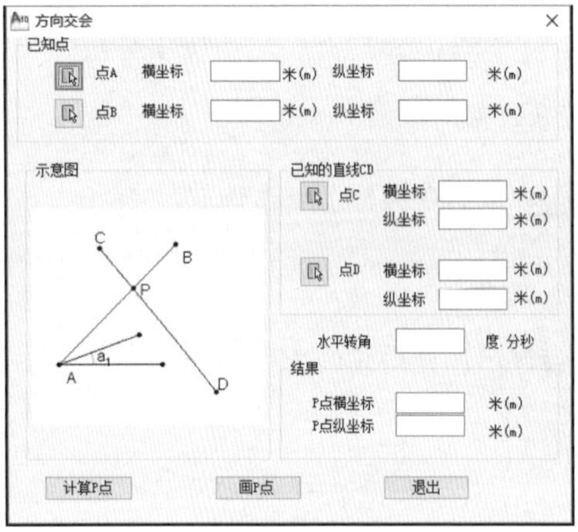

图 3-50 方向交会

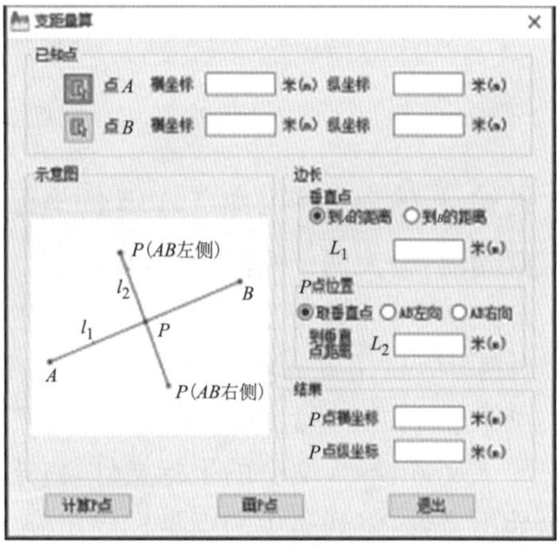

图 3-51 支距量算

(3)编辑

CASS11 编辑菜单主要通过调用 AutoCAD 命令,利用其强大丰富、灵活方便的编辑功能来编辑图形。

①编辑文本文件

功能:直接调用 Windows 的记事本来编辑文本文件,如编辑权属引导文件或坐标数据文件。

操作:左键点取本菜单后,选择需要编辑的文件即可。

②对象特性管理

功能:管理图形实体在 AutoCAD 中的所有属性。

操作:左键点取本菜单后,就会弹出对象特性管理器。

③图元编辑

功能:对直线、复合线、弧、圆、文字、点等各种实体进行编辑,修改其颜色、线形、图层、厚度等属性(执行 DDMODIFY 命令)。

操作:左键点取本菜单后,见命令区提示。

④图层控制

功能:控制层的创建和显示,如图 3-52 所示。

说明:图层是 AutoCAD 中用户组织图形的最有效工具之一。用户可以利用图层来组织其图形或利用图层的特性如不同的颜色、线形和线宽来区分不同的对象。

图 3-52 图层控制子菜单

左键点取“图层设定”菜单项后，会弹出图层特性管理器对话框。对话框中包含了图层的名称、颜色、线形、线宽等特性，可以对图层进行创建、删除、锁定/解锁、冻结/解冻，还可设置打印样式。利用此对话框，用户完全可以方便、快捷地设置图层的特性及控制图层的状态。

a. 打开/关闭：用于控制图层的可见性。当关掉某一层后，该层上所有对象就不会在屏幕上显示，也不会被输出；但它仍存在于图形中，只是不可见。在刷新图形时，仍会计算。

b. 冻结/解冻：用户可以冻结一个图层而不用关闭它，被冻结的图层也不可见。冻结与关闭的区别在于在系统刷新时，简单关闭掉的图层在系统刷新时仍会刷新，而冻结后的图层在屏幕刷新期间将不被考虑，但以后解冻时，屏幕会自动刷新。

c. 锁定/解锁：已锁定的图层上的对象仍然可见，但不能用修改命令来编辑。当已锁定的图层被设置为当前层后，仍可在该图层上绘制对象、改变线形和颜色、冻结以及使用对象捕捉模式。

⑤图形设定

功能：对屏幕显示方式及捕捉方式进行设定，如图 3-53 所示。

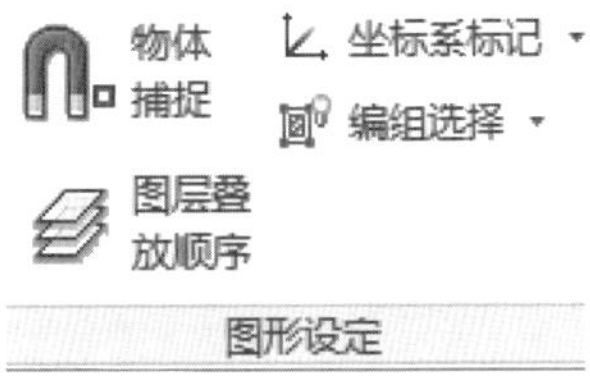

图 3-53　图形设定命令子菜单

a. 坐标系标记

当设定为“on”时，屏幕上显示坐标系标记；设定为“off”时，取消显示。

b. 点位标记

当设定为“on”时，光标进行的点击操作都会在屏幕上十字标记；设定为“off”时，点击操作不会留下痕迹。

c. 编组选择

功能：控制组选择和相关的区域填充。当设为“off”时可以单独选择编组里的单个实体，设为“on”时一次选择可能包含很多实体的编组。

d. 物体捕捉

功能：用于设定捕捉方式。

操作：左键点取本菜单后，会弹出一对话框，如图 3-54 所示。

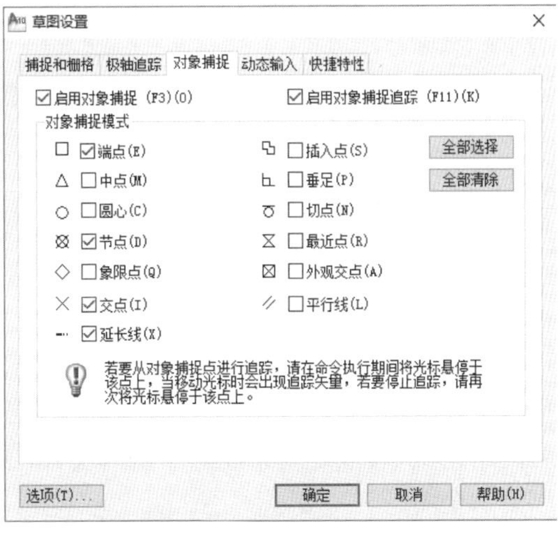

图 3-54　草图设置对话框

对话框中英文的含义分别为 Endpoit（终点）、Midpoint（中点）、Center（中心点）、Node（节点）、Quadrant（四分圆点）、Intersection（交点）、Insertion（插入点）、Perpendicular（垂直点）、

Tangent(切点)、Nearest(最近点)、Apparent Int(外观交点)、Extension(延伸点)、Parallel(平行点)。

e. 图层叠放顺序

功能：当实体由不同图层叠加在一起时，只能看见最上面的图层，可通过该功能改变图层的叠放顺序。

操作：点取本命令菜单后看系统提示。

⑥编组选择

功能：编组开关关闭后可以单独编辑骨架线或填充边界。

当设定为"on"时，表示编组开关打开；设定为"off"时，表示编组开关关闭。

⑦删除

功能：提供多种方式指定删除对象。菜单如图 3-55 所示。

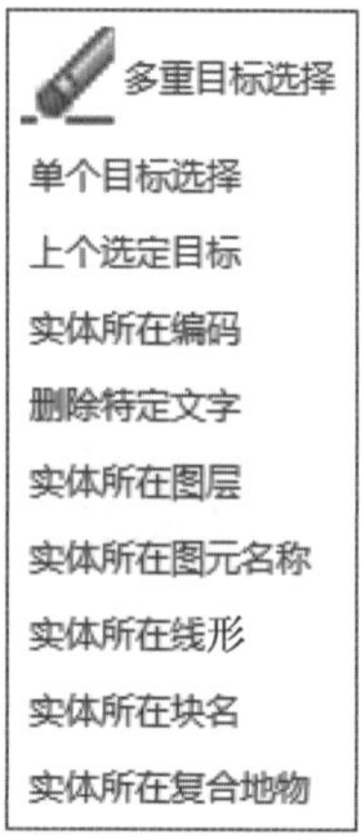

图 3-55　删除命令子菜单

⑧炸开实体

功能：将图形、多义线等复杂实体分离成简单线形实体。

操作：选取本命令后再选择要炸开的实体即可。

(4)显示

在 CASS11 中观察一个图形可以有许多方法。掌握好这些方法，将提高绘图的效率。特别与以前版本不同的是 CASS11 利用 AutoCAD 2014 以上版本的新功能，为用户提供了对对象的三维动态显示，使视觉效果更加丰富多彩。

①重画屏幕

功能：用于清除屏幕上的定点痕迹。

操作：左键点取本菜单即可。

②显示缩放

功能：通过局部放大，使绘图更加准确和详细。

菜单选项解释如下。

窗口：执行此命令后，用光标在图上拉一个窗口，则窗内对象会被尽可能放大以填满整个显示窗口。

前图：执行此命令后，显示上一次显示的视图。

动态：执行此命令后，可以见到整个图形，然后通过简单的鼠标操作就可确定新视图的位置和大小。当新视图框中央出现"X"符号时，表示新视图框处于平移状态。单击鼠标左键后，"X" 符号消失，同时在新视图框的右侧边出现一个方向箭头，表示新视图框处于缩放状态。只需单击鼠标左键就可在平移状态与缩放状态之间切换，单击右键表示确认显示。

全图：使用这个命令可以看到整个图形。如果图形延伸到图限之外，则将显示图形中的所有实体。实际作业时，有时使用此命令后，看似屏幕上什么都没有，这是因为图形实体间相距过远，使得整个图形缩小以显示全图。

尽量大：使用此命令也可在屏幕上见到整个图形。与全图选项不同的是，它用到的是图形范围而不是图形界限。

③平移

功能：使用此命令观看在当前视图中的图形的不同部分，而无须缩放。

操作：点击本菜单后，屏幕上会出现一个“手形”符号，按住左键拖动即可。

视频

其他格式生成数据CASS（一）

④三维静态显示

功能：提供多种静态显示三维图形的方法，如图3-56所示。

⑤三维动态显示

功能：用户可以实时地、交互地、动态地操作三维视图。

操作：左键点取本菜单后，CASS11将进入到交互式的视图状态中。

当进入到交互式视图状态中后，用户可以通过鼠标操作来动态地操纵三维对象的视图。当以某种方式移动光标时，视图中的模型将随之动态地发生变化。用户可以直观、方便地操纵视图中的对象，直到得到满意的视图为止。

视频

其他格式生成数据CASS（二）

⑥工具栏

功能：控制CASS的快捷工具条的显示，功能同命令toolbar。

⑦地物绘制菜单

功能：在右侧屏幕菜单关闭的情况下，调入屏幕菜单。

⑧打开属性面板

功能：在左侧属性面板关闭的情况下，将其打开。

⑨最后绘制实体居中

功能：将最近绘制的图形实体居中显示，便于查找和图形编辑。

⑩图层显示顺序调整

功能：调整图层的显示顺序，靠前的图层优先显示。

操作：左键点击该命令，弹出如图3-57所示对话框，根据提示操作。

图3-56　显示菜单三维静态显示子菜单

图3-57　图层显示调整对话框

⑪多窗口操作功能

功能：层叠排列、水平排列、垂直排列、图标排列等都是为用户在进行多窗口操作时，所提供的窗口排列方式。

“显示”下拉菜单的最下面列出的是当前已经打开的图形文件名。

3. 数据传输

每日外业采集的地形、地貌信息都存储在了全站仪中，只有把这些信息传输到计算机内才能进行内业成图的编辑工作。

数据通信的作用是完成电子手簿或带内存的全站仪与计算机两者之间的数据相互传输。现以南方测绘开发的电子手簿的载体有 PC-E500、HP2110、MG(测图精灵)为例，进行说明。

因数据接收端的软件不同，全站仪数据传输的方式有多种。目前，主要有通过仪器配套软件、超级终端、成图软件和读取存储卡四种方式进行全站仪数据传输。

通过仪器配套软件进行数据传输比较直观、简便，但是这种传输方式受仪器品牌和型号的限制。如苏一光数据传输软件 COM600 只支持苏一光全站仪 600 系列。

超级终端数据传输方式的操作步骤：开始→程序→通信→超级终端。首次使用时先新建一个连接，注意选择端口，连接好电缆(即通常所说的传输线)，然后，对应设置仪器传输的参数进行传输，并拷贝数据到记事本中，最后把数据存为文本格式。

通过成图软件传输数据的使用也较为普遍，大多数成图或 GIS 软件都带有全站仪数据传输模块，如南方测绘 CASS 等软件。

通过计算机读取存储卡传输数据主要针对应用存储卡的全站仪，如徕卡全站仪的部分系列。

(1)与 PC-E500 电子手簿通信

数据可以由 PC-E500 向计算机传输，将数据存于计算机硬盘中，供计算机后处理；也可以将计算机中的数据由计算机向 PC-E500 传输(如将在计算机平差好的已知点数据传给 PC-E500)。

进行数据通信操作之前，首先将电子手簿(PC-E500)与计算机的串口之间用 E5-232C 电缆联上，然后打开计算机进入 WINDOWS 系统，双击 CASS11 的图标或单击 CASS11 的图标再点击回车键，即可进入 CASS 系统，此时屏幕上将出现系统的操作界面。

①移动鼠标至"数据处理"处点击左键，便出现如图 3-58 所示的下拉菜单。

图 3-58　数据处理的下拉菜单

要注意的是，使用热键"ALT"+"D"也是可以执行这一功能的，即在按下"ALT"键的时候按下"D 键"。

②移动鼠标至"数据通信"项的"读取全站仪数据"项，该处以高亮度(深蓝)显示，单击左键，这时便出现如图 3-59 所示的对话框。

图 3-59　全站仪内存数据转换对话框

③在“仪器”下拉列表中找到“E500 南方手簿”，单击鼠标左键，然后检查通信参数是否设置正确。

接着在对话框最下面的“CASS 坐标文件”下的空栏里输入想要保存的文件名，要留意文件的路径，为了避免找不到文件，可以输入完整的路径。最简单的方法是点击“选择文件”，出现如图 3-60 所示的对话框，在“文件名(N)”后输入想要保存的文件名，点击“保存”。这时，系统已经自动将文件名填在了“CASS 坐标文件”下的空白处，这样即省去了手工输入路径的步骤。

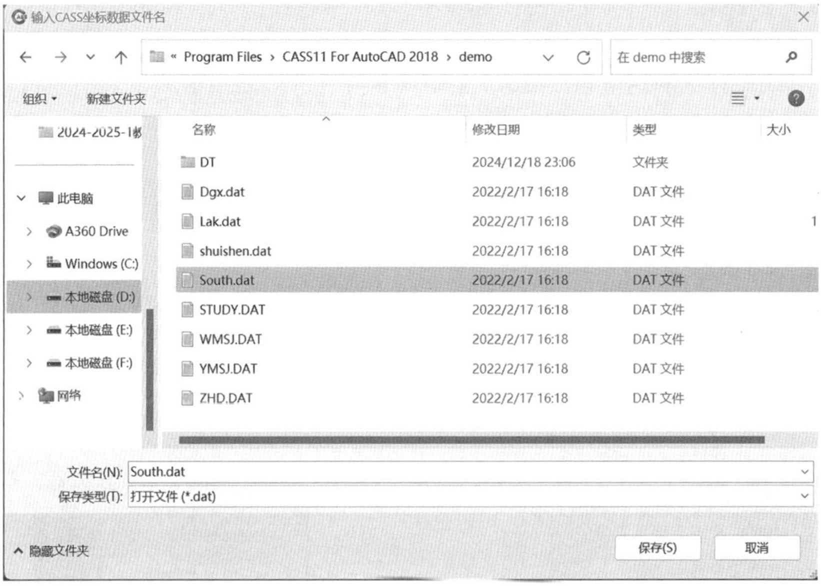

图 3-60　执行“选择文件”操作的对话框

输完文件名后移动鼠标至“转换”处，单击左键(或者直接按回车键)使出现如图 3-61 所示的提示。

如果所输入的文件名已经存在，则屏幕会弹出警告信息。若不想覆盖原文件时，移动鼠标至“否(N)”处，单击左键即返回，出现如图 3-61 所示的对话框，重新输入文件名。若想覆盖原文件时，移动鼠标至“是(Y)”处，单击左键即可。

④如果仪器选择错误会导致传到计算机中的数据文件格式不正确，这时会出现图 3-62 所示的对话框。

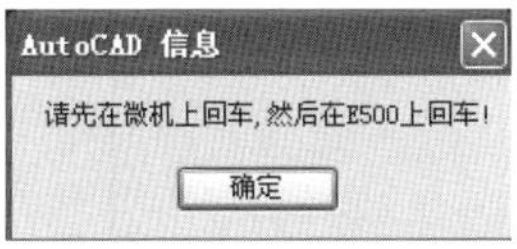

图 3-61　计算机等待 E500 信号

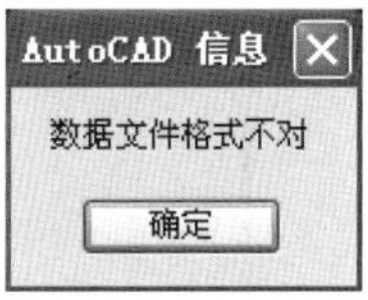

图 3-62　数据格式错误的对话框

⑤操作 PC-E500 电子手簿，做好通信准备，在 E500 上输入本次传送数据的起始点号后，先在计算机按回车键再在 PC-E500 按回车键。命令区便逐行显示点位坐标信息，直至通信结束。

(2)与带内存全站仪通信

①将全站仪通过适当的通信电缆与计算机连接好。

②移动鼠标至“数据通信”项的“读取全站仪数据”项，该处以高亮度(深蓝)显示，单击左

键,出现如图 3-63 所示的对话框。

③根据不同的仪器型号设置好通信参数,再设置好要保存的数据文件名,点击“转换”。后续步骤与 PC-E500 电子手簿通信相同。

如果想将以前传来的数据(比如超级终端传来的数据文件)进行数据转换,可先选好仪器类型,再将仪器型号后面的“联机”选项取消,这时会发现,通信参数全部变灰,不能再进行选择,接下来,在“全站仪内存文件”选项下面的空白区域填上已有的数据文件,再在“CASS 坐标文件”选项下面的空白区域填上转换后的 CASS 坐标数据文件的路径和文件名,点击“转换”即可。

若出现“数据文件格式不对”提示时,有可能是以下的情形之一:a. 数据通信的通路问题、电缆型号不对或计算机通信端口不通;b. 全站仪和软件两边通信参数设置不一致;c. 全站仪传输的数据文件中没有包含坐标数据。

(3)与测图精灵通信

①在测图精灵中将图形保存,然后传到计算机上,存到计算机上的文件扩展名是 SPD。此文件是二进制格式,不能用写字板打开。

②移动鼠标至“数据通信”项的“测图精灵格式转换”项,在下级子菜单中选取“读入”,该处以高亮度(深蓝)显示,单击左键,如图 3-64 所示。

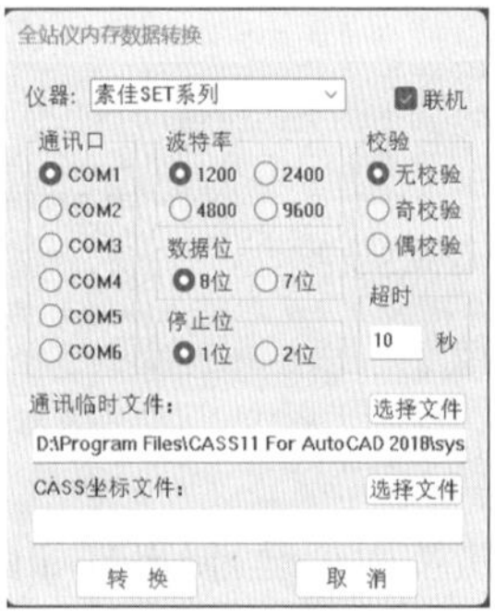

图 3-63　全站仪内存数据转换的对话框

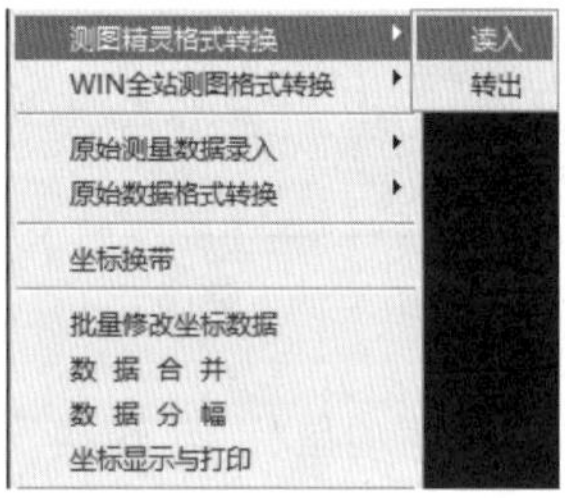

图 3-64　测图精灵格式转换的菜单

③注意 CASS11 的命令行提示输入图形比例尺,输入比例尺后出现“输入 SPDA20 图形数据文件名”的对话框,如图 3-65 所示。

图 3-65　输入测图精灵图形文件名对话框

④找到从测图精灵中传来的图形数据文件，点击“打开”按钮，系统会读取图形文件内容，并根据图形内的地物代码在 CASS11 中自动重构并将图形绘制出来；这时得到的图形与测图精灵中看到的完全一致。

(4)与 SD 存储卡或 U 盘通信

以索佳 SET250X 仪器为例进行介绍。表 3-6 为仪器数据导出步骤。

表 3-6　仪器数据导出步骤

	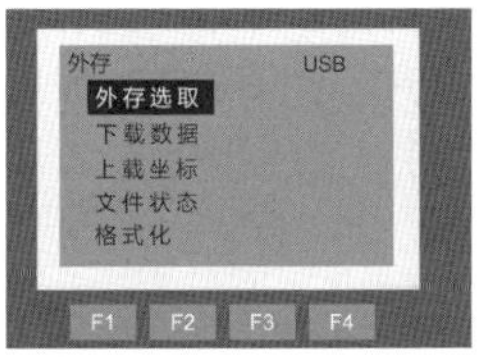	
Step1：在初始界面按“外存”键(F2)	Step2：通过上下键选择“外存选取”，按回车键	Step3：通过左右键选择 SD 或者 USB(根据存储器类别选择)，按回车键
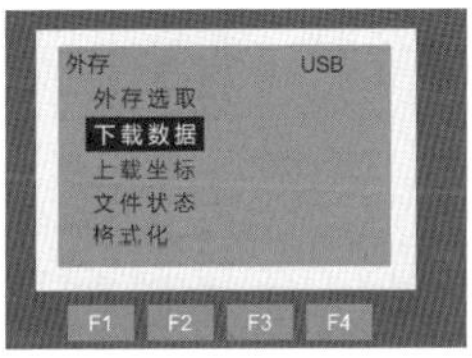	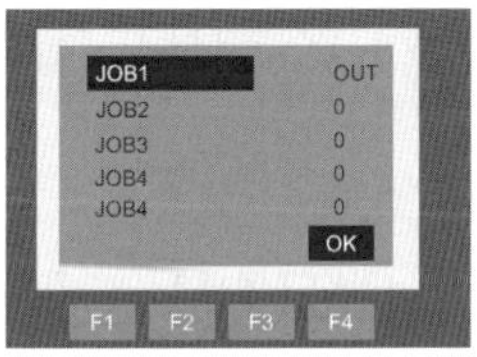	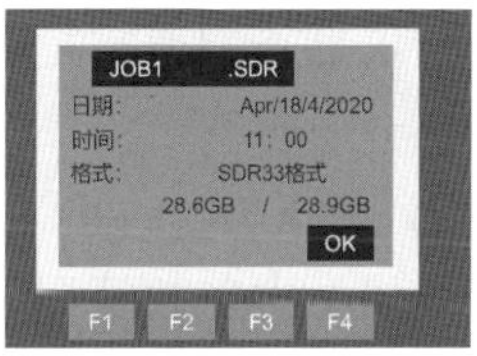
Step4：通过上下键选择“下载数据”，按回车键	Step5：按回车键，选中数据显示“OUT”状态后，按“OK”键(F4)	Step6：输入文件名，按“OK”键(F4)，文件即可自动导出

不同品牌的仪器设备，直接用存储卡或 U 盘导出的数据格式各不相同，例如索佳 SET 型号的仪器导出数据格式为.SDR，徕卡仪器导出的数据格式为.GSI，拓普康 GTS-700 导出数据格式为.PNT 等，所以导出数据需要转换为.DAT 格式才能在南方测绘 CASS 软件中使用，我们可以用 EXCEL 等办公软件进行转换，也可以用南方测绘 CASS 软件中的“读取全站仪数据”功能进行转换，本节介绍利用南方测绘 CASS 软件对.SDR 数据进行数据格式转换的步骤。

①移动鼠标至“数据通信”项的“读取全站仪数据”项，该处以高亮度(深蓝)显示，单击左键，出现如图 3-66 所示的对话框；②根据不同的仪器选择仪器型号，不勾选“联机”，在“全站仪内存文件”选项选择已经从全站仪中导出的数据，在“CASS 坐标文件”选项选择转换后的数据存放位置以及保存的文件名，最后点击“完成”即可。

图 3-66　全站仪内存数据转换

(5)数据传输过程中的难点分析

①数据无法传输的常规原因分析及对策

a. 无法传输的常规原因

造成全站仪数据无法传输的常规原因有：ⓐ仪器传输参数设置有误；ⓑ仪器端口硬件损伤；ⓒ电缆损伤(折断或接口处损伤)；ⓓ计算机端口硬件损伤或端口参数设置有误；ⓔ计算机软件的参数设置有误。

b. 处理对策

当数据无法传输时，一般可先通过以下步骤进行处理：ⓐ简单查看电缆及端口是否损坏，如端口针是否弯曲或折断；ⓑ应用端口调试软件(可以从互联网上搜索并下载)或打开“控制面板”里的“设备管理器”选项卡，看端口工作是否正常；ⓒ查看仪器通信参数设置是否与计算机接收端参数一致。

如果通过以上措施还未成功传输，则可以采用交换尝试的方法判断无法传输的原因。具体步骤：ⓐ更换全站仪，用其他可以正常传输数据的全站仪替换本次传输操作中使用的全站仪进行数据传输操作；如果成功，则可以判断原全站仪端口或其他方面存在问题；ⓑ更换电缆，判断方法如ⓐ中所述；如果传输成功，则可以判断是原电缆存在折断或其他方面的问题；ⓒ更换计算机，判断方法如ⓐ中所述。如果传输成功，则可以判断是计算机端口或其他方面存在问题。无法传输的问题得到明确后，如果是参数设置的问题，则做相应更改后即可。若是硬件方面的问题，如果是电缆、计算机端口的原因，应找相关专业人员维护或更换。

②数据无法传输的其他可能原因

当数据无法传输时，除以上的常规原因外，还可能是电缆与仪器不匹配、USB 转 COM 口(串口)的问题、仪器传输数据格式不正确等原因所致。

a. 电缆与仪器类型不匹配的问题

电缆与仪器类型通常是匹配的，每种类型的仪器对应一种数据线，购买时一定要注意类型的匹配。

b. USB 转 COM 口(串口)的问题

目前市场上大多数笔记本式计算机都已不配 COM 口，但大多数全站仪(非带储存卡型)必须用 COM 口进行数据传输。这就需要配置 USB 转 COM 口的传输线。购置时一定要索要相应的驱动光盘(也可以自行下载通用驱动程序)。USB 转 COM 口线连接到计算机，安装完驱动后，打开“控制面板”中“设备管理器”选项卡，查看“端口”项，记下所连接的 USB 口转成的 COM 口是多少(一般为 4)。为了应用方便，可以选中该项，单击右键，点击“属性”项更改端口的名称为“1”。针对 CASS5.0 软件或较早版本，由于其上传数据的端口只能是“1”或“2”，USB 转的 COM 端口的名称改成“1”或“2”后，可以方便地应用 CASS 软件向全站仪上传数据。重要的一点是，一定要记下 USB 转 COM 口的线插的是哪个 USB 口，这是因为驱动与 USB 口是一一对应的。装过驱动后，不影响 USB 口的正常使用功能。

c. 仪器传输数据格式不正确的问题

应用 CASS 软件进行数据传输时，连接好电缆并执行传输命令后，有时会出现“数据格式不对”的提示。其实大多数情况下并非“数据格式不对”的问题，而是电脑和仪器未连通(原因如前文述)，出现这样提示的原因是执行传输命令后，等待的时间超过软件设置的等待时间，因而出现警告信息，解决方案如前文所述。

(6)应用 Excel 对数据格式进行编辑转换

不同的仪器、不同的文件存储格式，在输出的数据文件里，字符间的分隔符可能不同。编辑转换的方法有多种，为了说明方便，这里采用常规的转换方式，以 CASS 常用坐标数据格式转换成南方测绘 RTK 手簿坐标数据格式为例进行说明。

①数据格式

a. CASS 坐标数据格式：“点名，(代码)，Y，X，H”。数据示例为

1,10575.890,19321.370,359.550

2,10568.720,19294.710,357.860

3,10574.620,19316.100,358.890

⋮

b. 南方测绘 RTK 手簿坐标数据格式:"点名,X,Y,H,点属性"。数据示例为

1,4007579.2965,493783.8258,157.44,0000000

2,4007459.2076,492752.3790,156.68,0000000

3,4007530.3097,492728.5681,152.87,0000000

⋮

②转换步骤

a. 打开数据文件。运行 Excel,依次执行如下操作:"文件"→"打开"→在"文件类型"栏选择"所有文件"→选择已传输的.DAT 格式的文件→根据提示选择"作为分割符"→"完成"。

b. 整列删除。选中整列,右键单击选择"删除列"。

c. 剪切及插入列(交换列)。选择整列,右键单击选择"剪切",然后选择要插入其前面的那一整列,右键单击,选择"插入已剪切的单元格"。

d. 数据加常数。例如"高程"项,点选 E1 项(空白),在公式输入栏里输入"=D1+?"(其中? 为常数),然后将鼠标移至 E1 栏右下角,待鼠标变成"+"后,按住鼠标左键拖拽至尾部。再选中该列数据(点中 E1 中拖选)右键单击"复制"→选中 D1 项,单击右键,选择"选择性粘贴"→选"数值"→确定。这样即可替换掉该项原来的数值。

e. 特殊前缀的去除。有的数据文件里有前缀,如 YZ001,3845.001,5842.002,87.05。这时,选该列,应用"编辑"→"替换",在"查找和替换"对话框的"查找内容"栏里输入"YZ",在"替换为"栏里选择空白(默认),然后点"全部替换"即可。

f. 保存数据。应用 Excel 完成修改后,执行"另存为"命令,在弹出的对话框中的"保存类型"项选"文本文件",然后输入文件名,保存即可。当关闭 Excel 文件时,会出现提示框,这时选择取消或点击"否"。再打开保存的文本文件,应用替换功能(适用于 WINDOWS2000 或 XP,WIN98 中应用写字板),选中字段间的空格→右键单击选择"复制"。应用前文所述的"替换"操作步骤,在"查找内容"栏中粘贴复制的空格,在"替换为"栏中输入","(注意输入法为西文格式),然后点"全部替换"即可。完成替换后,执行"另存为"命令,在文件名栏中直接输入文件名加".DAT"(如"123.DAT")即可保存成".DAT"格式(CASS 软件常规格式)。如果应用文件名加".DAT"的方式不能保存成".DAT"格式,可以从 CASS 软件根目录下 DEMO 文件中复制".DAT"格式的文件,打开后粘贴已转换格式的数据,然后另存。通过以上操作,可以把全站仪中的坐标数据格式转换成南方测绘 RTK 手簿格式。这样可以把数据传输到手簿中,方便地用于点放样或校正等测量工作。

用 Excel 对数据文件进行格式编辑转换,在测量工作中应用非常广泛。通过对以上方法和步骤的了解,可以触类旁通地应用到其他类型的传输文件与软件所需求数据文件间的格式转换中。如果要转换的数据量较大或有长期的类似需求,可以对 Excel 进行二次开发,或直接应用高级语言编程解决此类问题。

4. 地形图绘制

"草图法"工作方式要求外业工作时,除了测量员和跑尺员外,还要安排一名绘草图的人员,在跑尺员跑尺时,绘图员要标注出所测的为何地物(属性信息)并记下所测点的点号(位置信息),在测量过程中要和测量员及时联系,使草图上标注的某点点号要和全站仪里记录的点号一致,而在测量每一个碎部点时不用在电子手簿或全站仪里输入地物编码,故又称为"无码方式"。

"草图法"工作方式:

“草图法”在内业工作时，根据作业方式的不同，可分为“点号定位”和“坐标定位”两种方法。

(1)“点号定位”法作业流程

①定显示区

定显示区的作用是根据输入坐标数据文件的数据大小定义屏幕显示区域的大小，以保证所有点可见。

首先移动鼠标至“绘图处理”项，单击左键，即出现如图 3-67 所示的下拉菜单。然后选择“定显示区”项，单击左键，即出现一个对话框，如图 3-68 所示。

图 3-67　数据处理下拉菜单

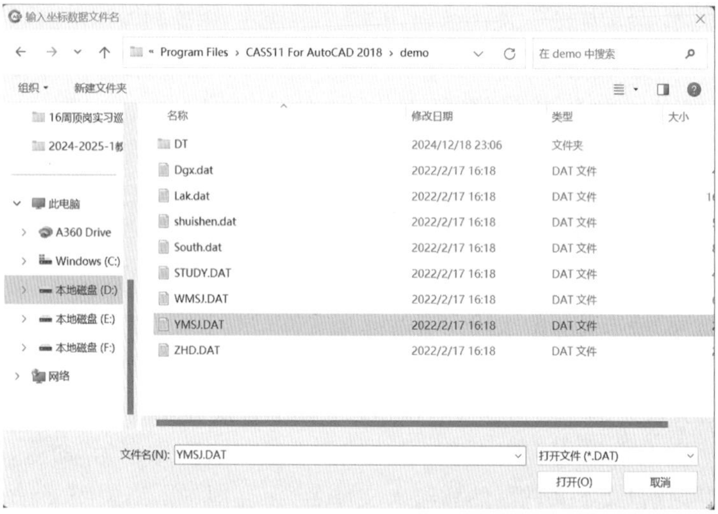

图 3-68　选择坐标数据文件的对话框

这时，需输入碎部点坐标数据文件名。可直接通过键盘输入，如在“文件(N)：”(即光标闪烁处)输入 C:\CASS11\DEMO\YMSJ. DAT 后再移动鼠标至“打开(O)”处，单击左键；也可参考 WINDOWS 选择打开文件的操作方法操作。这时，命令区显示：

最小坐标(m) $X=87.315$，$Y=97.020$

最大坐标(m) $X=221.270$，$Y=200.00$

②选择测点点号定位成图法

移动鼠标至屏幕右侧菜单区之“坐标定位/点号定位”项，单击左键，即出现图 3-69所示的对话框。输入点号坐标点数据文件名 C:\CASS11\DEMO\YMSJ. DAT 后，命令区提示：读点完成！共读入 60 点。

③绘平面图

根据野外作业时绘制的草图，移动鼠标至屏幕右侧菜单区选择相应的地形图图式符号，然后在屏幕中将所有的地物绘制出来。系统中所有地形图图式符号都是按照图层来划分的，例如所有表示测量控制点的符号都放在“控制点”这一层，所有表示独立地物的符号都放在“独立地物”这一层，所有表示植被的符号都放在“植被园林”这一层。

为了更加直观地在图形编辑区内看到各测点之间的关系，可以先将野外测点点号在屏幕中展示出来。

绘制平面图的操作方法：先移动鼠标至屏幕的顶部菜单“绘图处理”项单击左键，这时系统弹出一个下拉菜单。再移动鼠标选择“展点”项的“野外测点点号”项单击左键，这时命令区提示:“绘图比例尺 1”,输入 1 000 并回车,便出现同图 3-68 所示的对话框。输入对应的坐标数据文件名 C:\CASS11\DEMO\YMSJ. DAT 后,便可在屏幕展出野外测点的点号。

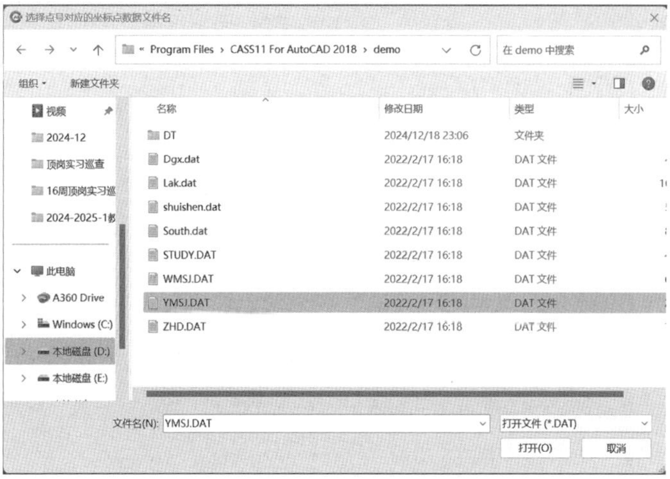

图 3-69　选择测点点号定位成图法的对话框

根据外业草图,选择相应的地图图式符号在屏幕上将平面图绘出来。图 3-70 所示的草图,由 33、34、35 号点连成一间普通房屋。移动鼠标至右侧菜单“居民地/一般房屋”处单击左键,系统便弹出如图 3-71 所示的对话框。再移动鼠标到“四点房屋”的图标处单击左键,图标变亮表示该图标已被选中,然后移鼠标至“OK”处单击左键。

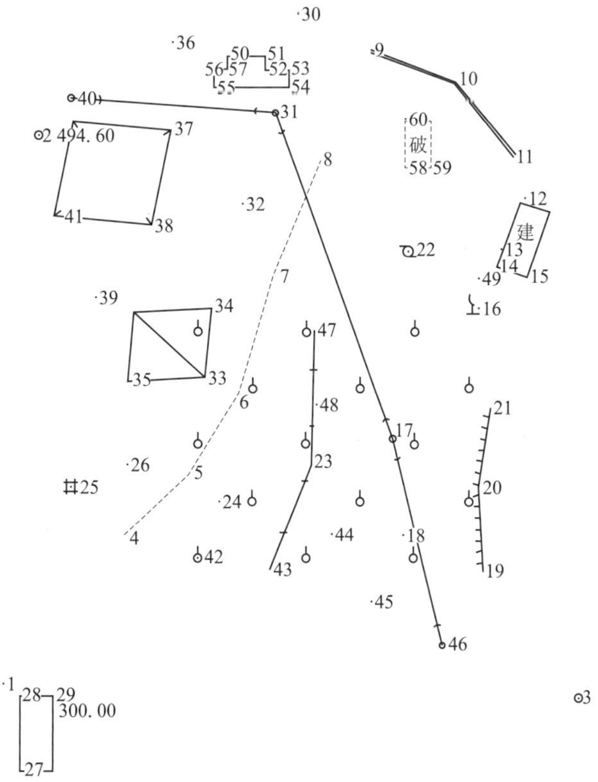

图 3-70　外业作业草图

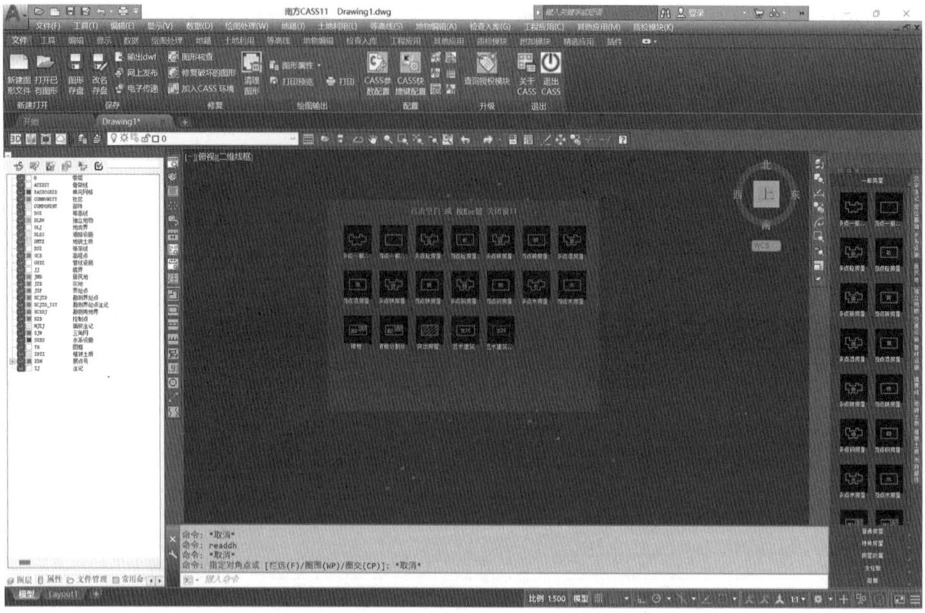

图 3-71 “居民地/一般房屋”图层图例

命令区便分别出现以下的提示：1. 已知三点/2. 已知两点及宽度/3. 已知四点<1>：输入1，回车（或直接回车默认选 1）。

视频　绘制一幅简图——地物元素绘制

说明：已知三点是指测矩形房屋时测了三个点；已知两点及宽度则是指测矩形房屋时测了两个点及房屋的一条边；已知四点则是测了房屋的四个角点。

点 P/<点号>输入 33，回车。

说明：点 P 是指根据实际情况在屏幕上指定一个点；点号是指绘地物符号定位点时的点号（与草图的点号对应）。

点 P/<点号>输入 34，回车。

点 P/<点号>输入 35，回车。

这样，即将 33、34、35 号点连成一间普通房屋。

注意：第一，当房屋是不规则的图形时，可用“多点一般房屋”或“多点砼房屋”等来绘制；第二，绘房屋时，输入的点号必须按顺时针或逆时针的顺序输入，如上例的点号按 34、33、35 或 35、33、34 的顺序输入，否则绘出来房屋即有误。

重复上述操作，将 37、38、41 号点绘成四点棚房；60、58、59 号点绘成四点破坏房屋；12、14、15 号点绘成四点建筑中房屋；50、52、51、53、54、55、56、57 号点绘成多点一般房屋；27、28、29 号点绘成四点房屋。

同样在“居民地/垣栅”层找到“依比例围墙”的图标，将 9、10、11 号点绘成依比例围墙的符号；在“居民地/垣栅”层找到“篱笆”的图标将 47、48、23、43 号点绘成篱笆的符号。完成这些操作后，其平面图如图 3-72 所示。

再把草图中的 19、20、21 号点连成一段陡坎，其操作方法：先移动鼠标至右侧屏幕菜单“地貌土质/人工地貌”处单击左键，这时系统弹出如图 3-73 所示的对话框。

移鼠标到表示未加固陡坎符号的图标处单击左键选择其图标，再移鼠标到“OK”处单击左键确认所选择的图标。命令区便分别出现以下的提示。

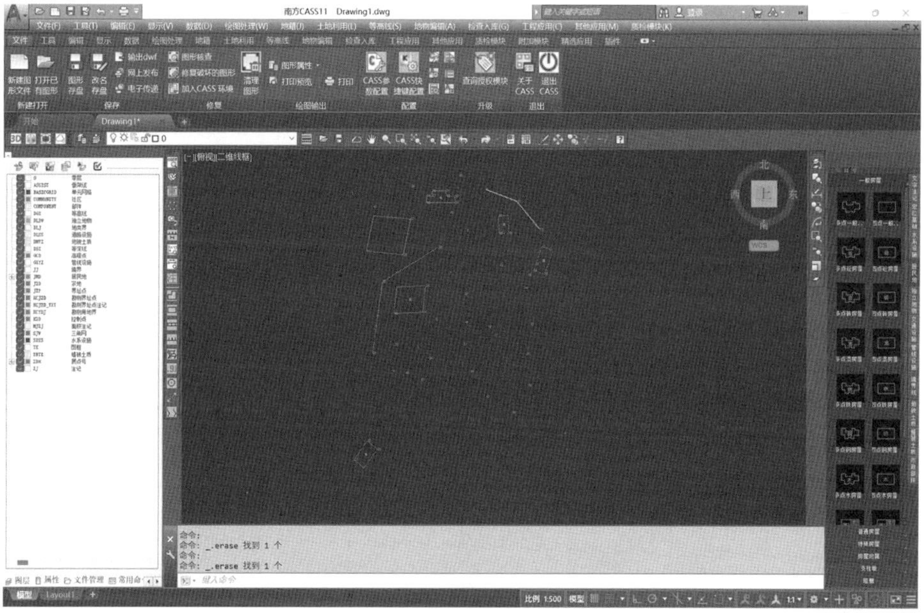

图 3-72　用“居民地”图层绘制的平面

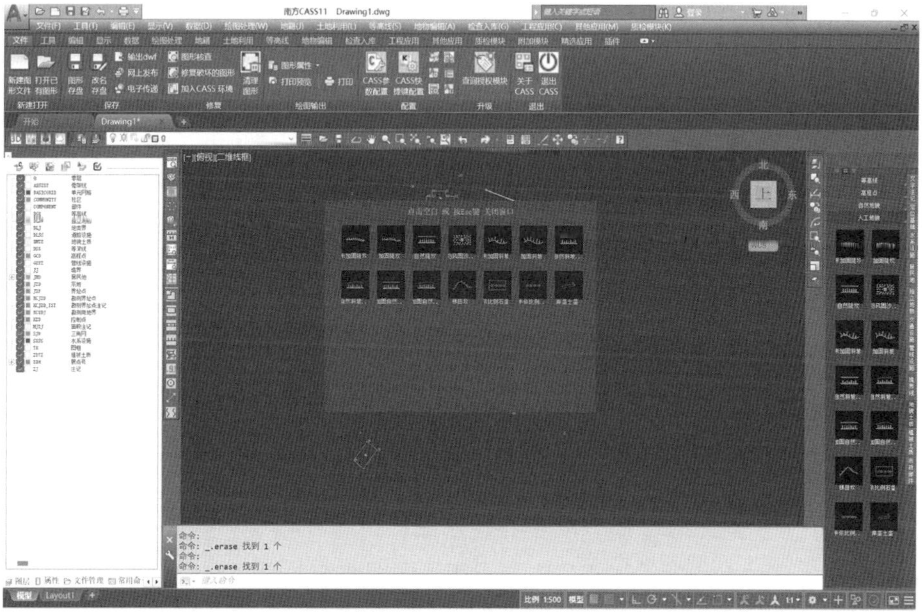

图 3-73　“地貌土质”图层图例

请输入坎高,单位:m<1.0>:输入坎高,回车(直接回车默认坎高 1 m)。

说明:在这里输入的坎高(实测得的坎顶高程),系统将坎顶点的高程减去坎高得到坎底点高程,这样在建立(DTM)时,坎底点便参与组网的计算。

点 P/<点号>:输入 19,回车。

点 P/<点号>:输入 20,回车。

点 P/<点号>:输入 21,回车。

点 P/<点号>：回车或单击鼠标的右键，结束输入。

注：如果需要在点号定位的过程中临时切换到坐标定位，可以按“P”键，这时进入坐标定位状态，若想回到点号定位状态时再次按“P”键即可。

拟合吗？<N>回车或单击鼠标的右键，默认输入 N。

说明：拟合的作用是对复合线进行圆滑。

这时，便在 19、20、21 号点之间绘成陡坎的符号，如图 3-74 所示。注意：陡坎上的坎毛生成在绘图方向的左侧。

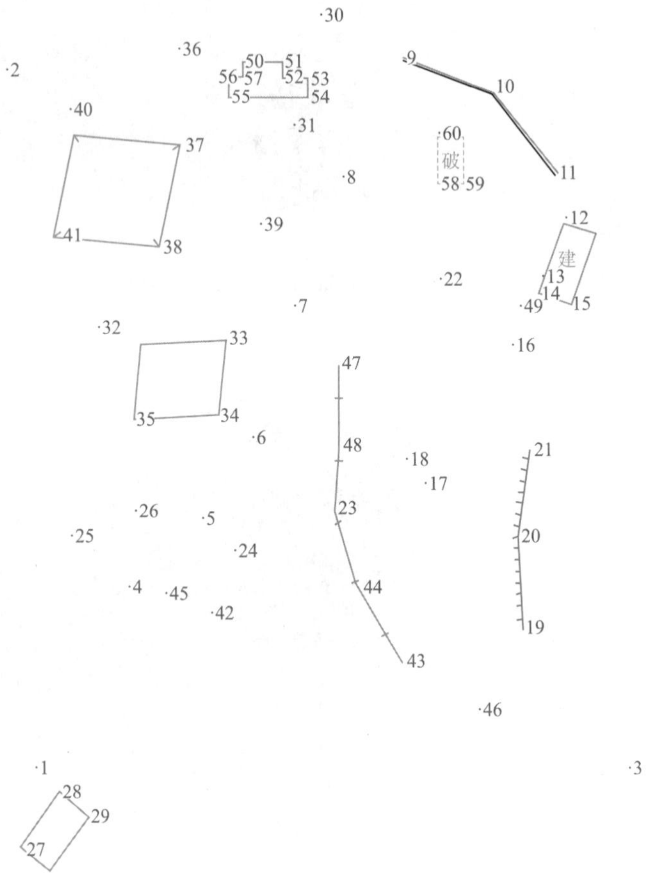

图 3-74　加绘陡坎后的平面

这样，重复上述的操作便可以将所有测点用地图图式符号绘制出来。在操作的过程中，可以嵌用 CAD 的透明命令，如放大显示、移动图纸、删除、文字注记等。

(2)“坐标定位”法作业流程

①定显示区

此步操作与“点号定位”法作业流程的“定显示区”的操作相同。

②选择坐标定位成图法

移动鼠标至屏幕右侧菜单区之“坐标定位”项，单击左键，即进入“坐标定位”项的菜单。如果在“测点点号”状态下，可点击右侧“坐标定位”进行切换。

③绘平面图

与“点号定位”法成图流程类似，需先在屏幕上展点，根据外业草图，选择相应的地图图式符号在屏幕上将平面图绘出来，区别在于此时不能通过测点点号来进行定位，仍以作居民地为例讲解。移动鼠标至右侧菜单“居民地”处单击左键，系统便弹出如图 3-71 所示的对话框。再移动鼠标到“四点房屋”的图标处单击左键，图标变亮表示该图标已被选中，然后移鼠标至“OK”处单击左键。而后命令区提示：1. 已知三点/2. 已知两点及宽度/3. 已知四点<1>：输入 1，回车（或直接回车默认选 1）。而后命令区提示：输入点：移动鼠标至右侧屏幕菜单的“对象捕捉”项，点击右键选择“设置”，弹出如图 3-75 所示的对话框。勾选“节点”的图标，图标显示“对号”表示该图标已被选中，然后移鼠标至确定处单击左键。这时鼠标靠近 33 号点，出现黄色标记，点击鼠标左键，完成捕捉工作。

输入点：同上操作捕捉 34 号点。

输入点：同上操作捕捉 35 号点。

这样，即将 33、34、35 号点连成一间普通房屋。

注意：在输入点时，嵌套使用了捕捉功能，选择不同的捕捉方式会出现不同形式的黄色光标，适用于不同的情况。

命令区要求“输入点”时，也可以用鼠标左键在屏幕上直接点击，为了精确定位也可输入实地坐标。下面以“路灯”为例进行演示。移动鼠标至右侧屏幕菜单“独立地物/其他设施”处单击左键，这时系统便弹出“独立地物/其他设施”的对话框，如图 3-76 所示，移动鼠标到“路灯”的图标处单击左键，图标变亮表示该图标已被选中，然后移鼠标至“确定”处单击左键。这时命令区提示：

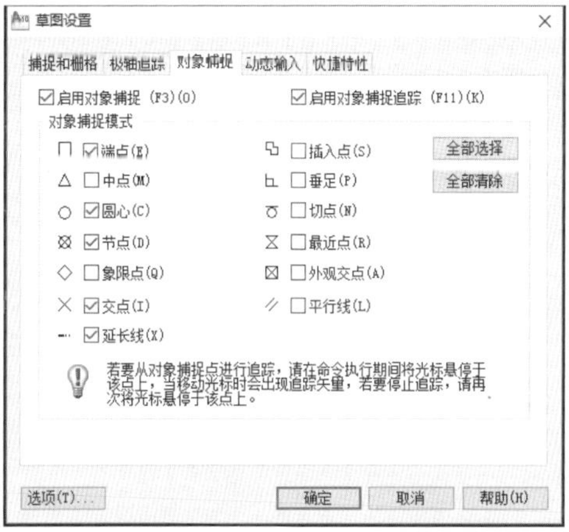

图 3-75　“对象捕捉方式”选项

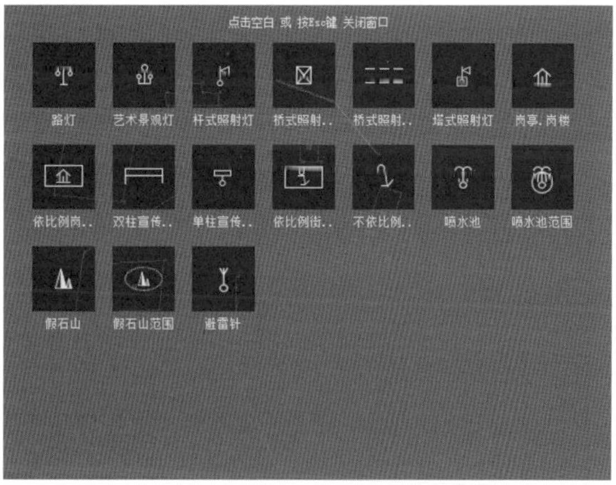

图 3-76　“独立地物/其他设施”图层图例

输入点：输入 143.35，159.28，回车。

这时就在坐标（143.35，159.28）处绘好了一个路灯。

注意：随着鼠标在屏幕上移动，左下角提示的坐标实时变化。

5. 等高线的绘制

CASS11 在绘制等高线时，应充分考虑到等高线通过地性线和断裂线时的情况，如陡坎、陡崖等。CASS11 能自动切除通过地物、注记、陡坎的等高线。由于采用了轻量线来生成等高线，CASS11 在生成等高线后，文件大小比其他软件小很多。

在绘等高线之前，必须先将野外测的高程点建立数字地面模型（DTM），然后在数字地面模型上生成等高线。

①建立数字地面模型(构建三角网)

数字地面模型(DTM),是在一定区域范围内规则格网点或三角网点的平面坐标(x,y)和其地物性质的数据集合,如果此地物性质是该点的高程 Z,则此数字地面模型又称为数字高程模型(DEM)。这个数据集合从微分角度三维地描述了该区域地形地貌的空间分布。DTM 作为新兴的一种数字产品,与传统的矢量数据相辅相成,在空间分析和决策方面发挥越来越大的作用。借助计算机和地理信息系统软件,DTM 数据可以用于建立各种各样的模型解决一些实际问题,主要应用有:按用户设定的等高距生成等高线图、透视图、坡度图、断面图、渲染图、与数字正射影像 DOM 复合生成景观图,或者计算特定物体对象的体积、表面覆盖面积等,还可用于空间复合、可达性分析、表面分析、扩散分析等方面。

在使用 CASS11 自动生成等高线时,应先建立数字地面模型。在这之前,可以先“定显示区”及“展点”。“定显示区”的操作与上一节“草图法”中“点号定位”法的工作流程中的“定显示区”的操作相同,界面要求输入文件名时找到如下路径的数据文件“C:\CASS11\DEMO\DGX.DAT”。展点时可选择“展高程点”选项,即如图 3-77 所示的下拉菜单。

要求输入文件名时在“C:\CASS11\DEMO\DGX.DAT”路径下选择“打开”DGX.DAT 文件后,命令区提示:“注记高程点的距离(m)”。根据规范要求输入高程点注记距离(即注记高程点的密度),回车默认为注记全部高程点的高程。这时,所有高程点和控制点的高程均自动展绘到图上。

移动鼠标至屏幕顶部菜单“等高线”项,单击左键,出现如图 3-78 所示的下拉菜单。

移动鼠标至“建立 DTM”项,该处以高亮度(深蓝)显示,单击左键,出现如图 3-79 所示的对话框。

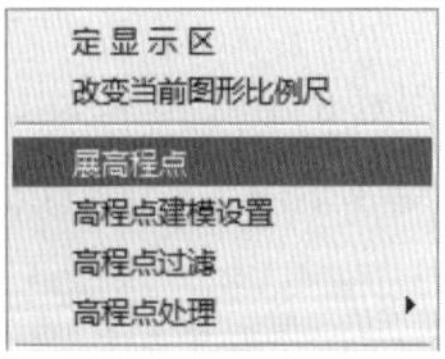

图 3-77　绘图处理下拉菜单

图 3-78　“等高线”的下拉菜单

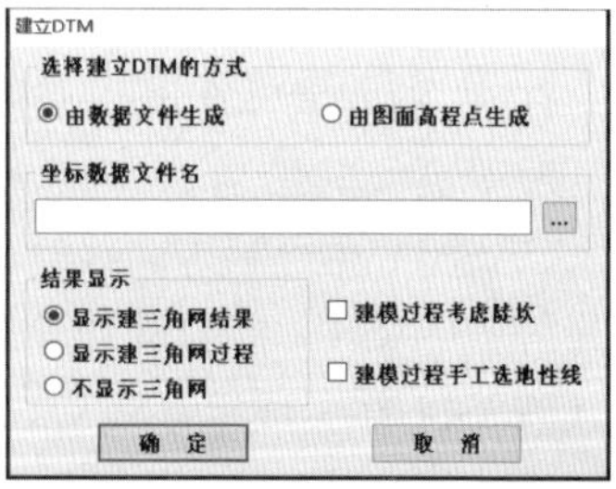

图 3-79　选择建模高程数据文件

首先选择建立 DTM 的方式，可分为两种方式：由数据文件生成和由图面高程点生成。如果选择由数据文件生成，则在坐标数据文件名中选择坐标数据文件；如果选择由图面高程点生成，则在绘图区选择参加建立 DTM 的高程点。然后选择结果显示，可分为三种：显示建三角网结果、显示建三角网过程和不显示三角网。最后选择在建立 DTM 的过程中是否考虑陡坎和地性线。

点击确定后生成如图 3-80 所示的三角网。

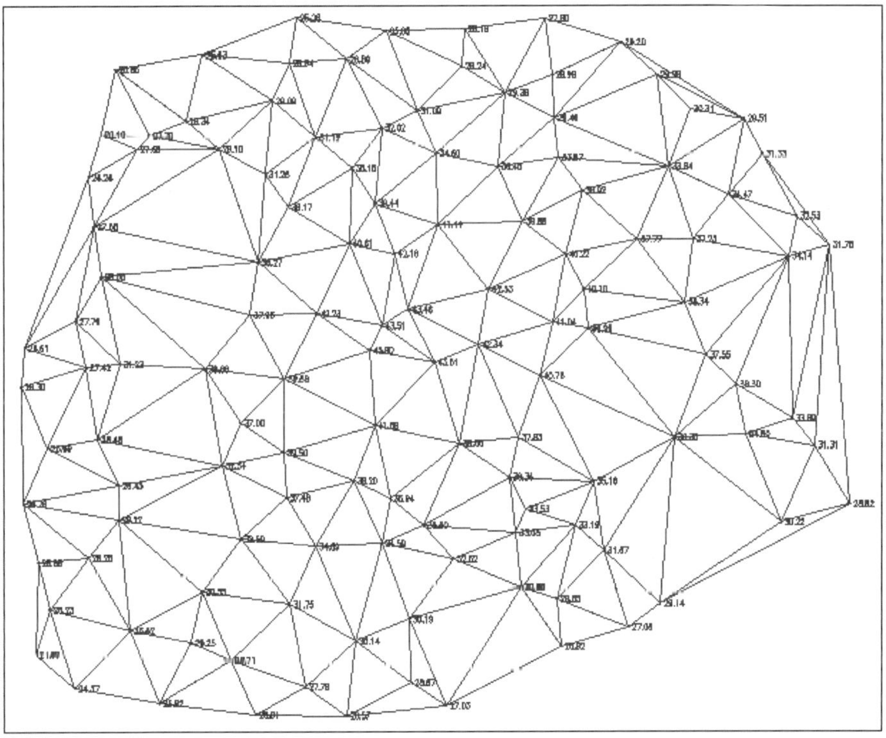

图 3-80　用 DGX. DAT 数据建立的三角网

②修改数字地面模型(修改三角网)

一般情况下，由于地形条件的限制在外业采集的碎部点很难一次性生成理想的等高线，另外还因现实地貌的多样性和复杂性，自动构成的数字地面模型与实际地貌不太一致，这时可以通过修改三角网来修改这些局部不合理的地方。

a. 删除三角形

如果在某区域局部内没有等高线通过时，则可将其局部内相关的三角形删除。删除三角形的操作方法：先将要删除三角形的区域局部放大，再选择“等高线”下拉菜单的“删除三角形”项，命令区提示选择对象，这时便可选择要删除的三角形，如果误删，可用“U”命令将误删的三角形恢复。

b. 过滤三角形

可根据用户需要输入最小角度或三角形中最大边长与最小边长的最大倍数等条件的三角形。如果出现 CASS11 在建立三角网后若无法绘制等高线，可过滤掉部分形状特殊的三角形。另外，如果生成的等高线不光滑，也可以用此功能将不符合要求的三角形过滤掉再生成等高线。

c. 增加三角形

如果要增加三角形时，可选择“等高线”菜单中的“增加三角形”项，依照屏幕的提示在要增加三角形的地方用鼠标点取，如果点取的地方没有高程点，系统会提示输入高程。

d. 三角形内插点

选择此命令后，可根据提示输入要插入的点：在三角形中指定点（可输入坐标或用鼠标直接点取），提示“高程(m)=”时，输入此点高程。通过此功能可将此点与相邻的三角形顶点相连构成三角形，同时原三角形会自动被删除。

e. 删除三角形顶点

用此功能可将所有由该点生成的三角形删除。因为一个点会与周围很多点构成三角形，如果手动删除三角形，不仅工作量较大而且容易出错。这个功能常用在发现某一点坐标错误时，要将它从三角网中剔除的情况下。

f. 重组三角形

指定两相邻三角形的公共边，系统自动将两三角形删除，并将两三角形的另两点连接起来构成两个新的三角形，这样做可以改变不合理的三角形连接。如果因两三角形的形状特殊无法重组，会有出错提示。

g. 删除三角网

生成等高线后就不再需要三角网了，这时如果要对等高线进行处理，三角网比较碍事，可以用此功能将整个三角网全部删除。

h. 修改结果存盘

通过以上命令修改了三角网后，选择“等高线”菜单中的“修改结果存盘”项，把修改后的数字地面模型存盘。这样，绘制的等高线不会内插到修改前的三角形内。

注意：修改了三角网后一定要进行此步操作，否则修改无效！

当命令区显示：“存盘结束！”时，表明操作成功。

③绘制等高线

完成上述的准备操作后，便可进行等高线绘制。等高线的绘制可以在绘平面图的基础上叠加，也可以在“新建图形”的状态下绘制。如在“新建图形”状态下绘制等高线，系统会提示您输入绘图比例尺。

用鼠标选择“等高线”下拉菜单的“绘制等高线”项，弹出如图3-81所示的对话框。

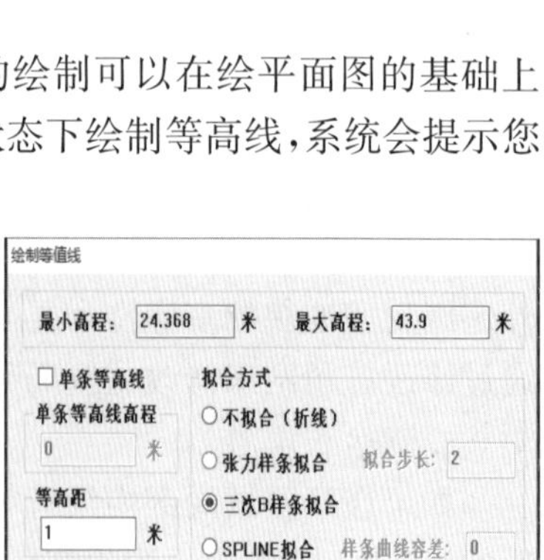

图3-81　绘制等高线对话框

对话框中会显示参加生成DTM的高程点的最小高程和最大高程。如果只生成单条等高线，那么就在单条等高线高程中输入此条等高线的高程；如果生成多条等高线，则在等高距框中输入相邻两条等高线之间的等高距。最后选择等高线的拟合方式。总共有四种拟合方式：方法1不拟合（折线）、方法2张力样条拟合、方法3三次B样条拟合和方法4 SPLINE拟合。观察等高线效果时，可输入较大的等高距并选择不光滑，以加快速度。如选定拟合方法2，则拟合步距以2 m为宜，但这时生成的等高线数据量比较大，速度会稍慢。测点较密或等高线较密时，最好选择光滑方法3，也可选择不光滑，过后再用“批量拟合”功能对等高线进行拟合。选择方法4则用标准SPLINE样条曲线来绘制等高线，提示“请输入样条曲线容差：＜0.0＞”。容差是曲线偏离理论点的允许差值，可直接回车。SPLINE 线的优点在于即使其被断开后仍然是样条曲线，可以进行后续编辑修改，缺点是较方法 3 容易发生线条交叉现象。

当命令区显示：绘制完成，便完成绘制等高线的工作，如图 3-82 所示。

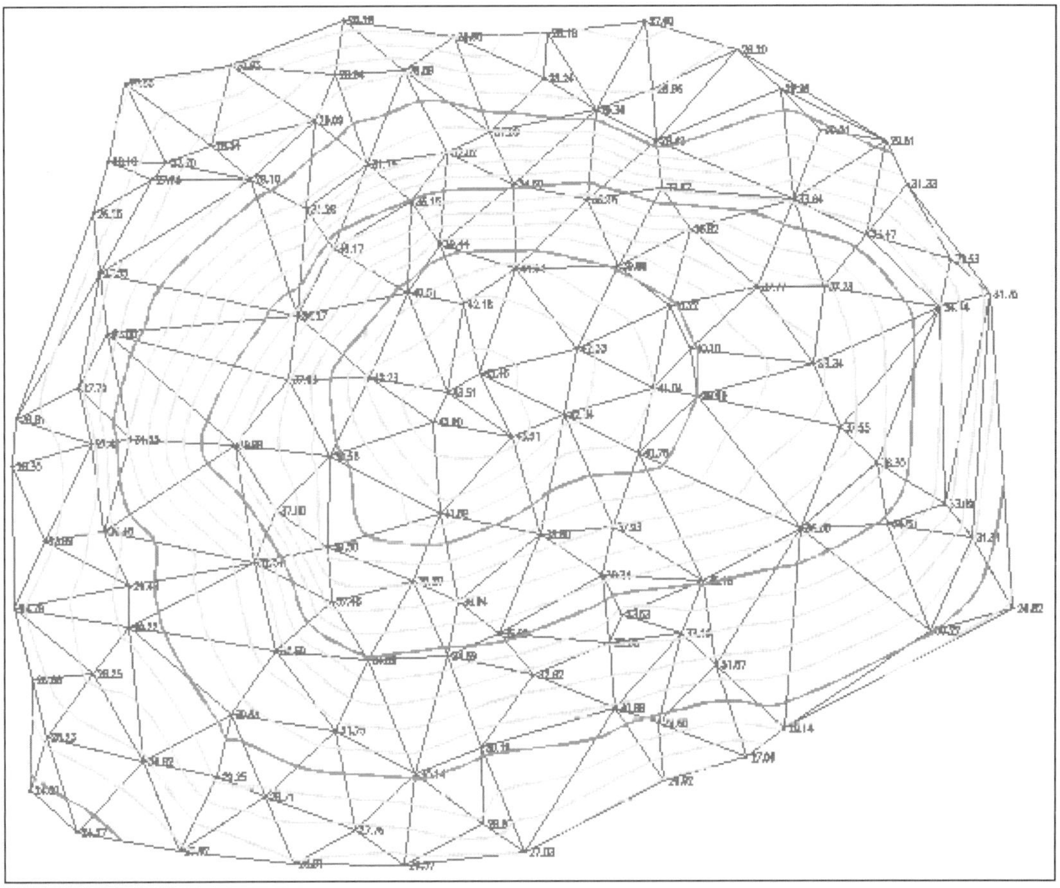

图 3-82　完成绘制等高线的工作

④等高线的修饰

a. 注记等高线

用“窗口缩放”项得到局部放大图，再选择“等高线”下拉菜单之“等高线注记”的“单个高程注记”项。

命令区提示：

选择需注记的等高(深)线：移动鼠标至要注记高程的等高线位置，即图 3-83 中的位置 A，单击左键。

依法线方向指定相邻一条等高(深)线：移动鼠标至图 3-83 中的等高线位置 B，单击左键。等高线的高程值即自动注记在 A 处，且字头朝 B 处。

b. 等高线修剪

左键点击“等高线/等高线修剪/批量修剪等高线”，弹出如图 3-84 所示的对话框。

首先选择“消隐”或“修剪”等高线，然后选择“整图处理”或“手工选择”需要修剪的等高线，最后选择地物和注记符号，单击确定后会根据输入的条件修剪等高线。

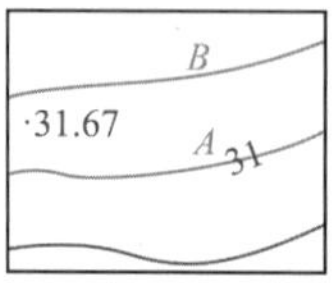

图 3-83　等高线高程注记

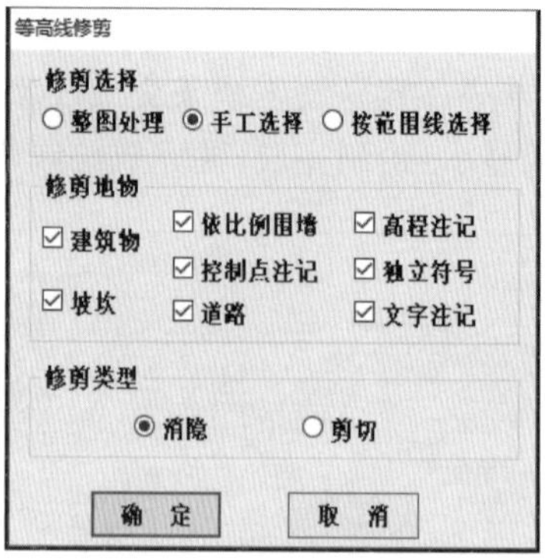

图 3-84　等高线修剪对话框

c. 切除指定两条线间等高线

命令区提示：

选择第一条线：用鼠标指定第一条线，例如选择公路的一边。

选择第二条线：用鼠标指定第二条线，例如选择公路的另一边。

程序将自动切除等高线穿过此两条线间的部分。

d. 切除指定区域内等高线

选择一封闭复合线，系统将该复合线内所有等高线切除。此时应注意，封闭区域的边界一定为复合线，如果不是，系统将无法处理。

e. 绘制三维模型

建立了 DTM 之后，就可以生成三维模型，观察一下立体效果。移动鼠标至“等高线”项，单击左键，出现下拉菜单。然后移动鼠标至“绘制三维模型”项，单击左键，命令区提示：

输入高程乘系数<1.0>：输入 5。

如果用默认值，建成的三维模型与实际情况一致。如果测区内的地势较为平坦，可以输入较大的值，将地形的起伏状态放大。因本图坡度变化不大，输入高程乘系数将其夸张显示。

是否拟合？(1)是(2)否<1>：回车，默认选 1，拟合。

这时将显示此数据文件的三维模型，如图 3-85 所示。

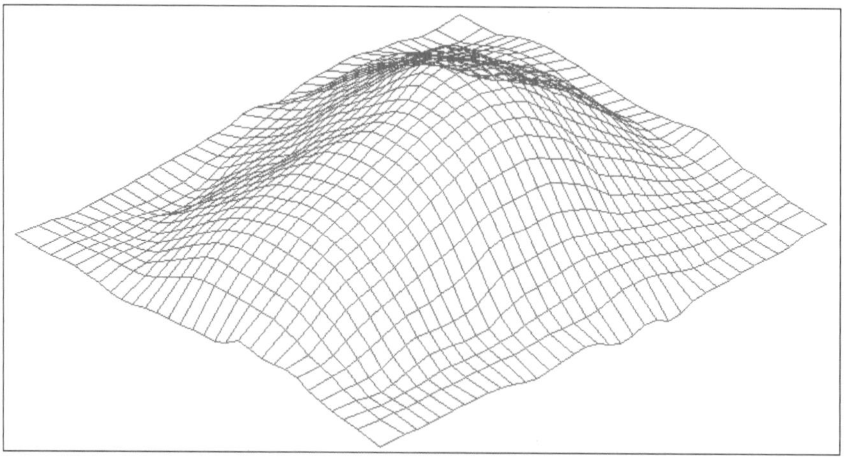

图 3-85　三维效果

另外利用“低级着色方式”“高级着色方式”功能还可对三维模型进行渲染等操作，利用“显示”菜单下的“三维静态显示”的功能可以转换角度、视点、坐标轴，利用“显示”菜单下的“三维动态显示”功能可以绘出更高级的三维动态效果。

视频

绘制一幅简图——地形元素绘制

6. 地形图的编辑与整饰

对于图形的编辑，CASS11 提供“编辑”和“地物编辑”两种下拉菜单；其中，“编辑”是由 AutoCAD 提供的编辑功能：如图元编辑、删除、断开、延伸、修剪、移动、旋转、比例缩放、复制、偏移拷贝等；“地物编辑”是由南方测绘 CASS 系统提供的对地物编辑功能：如图形重构、改变比例尺、查看加入实体编码、线形换向、坎高的编辑、图形分幅、图幅整饰等，下面举例说明。

(1)图形重构

通过右侧屏幕菜单绘出一个自然斜坡、一块菜地，如图 3-86 所示。

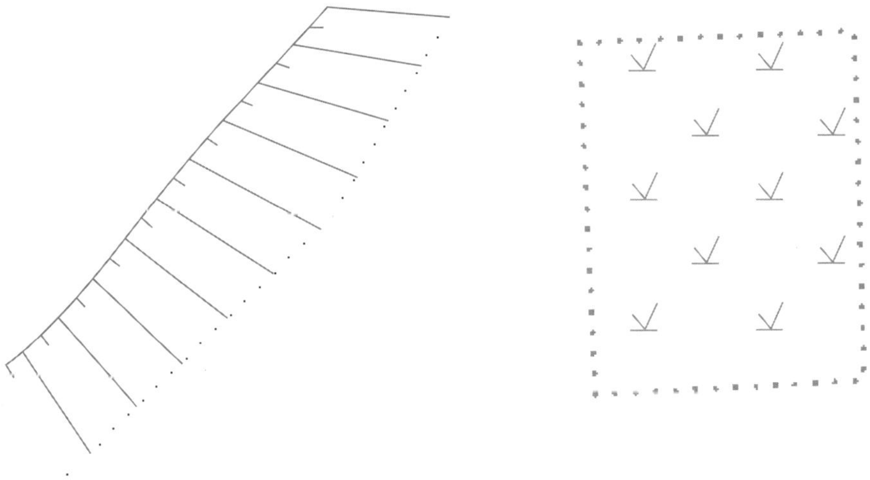

图 3-86　作出几种地物

用鼠标左键点取骨架线，再点取显示蓝色方框的结点使其变红，移动到其他位置，或者将骨架线移动位置，效果如图 3-87 所示。

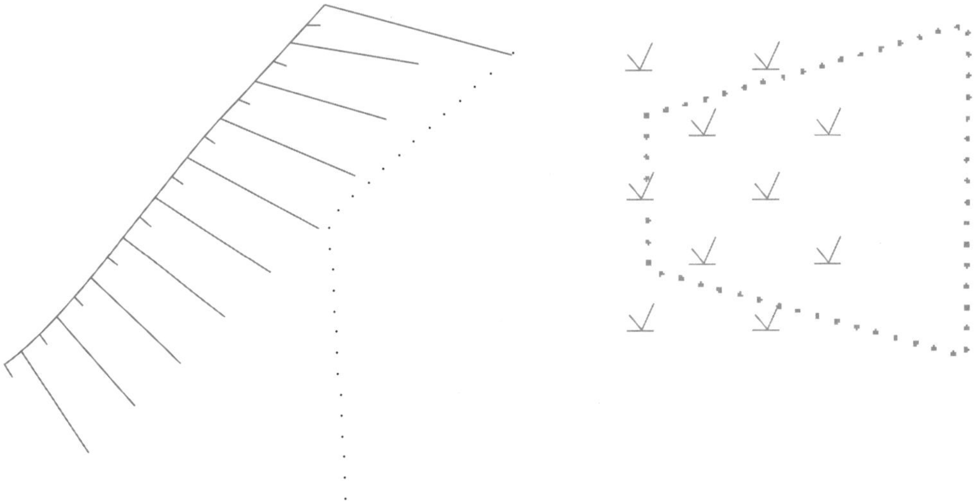

图 3-87　改变原图骨架线

将鼠标移至“地物编辑”菜单项，单击左键，选择“重新生成”功能(也可选择左侧工具条的“重新生成”按钮)，命令区提示：

选择需重构的实体：<重构所有实体>。回车表示对所有实体进行重构功能；此时，原图转化如图 3-88 所示。

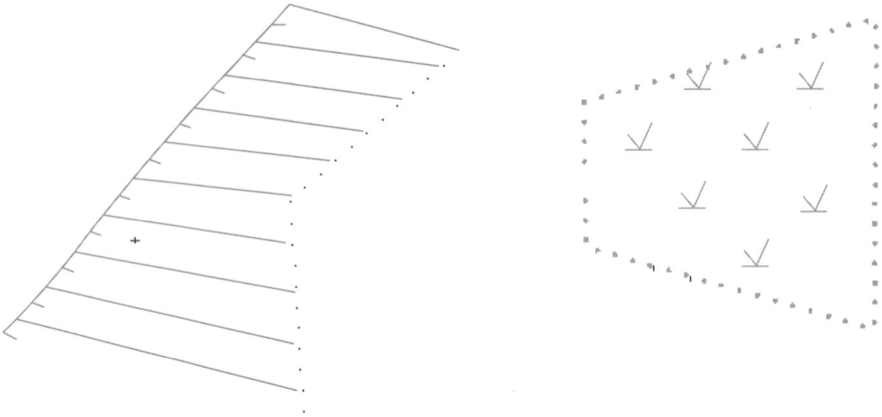

图 3-88 对改变骨架线的实体进行图形重构

(2)改变比例尺

将鼠标移至“文件”菜单项，单击左键，选择“打开已有图形”功能，在弹出的窗口中输入“C:\CASS11\DEMO\STUDY. DWG”，将鼠标移至“打开”按钮，单击左键，屏幕上将显示例图 STUDY. DWG，如图 3-89 所示。

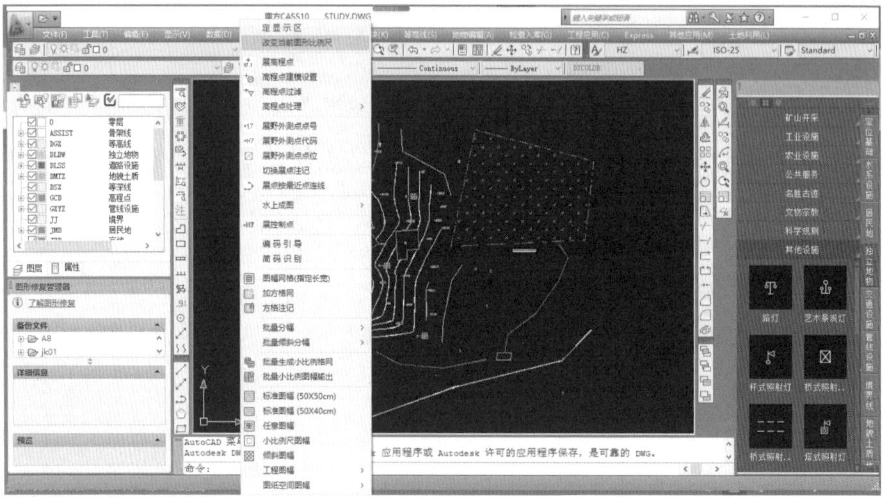

图 3-89 例图 STUDY. DWG

将鼠标移至“绘图处理”菜单项，单击左键，选择“改变当前图形比例尺”功能，命令区提示：当前比例尺为 1∶500。

输入新比例尺<1∶500>1：输入要求转换的比例尺，例如输入 1 000。

这时屏幕显示的 STUDY. DWG 图就转变为 1∶1 000 的比例尺，各种地物包括注记、填充符号都已按 1∶1 000 的图示要求进行转变。

(3)查看及加入实体编码

将鼠标移至“数据处理”菜单项,点击左键,弹出下拉菜单,选择“查看实体编码”项,命令区提示:“选择图形实体”。鼠标变成一个方框,选择图形,则屏幕弹出如图 3-90 所示的属性信息,或直接将鼠标移至多点房屋的线上,则屏幕自动出现该地物属性,如图 3-91 所示。

图3-90　查看实体编码

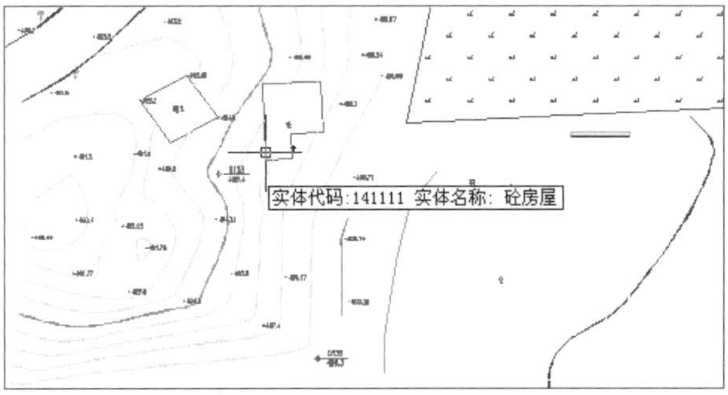

图 3-91　自动显示实体属性

将鼠标移至“数据处理”菜单项,点击左键,弹出下拉菜单,选择“加入实体编码”项,命令区提示:“输入代码(C)/<选择已有地物>”。鼠标变成一个方框,这时选择下侧的陡坎。

选择要加属性的实体:

选择对象:用鼠标的方框选择多点房屋。这时多点房屋变陡坎。

在第一步提示时,也可以直接输入编码(此例中输入未加固陡坎的编码为 204201),即在下一步中选择的实体将转换成编码为 204201 的未加固陡坎。

(4)线形换向

通过右侧屏幕菜单绘出未加固陡坎、加固斜坡、依比例围墙、栅栏各一个,如图 3-92 所示。

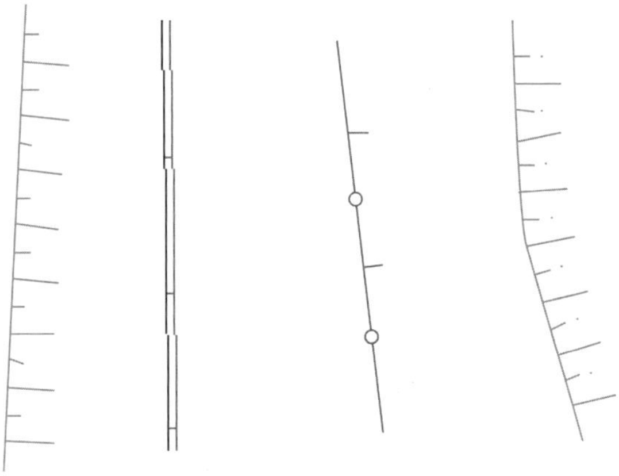

图 3-92　线形换向前

将鼠标移至“地物编辑”菜单项,点击左键,弹出下拉菜单,选择“线形换向”,命令区提示:

请选择实体:将转换为小方框的鼠标光标移至未加固陡坎的母线,点击左键。

这样,该条未加固陡坎即转变了坎的方向。以同样的方法选择“线形换向”命令(或在工作区点击鼠标右键重复上一条命令),点击栅栏、加固陡坎的母线,以及依比例围墙的骨架线,完成换向功能,结果如图 3-93 所示。

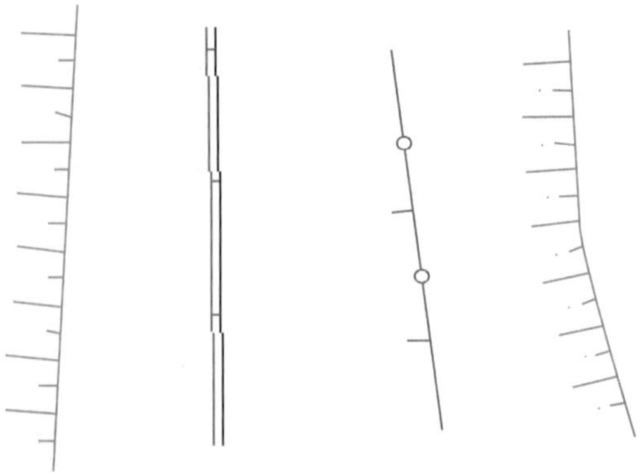

图 3-93　线形换向后

(5)坎高的编辑

通过右侧屏幕菜单的“地貌土质”项绘制一条未加固陡坎,在命令区提示“输入坎高:(m)<1.000>”时,回车默认 1 m。

将鼠标移至“地物编辑”菜单项,点击左键,弹出下拉菜单,选择“修改坎高”,则在陡坎的第一个结点处出现一个十字丝,命令区提示“选择陡坎线”。

请选择修改坎高方式:(1)逐个修改;(2)统一修改。

当前坎高=1.000 m,输入新坎高<默认当前值>:输入新值,回车(或直接回车默认 1 m)。

十字丝跳至下一个结点,命令区提示:

当前坎高=1.000 m,输入新坎高<默认当前值>:输入新值,回车(或直接回车默认 1 m)。

如此重复,直至最后一个结点结束。这样便将坎上每个测量点的坎高进行了更改。

若在选择修改坎高方式中选择(2),则提示:

请输入修改后的统一坎高:<1.000>。输入要修改的目标坎高,则将该陡坎的高程改为同一个值。

(6)图形分幅

CASS 软件提供了多种分幅方式,但是地形图分幅一般会根据实际情况只采用其中的批量分幅、标准分幅及任意分幅操作。

在进行分幅前首先应进行图廓属性的设定。选择“文件”菜单项,弹出下拉菜单,选择“CASS 参数设置”中“图廓属性”,进行图廓属性设置,将坐标系、高程系、图式、测图日期、密级、图名输出方式等按照实际情况进行设置,并可对图名、图号、比例尺等显示内容的字体、字高等按照需要进行调整,如图 3-94 所示。

对于大面积的测区,在图形分幅前,应做好分幅的准备工作。了解图形数据文件中的最小坐标和最大坐标。注意:在 CASS11 下侧信息栏显示的数学坐标和测量坐标是相反的,即 CASS11 系统中前面的数为 Y 坐标(东向),后面的数为 X 坐标(北向)。

将鼠标移至“绘图处理”菜单项,点击左键,弹出下拉菜单,选择“批量分幅/建方格网”,命令区提示:

请选择图幅尺寸:(1)50×50;(2)50×40;(3)自定义尺寸;<1>按要求选择。此处直接回车默认选 1。

输入测区一角:在图形左下角点击左键。

输入测区另一角:在图形右上角点击左键。

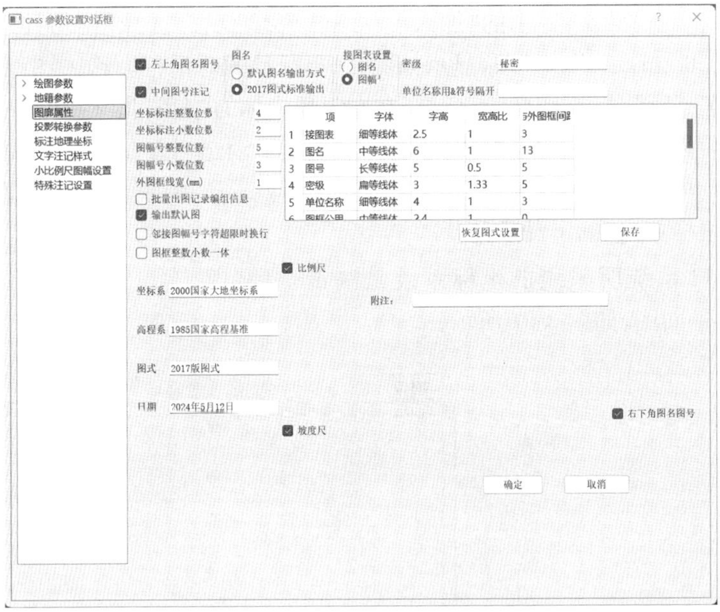

图 3-94　CASS 参数设置对话框

请输入批量分幅的取整方式：<1>取整到图幅；<2>取整到 10 m；<3>取整到 m。此处直接回车默认选 1。

这样就给大面积的图形建立了方格网，自动以各个分幅图左下角的东坐标和北坐标结合起来命名，如“29.50-39.50”“29.50-40.00”等。如果要求输入分幅图目录名时直接回车，则各个分幅图自动保存在安装了 CASS11 的驱动器的根目录下。

选择“绘图处理/批量分幅/批量输出”，在弹出的对话框中确定输出图幅的存储目录名，点击“确定”，即可批量输出图形到指定的目录，如需修改图廓信息可在图形中手动更改。

(7)图幅整饰

当测区范围较小时，不需要进行图幅划分；此处我们以南方测绘 CASS 自带的范例数据 STUDY. DWG 为例进行说明，确认 STUDY. DWG 图形被打开，如图 3-95 所示。

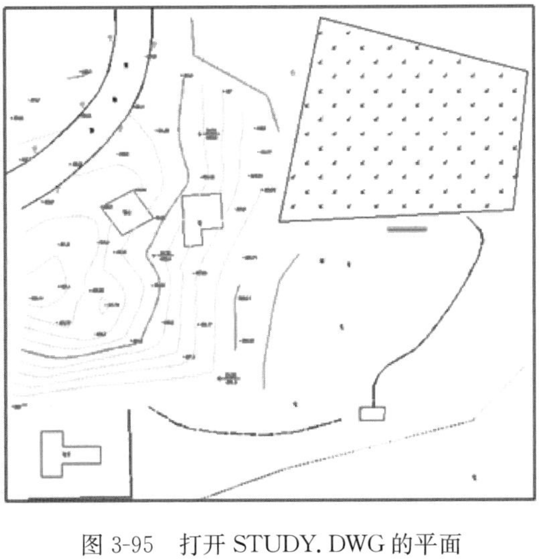

图 3-95　打开 STUDY. DWG 的平面

视 频

绘图输出

选择“文件”中的“加入 CASS11 环境”项。选择“绘图处理”中“标准图幅(50 cm×50 cm)”项，显示如图 3-96 所示的对话框。输入图幅的名字、邻近图名、测量员、制图员、审核员，在左下角坐标的“东”“北”栏内输入相应的坐标，然后回车；或利用“拾取图标”功能在图上手动选择。在“删除图框外实体”前打勾则可删除图框外实体，此功能应按实际要求选择，例如此处选择打勾，选定后用鼠标单击“确定”即可。

因为 CASS11 系统所采用的坐标系统是测量坐标，即 1 ∶ 1 的真坐标，加入 50 cm×50 cm 图廓后的平面图，如图 3-97 所示。

图 3-96 输入图幅信息对话框

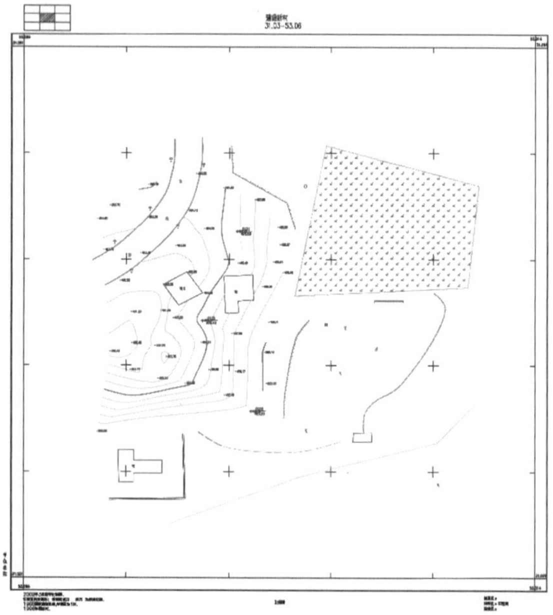

图 3-97 加入图廓的平面

拓展知识

CASS11 软件功能拓展介绍

1. 快捷命令

在利用南方测绘 CASS 软件进行内业绘图时，为了提高绘图效率，可以灵活运用鼠标点击绘图图标或在键盘输入快捷命令来进行绘图，CASS11 和 AutoCAD 系统常用的命令和快捷键见表 3-7，初学者可以通过熟记以下快捷键来提高自己的绘图效率。

表 3-7 CASS11 和 AutoCAD 系统常用快捷键

CASS11		AutoCAD 系统		
快捷键	作用	快捷键	CAD 命令	作用
DD	通用绘图命令	A	ARC	画弧
V	查看实体属性	C	CIRCLE	画圆

续上表

CASS11		AutoCAD 系统		
快捷键	作用	快捷键	CAD 命令	作用
S	加入实体属性	CP	COPY	复制
F	图形复制	E	ERASE	删除
RR	符号重新生成	L	LINE	画直线
H	线形换向	PL	PLINE	画复合线
KK	修改坎高	LA	LAYER	设置图层
X	多功能复合线	LT	LINETYPE	设置线形
B	自由连接	M	MOVE	移动
AA	给实体加地物名	P	PAN	屏幕移动
T	注记文字	Z	ZOOM	屏幕缩放
FF	绘制多点房屋	R	REDRAW	屏幕重画
SS	绘制四点房屋	PE	PEDIT	复合线编辑
W	绘制围墙			
K	绘制陡坎			
XP	绘制自然斜坡			
G	绘制高程点			
D	绘制电力线			
N	批量拟合复合线			
O	批量修改复合线高程			
REGEN	重新生成模型			

注：以上命令不区分大小写。

2. 图形数据拼接

采用数字的方式测绘地形图时，通常是按一定界线先将测区划分为若干个作业区，不同的小组同时作业、数据采集并绘制完成后，再将所有数据拼接在一起，这里 CASS 软件可提供比较方便的拼接方法。

(1)运行南方测绘 CASS11 地形地籍软件，先打开其中一个区域的地形图，然后点击“工具/插入图块”菜单，如图 3-98 所示。

(2)在弹出的对话框中点击左上角浏览按钮，如图 3-99 所示。

(3)在弹出的“选择图形文件”对话框中选择另一小组绘制的地形图，单击“打开”按钮，如图 3-100 所示。

(4)在图 3-99 所示的对话框中设置好路径类型、插入点、缩放比例等选项后单击“确定”按钮，也可以保持默认设置，直接点击“确定”按钮，最终两个小组绘制的图形就按照实际的坐标拼接到了一起，如图 3-101 所示。

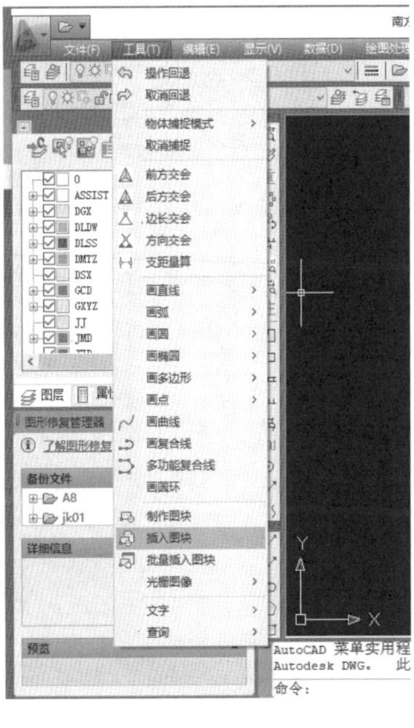

图 3-98　“工具/插入图块”菜单

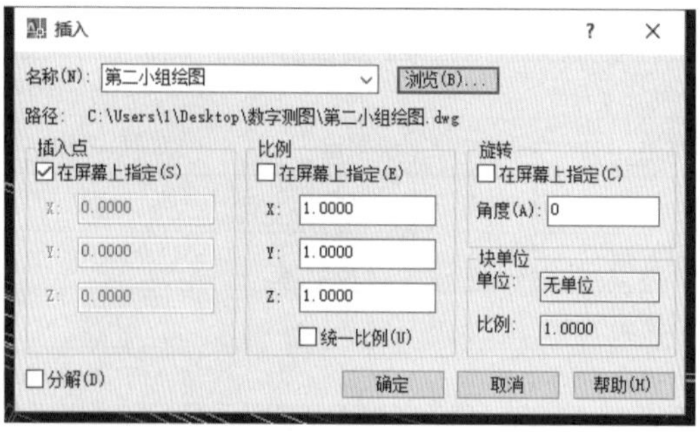

图 3-99　设置路径类型、插入点、缩放比例等

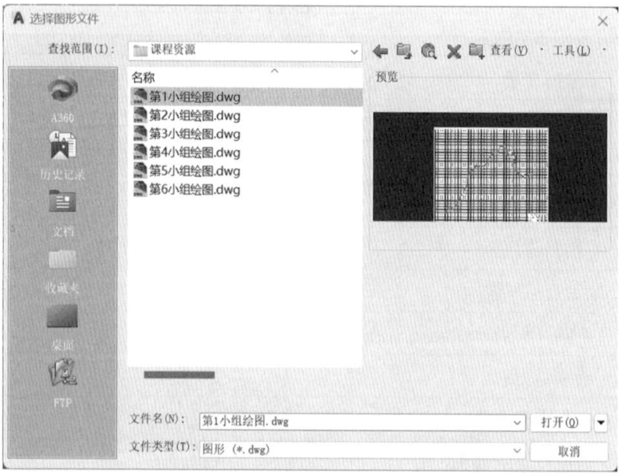

图 3-100　“选择图形文件”对话框

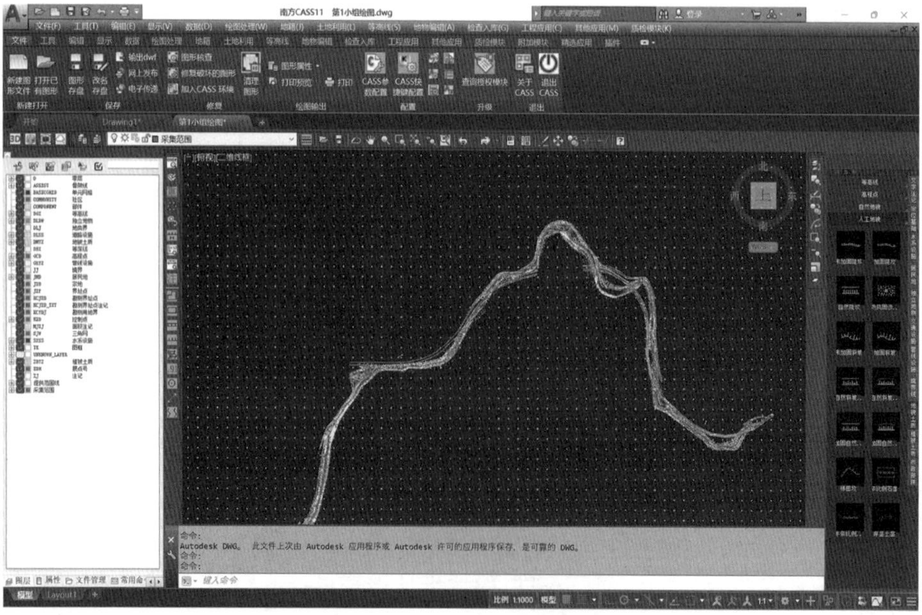

图 3-101　拼接好的图形

如果同时有多幅图需要拼接，也可以选择工具里的“批量插入图块”命令进行图形拼接，这里就不再赘述。

3. CASS11 绘图输出

在图形绘制完成以后，我们经常需要将地形图输出打印或者存储成图片格式，这里我们以导出 PDF 格式文件为例进行说明。

(1)将要导出 PDF 的地形图在 CASS11 中打开后，点击“文件”，在下拉菜单中选择“绘图输出”，在弹出的下级菜单中点击“打印”，如图 3-102 所示。

图 3-102　“打印”命令

(2)在弹出的“打印-Model”对话框中，在“打印机/绘图仪/名称”下拉选项中选择“DWG To PDF. pc3”，未找到图纸尺寸，单击默认即可，如图 3-103 所示。

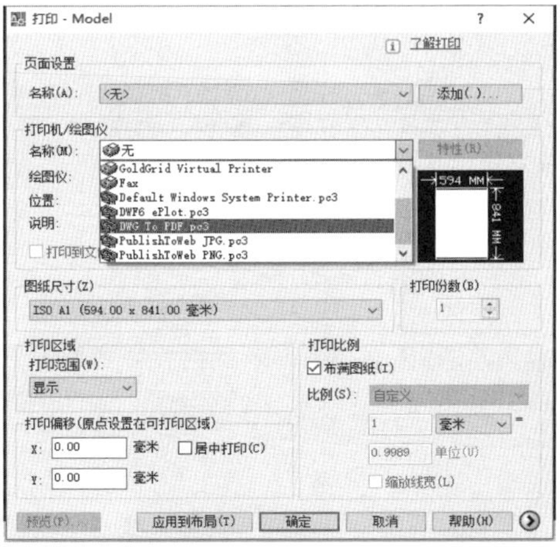

图 3-103　选择输出为 DWG To PDF

(3)点击打印机特性,弹出“绘图仪配置编辑器”对话框。在“设备和文档设置”标签页选择“自定义图纸尺寸”,单击“添加”按钮,如图 3-104 所示。

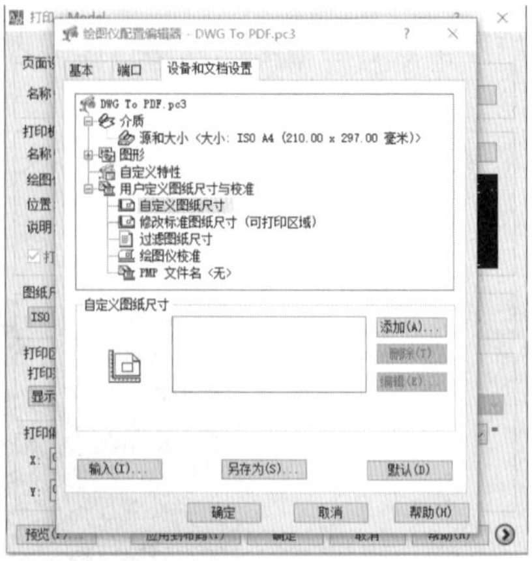

图 3-104　添加自定义图纸尺寸

(4)弹出“自定义图纸尺寸”对话框,选择“创建新图纸”,点击“下一步”,如图 3-105 所示。

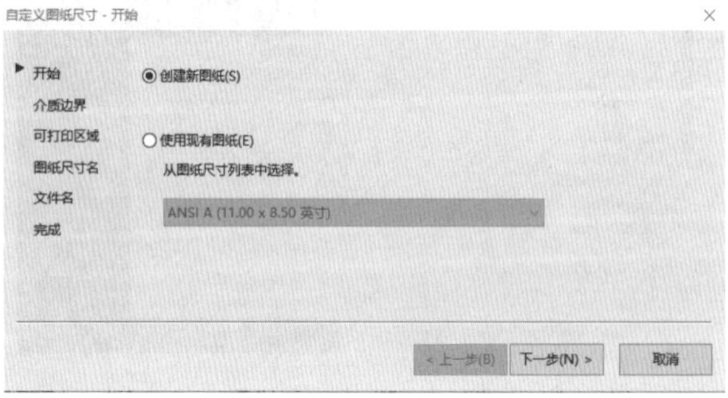

图 3-105　创建新图纸

(5)在“自定义图纸尺寸—介质边界”中,宽度和高度应根据图形尺寸填写,然后始终选择“下一步”即可,如图 3-106 所示。

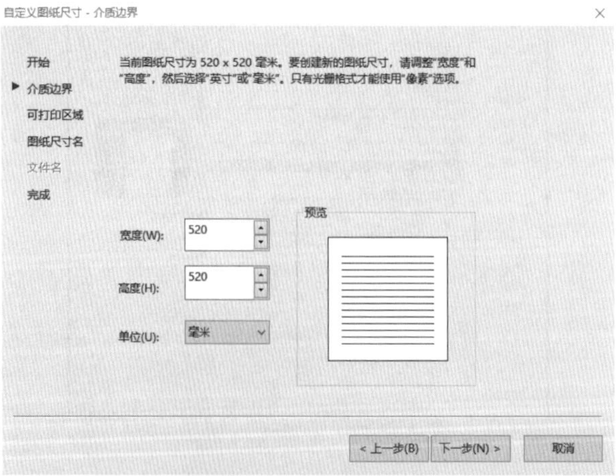

图 3-106　设置图纸尺寸

(6)回到“绘图仪配置编辑器”对话框,选择“确定”。返回“打印-Model”对话框,在图纸尺寸中,选择设置好的图纸尺寸,如图 3-107 所示。

(7)点击预览,可见即使图纸放大后元素也不应变模糊。点击“确定”,将图纸导出为图片。

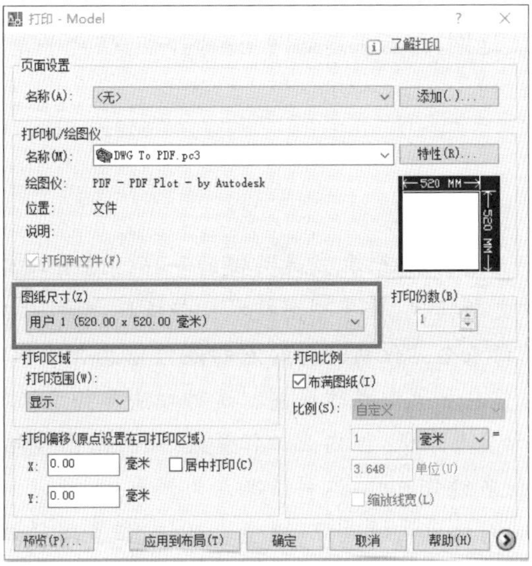

图 3-107　选择自定义图纸尺寸

相关规范、规程与标准

1.《国家基本比例尺地图图式　第 1 部分:1∶500、1∶1 000、1∶2 000 地形图图式》(GB/T 20257.1—2017);

2.《1∶500 1∶1 000 1∶2 000 外业数字测图规程》(GB/T 14912—2017);

3.《工程测量标准》(GB 50026—2020)。

思政小故事

军委测绘局的基础测绘工作

1950 年 2 月,毛泽东主席批准成立人民革命军事委员会作战部测绘局,以统一领导中华人民共和国的军事测绘工作。1951 年春,测量大队组织技术人员,进行全国天文大地网的整体规划和技术设计。1952 年,大地测量队计划从华北平原向东向南开展天文大地测量工作。由于大平原上树多,要在四五十公里的范围内选出合适点位并保证各点间互相通视,困难重重。而那时没有现代化设备及交通工具,测量员只能用最原始的办法作业,要亲身到各设计的点位附近,架高梯、竖高旗作为目标,在 40 km 左右的距离位置上,用望远镜实地观察、确定各点间所需的高度。当时,各测量组的选点、造标,以及观测工作,几乎全是靠牛车、马车、架子车,甚至是人挑肩扛搬家迁站。尽管工作艰苦劳累,但测量队员以苦为乐,工作起来认真负责、一丝不苟。

从 20 世纪 50 年代到 20 世纪 70 年代中期，测绘人员建立了全国统一的 1954 年北京坐标系、1956 年黄海高程系和地心坐标系，参与制订了全国基础测绘规划，承担了半数以上的全国性基础测绘任务，完成了东北、华北、西北“三北”地区 1∶5 万基本比例尺测图。从 1953 年起，测绘人员用 10 年的时间进行了我国天文大地网和水准网布测与平差，之后利用 GNSS 定位系统，布测我国三维空间大地网，并着手地面网与空间网的联合平差，使国家大地控制网的规模和精度，跃上了一个新台阶。

项目小结

野外数据采集是数字测图的基础，也是最关键的一环。随着计算机技术在测量中应用的迅速发展以及测绘仪器的更新换代，数字测图技术日趋成熟，野外数据采集方法多种多样。

草图法由绘图员现场记录全站仪所测得的点的连接信息并绘出草图，再到室内根据全站仪或电子手簿记录的点位信息和草图整理成图。这种方法弥补了编码的不足，观测效率较高、外业观测时间较短、硬件配置要求低，但内业工作量大，而且每个镜站需配一名绘图员，容易造成人力的浪费，特别是进行多镜作业时，这种情况尤为严重。

GNSS-RTK 法测量时测站间无须通视，测量速度快，但多路径效应、电磁波干扰、高大建筑物对接收机视野的限制较大，在高楼林立的城市或在森林茂密的山区等卫星信号很弱，难以观测。

内业软件成图部分重点介绍 CASS 软件的草图法成图，包括数据传输、地物编辑、等高线绘制与编辑以及图形编辑修改等方法。

随着当代高新技术在测绘领域的不断渗透，测绘仪器也不断有新产品问世。如近年来无反射镜全站仪的测程和精度有所提高，GNSS 接收机和全站仪相结合的新型全站仪的问世，以至能够自动照准天然目标的新一代测量机器人的设计思想的成熟，所有这些必将使野外数据采集的方法将越来越多样、越来越完善。但无论如何，测量人员应根据自身的实际情况选择最适合自己的作业模式，以节省测绘产品成本、提高工作效率、增强测绘市场的竞争力。

复习思考题

1. 简述数据采集的绘图信息类型及内涵。
2. 论述数据采集过程中所要采集的绘图信息。
3. 简述数字测图的主要作业过程及数据采集方法。
4. 使用索佳 SET 系列全站仪采集数据的一般操作步骤。
5. 地面数字测图外业采集数据包括哪些内容?
6. 简述采用 CASS11 测图软件，完成全站仪向计算机传输数据的操作过程。
7. 数据无法传输的原因主要有哪些?
8. CASS 软件草图法的操作过程是什么?
9. 定显示区的作用是什么?
10. 等高线自动绘制通常采用哪两种方法? 在大比例尺数字测图中常采用哪种方法? 为什么?

11. 简述由离散数据点建立三角形网的基本过程。

12. 试述按三角网法自动绘制等高线的步骤。

13. 与传统测绘地形图的方法相比数字测图的优点表现在哪些方面?

项目 4　编码法测图

项目描述

野外数据采集仅仅采集碎部点的位置(点的坐标信息)是不能满足计算机自动成图要求的,还必须将地物点的连接关系和地物信息(地物类别)记录下来。通常是用按一定规则构成的符号串来表示地物属性和连接关系等信息,这种有一定规则的符号串称为数据编码。数据编码的基本内容包括:地物要素编码(或称地物特征码、地物属性码、地物代码)、连接关系码(或连接点号、连接序号、连接线形)、面状地物填充码等。

由于国家标准地形要素分类与编码推出得比较晚,且记忆与使用不方便,目前的数字测图系统多采用以前各自设计的编码方案,其中简编码就是比较实用易行的方案。简编码是在野外作业时仅输入简单的提示性编码,经内业简码识别后,自动转换为程序内部码。南方测绘CASS测图系统的有码作业模式,是一个有代表性的简码输入方案。

学习目标

1. 知识目标
(1)掌握简码与信息码的对应表关系;
(2)掌握野外操作码的定义方法;
(3)掌握外业采集作业步骤;
(4)掌握编码引导法作业流程;
(5)掌握简码法作业流程。
2. 能力目标
(1)能利用编码法采集外业数据;
(2)能利用编码法进行内业成图。
3. 素质目标
(1)具有团队协作和自主创新意识;
(2)具有严谨求实的工作作风;
(3)具有诚实守信和爱岗敬业的职业道德。

任务 4.1　数据编码简介

4.1.1　任务目标

全野外数字化作业流程可以概括为:外业数据采集→数据通信→数据预处理→数据录入→编辑成图;其中外业采集和数据预处理是相辅相成的,也是全野外数字化作业中比较关键的工序。当地物比较规整时，可以采用编码法模式，在测量现场可输入编码，室内自动成图。通过本任务，以南方测绘 CASS 软件为技术载体，掌握数字测图工作中的数据编码规则。

4.1.2　相关配套知识

1. 简码与信息码的对应关系

CASS 软件的野外操作码由描述实体属性的野外地物码和一些描述连接关系的野外连接码组成。CASS 软件系统预先定义了一个 JCODE. DEF 文件，该文件用来描述野外操作码与 CASS 软件内部编码的对应关系，用户可以通过编辑 JCODE. DEF 文件以满足自己的需要，但要注意不能重复。文件格式如下。

```
野外操作码,CASS 编码
    ……
    END
```

对于 CASS 软件，JCODE. DEF 文件部分内容如下：

```
DX,131500……………………导线点
CP,131800……………………支点
F ,141101 ……………………房角点
W ,144301……………………围墙点
PP,151600……………………盐井点
R ,164300……………………道路点
S ,181101……………………水涯线
GC,202101……………………高程点
J ,216100……………………地类界
H ,215400……………………花圃线
⋮
END
```

视频

编码法测图基本知识

以上文件中左边为简码（具有很大的随意性）、右边为信息码，这部分对应关系应完全符合系统要求。对于其他测图软件，对应表文件名不同，但是操作方法一样。

2. 野外操作码的定义规则

(1)野外操作码的定义

①野外操作码有 1—3 位，第一位是英文字母，大小写等价，后面是范围为 0～99 的数字，无意义的 0 可以省略，例如，A 和 A00 等价、F1 和 F01 等价。

②野外操作码后面可跟参数，如野外操作码不到 3 位，与参数间应有连接符“－”；如有 3 位，后面可紧跟参数，参数有控制点的点名、房屋的层数、陡坎的坎高等。

③野外操作码第一个字母不能是“P”，该字母只代表平行信息。

④Y0、Y1、Y2 三个野外操作码固定表示圆，以便和老版本兼容。

⑤可旋转独立地物要测两个点以便确定旋转角。

⑥野外操作码如以“U”“Q”“B”开头，将被认为是拟合的，所以如果某地物有的拟合，有的不拟合，就需要两种野外操作码。

⑦房屋类和填充类地物将自动被认为是闭合的。

⑧房屋类和符号定义文件第 14 类别地物如只测三个点，系统会自动给出第四个点。

⑨对于查不到 CASS 编码的地物以及没有测够点数的地物，如只测一个点，自动绘图时不做处理，如测两点以上则按线性地物处理。

地物符号代码主要分为线面状地物符号代码、点状地物符号代码、描述连接关系的符号。线面状地物符号代码见表 4-1，点状地物符号代码见表 4-2，描述连接关系的符号见表 4-3。

表 4-1　线面状地物符号代码表

坎类(曲)：K(U)＋数(0—未加固陡坎，1—加固陡坎，2—未加固斜坡，3—加固斜坡，4—半依比例尺石垄，5—实质的陡崖，6—双线干沟)
线类(曲)：X(Q)＋数(0—县道乡道村道，1—内部道路，2—小路，3—机耕路虚线边，4—建筑中公路，5—地类界，6—乡、镇界，7—县、县级市界，8—地区、地级市界，9—省界线)
垣栅类：W＋数(0，1—宽为 0.5 m 的围墙，2—栅栏，3—铁丝网，4—篱笆，5—活树篱笆，6—不依比例围墙，不拟合，7—不依比例围墙，拟合)
铁路类：T＋数[0—标准铁路(大比例尺)，1—标(小)，2—窄轨铁路(大)，3—窄(小)，4—轻轨铁路(大)，5—轻(小)，6—缆车道(大)，7—缆车道(小)，8—架空索道，9—过河电缆]
电力线类：D＋数(0—电线塔，1—高压线，2—低压线，3—通信线)
房屋类：F＋数 (0—一般房屋，1—普通房，2—多点混凝土房屋，3—建筑中房，4—破坏房，5—棚房，6—简单房)
管线类：G＋数[0—架空(大)，1—架空(小)，2—地面上的，3—地下的，4—有管堤的]
植被土质： 拟合边界：B—数(0—旱地，1—水稻，2—菜地，3—天然草地，4—有林地，5—行树，6—狭长灌木林，7—盐碱地，8—沙地，9—花圃) 不拟合边界：H—数(0—旱地，1—水稻，2—菜地，3—天然草地，4—有林地，5—行树，6—狭长灌木林，7—盐碱地，8—沙地，9—花圃)
圆形物：Y＋数(0—半径，1—直径两端点，2—圆周三点)
平行体：P＋[X(0－9)，Q(0－9)，K(0－6)，U(0－6)…]
控制点：C＋数(0—图根点，1—埋石图根点，2—导线点，3—小三角点，4—三角点，5—土堆上的三角点，6—土堆上的小三角点，7—天文点，8—水准点，9—界址点)

例如：K0——直线形的陡坎，U0——曲线形的陡坎，W1——土围墙，T0——标准铁路(大比例尺)，Y012.5——以该点为圆心、半径为 12.5 m 的圆。

表 4-2　点状地物符号代码表

符号类别	编码及符号名称				
水系设施	A00 水文站	A01 停泊场	A02 航行灯塔	A03 航行灯桩	A04 航行灯船
	A05 左航行浮标	A06 右航行浮标	A07 系船浮筒	A08 急 流	A09 过江管线标
	A10 信号标	A11 露出的沉船	A12 淹没的沉船	A13 泉	A14 水井

续上表

符号类别	编码及符号名称				
土质	A15 石堆	—	—	—	—
居民地	A16 学校	A17 肥气池	A18 卫生所	A19 地上窑洞	A20 电视发射塔
	A21 地下窑洞	A22 窑	A23 蒙古包	—	—
管线设施	A24 上水检修井	A25 下水雨水检修井	A26 圆形污水蓖子	A27 下水暗井	A28 煤气天然气检修井
	A29 热力检修井	A30 电信入孔	A31 电信手孔	A32 电力检修井	A33 工业、石油检修井
	A34 液体气体储存设备	A35 不明用途检修井	A36 消火栓	A37 阀门	A38 水龙头
	A39 长形污水蓖子	—	—	—	—
电力设施	A40 变电室	A41 无线电杆、塔	A42 电杆	—	—
军事设施	A43 旧碉堡	A44 雷达站	—	—	—
道路设施	A45 里程碑	A46 坡度表	A47 路标	A48 汽车站	A49 臂板信号机
独立树	A50 阔叶独立树	A51 针叶独立树	A52 果树独立树	A53 椰子独立树	—
工矿设施	A54 烟囱	A55 露天设备	A56 地磅	A57 起重机	A58 探井
	A59 钻孔	A60 石油、天然气井	A61 盐井	A62 废弃的小矿井	A63 废弃的平峒洞口
	A64 废弃的竖井井口	A65 开采的小矿井	A66 开采的平峒洞口	A67 开采的竖井井口	—
公共设施	A68 加油站	A69 气象站	A70 路灯	A71 照射灯	A72 喷水池
	A73 垃圾台	A74 旗杆	A75 亭	A76 岗亭、岗楼	A77 钟楼、鼓楼、城楼
	A78 水塔	A79 水塔烟囱	A80 环保监测点	A81 粮仓	A82 风车
	A83 水磨房、水车	A84 避雷针	A85 抽水机站	A86 地下建筑物天窗	—
宗教设施	A87 纪念像碑	A88 碑、柱、墩	A89 塑像	A90 庙宇	A91 土地庙
	A92 教堂	A93 清真寺	A94 敖包、经堆	A95 宝塔、经塔	A96 假石山
	A97 塔形建筑物	A98 独立坟	A99 坟地	—	—

表 4-3　描述连接关系的符号含义

符　号	含　义
＋	本点与上一点相连，连线按测点顺序进行
－	本点与下一点相连，连线按测点顺序相反方向进行
n^{+}	本点与上 n 点相连，连线按测点顺序进行
n^{-}	本点与下 n 点相连，连线按测点顺序相反方向进行
p	本点与上一点所在地物平行
np	本点与上 n 点所在地物平行
＋A＄	断点标识符，本点与上点连
－A＄	断点标识符，本点与下点连

“＋”“－”符号的意义：“＋”“－”表示连线方向。

(2)操作码的具体构成

①对于地物的第一点，操作码＝地物代码。图 4-1 中的 1、5 两点(点号表示测点顺序，括号中为该测点的编码，下同)。

②连续观测某一地物时，操作码为“＋”或“－”；其中“＋”号表示连线依测点顺序进行；“－”号表示连线依测点顺序相反的方向进行，如图 4-2 所示。在 CASS 软件中，连线顺序将决定类似于坎类的齿牙线的画向，齿牙线及其他类似标记总是画向连线方向的左边，因而改变连线方向就可改变其画向。

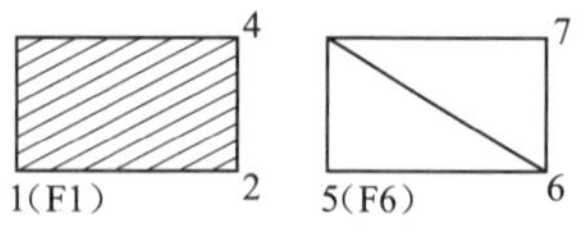

图 4-1　地物起点的操作码

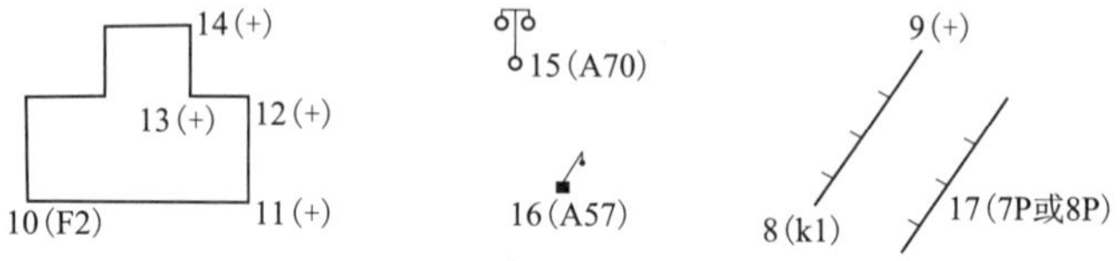

图 4-2　连续观测点的操作码

③交叉观测不同地物时，操作码为“n＋”或“n－”；其中“＋”“－”号的意义同上，n 表示该点应与以上 n 个点前面的点相连(n＝当前点号－连接点号－1，即跳点数)，还可用“＋A＄”或“－A＄”标识断点，A＄是任意助记字符，当一对 A＄断点出现后，可重复使用 A＄字符，如图 4-3 所示。

④观测平行体时，操作码为“p”或“np”。其中，“p”的含义为通过该点所画的符号应与上点所在地物的符号平行且同类，“np”的含义为通过该点所画的符号应与以上跳过 n 个点后的点所在的符号画平行体，对于带齿牙线的坎类符号，将会自动识别出其为堤还是沟。若上点或跳过 n 个点后的点所在的符号不为坎类或线类，系统将会自动搜索已测过的坎类或线类符号的点。因而，用于绘平行体的点，可在平行体的一边未测完时测对面点，亦可在测完后接着测对面的点，还可在加测其他地物点之后，测平行体的对面点，如图 4-4 所示。

视频

编码法外业测量

(3)简编码记录作业技巧

①快捷码设置不宜过长，越短越好，最好是一位。

②司镜员与观测员灵活配合，简码变换越少越好。

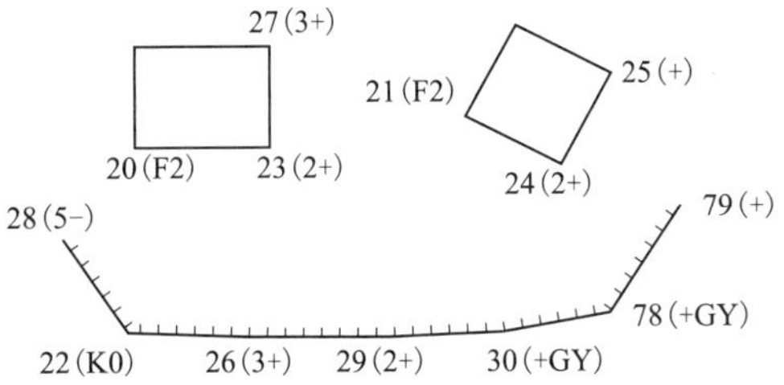

图 4-3　交叉观测点的操作码

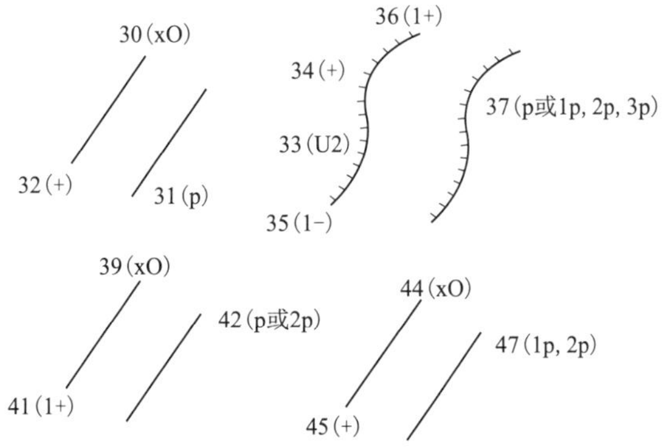

图 4-4　平行体观测点的操作码

③若有重合点应尽量利用重合码。

④若能够记住地物顺序应尽量利用隔物跳点码。

⑤考虑设置一个本测区没有的地物(如盐井)作万能码。

⑥灵活结合成图软件编辑功能,多打关键点、不作无用功。

(4)简编码记录实例

图 4-5 是一块比较规整的地物区域,按上述规则进行编写 CASS 软件的简编码,编写结果见表 4-4。

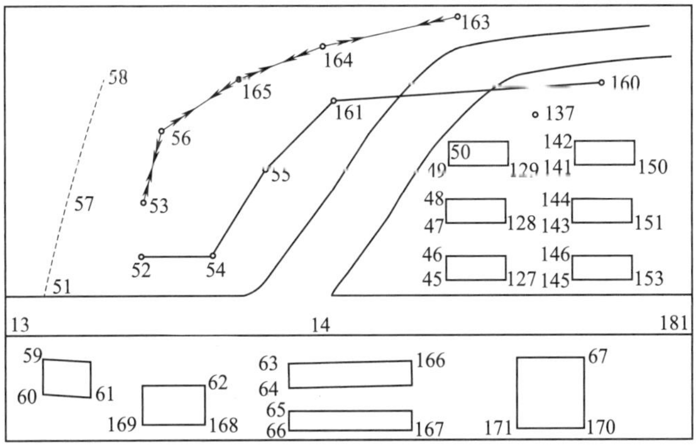

图 4-5　地物草图情况

表 4-4　图 4-5 草图的简码

1	F2	14	F2	27	F2	40	7−
2	+	15	+	28	+	41	5−
3	A70	16	F2	29	11+	42	3−
4	K0	17	+	30	20−	43	12−
5	F2	18	9+	31	8−	44	−
6	+	19	A26	32	F2	45	A70
7	F2	20	A26	33	+	46	X0
8	+	21	9−	34	8−	47	D3

续上表

9	4—	22	F2	35	F2	48	1+
10	8—	23	+	36	+	49	1+
11	F2	24	9—	37	9—	50	1+
12	+	25	F2	38	F2	51	1+
13	7—	26	+	39	+	52	1P

3.外业采集作业步骤

①首先设站后瞄准零方向定向。

②建立采集数据文件：如 J0101. SDR（索佳仪器文件），第一位表示观测员的姓；第二、三位表示观测月份；第四、五位表示观测文件序号。

③观测碎部点获取其三维坐标。

④输入该点的简码信息：如图根支点用“CP”表示；房角点用“F”表示；高程点用“GC”表示；连线符号用“一”表示；等等。

⑤存入该点的三维坐标。

⑥观测结束后保存文件、退出。

⑦重复以上步骤。

拓展知识

简编码数据预处理

外业采集的观测数据经过数据通信后传入到计算机内，所得的文件内容因仪器的不同而排列顺序有所差异，但是都如索佳全站仪文件 J0101. SDR 一样，由标识码、点序号、*X* 坐标、*Y* 坐标、*H* 高程、简码组成。数据预处理的目的就是对观测数据进行重新整理，使其能够被成图软件所接受，达到自动化成图的目的。

数据预处理步骤：

①首先分析外业采集的数据格式，找出空间数据和属性数据信息所在位置，用 VB 或 VC 等编程语言编写预处理程序，该程序主要功能就是提取空间数据和属性数据信息，整理出可导入成图软件的 DAT 文件。数据预处理程序内容此处不再详述。

②编辑观测数据，改正外业过程中因用错的简码和高程等导致的人为失误。

③调用预处理程序处理观测数据文件。

④经数据预处理后的索佳文件 J0101. SDR 转化为 J0101. DAT，以下对其进行简略分析。

J0101. SDR 的数据格式如下：

标识码	点序号	*X* 坐标	*Y* 坐标	*H* 高程	简码
08TP	00000001	538 774. 750	420 175. 930	101. 011	F
08TP	00000002	538 779. 180	420 182. 050	999. 000	—
08TP	00000003	538 770. 100	420 196. 130	999. 000	—
08TP	00000004	538 763. 270	420 193. 900	102. 121	GC
08TP	00000005	538 760. 160	420 210. 470	110. 231	1—

08TP	00000006	538 750.260	420 212.010	102.142	R
08TP	00000007	538 743.890	420 219.630	999.000	—
08TP	00000008	538 750.460	420 222.720	999.000	—
08TP	00000009	538 736.180	420 238.610	103.045	F-W

J0101.DAT 的数据格式如下：

1,F,420 175.930,538 774.750,101.011

2,—,420 182.050,538 779.180,999.000

3,—,420 196.130,538 770.100,999.000

5,1—,420 210.470,538 760.160,110.231

4,GC,420 193.900,538 763.270,102.121

6,R,420 212.010,538 750.260,102.142

7,—,420 219.630,538 743.890,999.000

8,—,420 222.720,538 750.460,999.000

9,F,420 238.610,538 736.180,103.450

9,W,420 238.610,538 736.180,103.450

很显然,J0101.DAT 相比于 J0101.SET 有如下特点：

①所有的空间数据和属性数据都提取出来了,但是数据格式已经做了调整。

②总点数由 9 个变为 10 个,因为用了重合码 F-W,原 9 号点拆分为 2 个点。

③5 号点跳跃到 4 号点前面,因为该点用了跳码“1—”。

④该文件可以直接导入成图软件 CASS。

任务 4.2　编码法测图

4.2.1　任务目标

编码法即利用成图系统的地形地物编码方案,在野外测图时不用画草图,只需将每一点的编码和相邻点的连接关系直接输入到全站仪或电子记录手簿中去,内业成图时利用计算机成图系统,自动根据点的编码和连接信息进行图形生成,也称为全要素编码法。通过本任务,掌握编码法测图的作业流程。

4.2.2　相关配套知识

编码法测图主要有两种模式:一种是在采集数据的同时输入简编码,用“简码识别”成图;另外一种是在采集数据时未输入简编码,编辑引导文件(*.YD),用“编码引导”成图。编码引导的作用是将“引导文件”与“无码的坐标数据文件”合并成一个新的带简编码格式的坐标数据文件。目前无论是全站仪还是 GNSS 手薄均自带内存,可以在采集数据时进行代码编辑和保存,所以常采用第一种模式。

该方法的缺点是内外业工作量分配不合理、外业编码工作量大,点位关系复杂时,容易输入错误编码。编码法突出的优点是自动化程度较高、内业工作量相对较少,符合测量作业自动化的大趋势;但这种作业模式要求观测员熟悉编码,并在测站上随观测随输入。另外,当司镜员离测站较远时,观测者很难看清地物属性和连接关系,这就要求观测员与司镜员密切配合,相互交流反馈有关信息;其作业流程如下：

设站→观测输入编码→将数据输入计算机→格式转换和编码识别→自动绘图→编辑修改→图幅整饰→图形输出。

1.编码引导法作业流程

编码引导方式也称为“编码引导文件＋无码坐标数据文件自动绘图方式”。

(1)编辑引导文件

移动鼠标至绘图屏幕的顶部菜单,选择“编辑”的“编辑文本文件”项,该处以高亮度(深蓝)显示,按左键,屏幕命令区出现如图4-6所示的对话框。

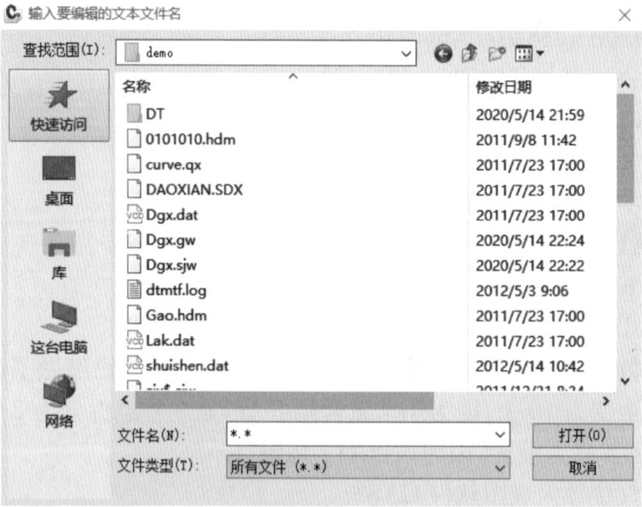

图4-6　编辑文本对话框

以C:\CASS11\DEMO\WMSJ.YD为例。

屏幕上将弹出记事本,这时根据野外作业草图,参考地物代码以及文件格式,编辑好此文件。编码文件编辑需要注意以下几点:

①每一行表示一个地物。

②每一行的第一项为地物的“地物代码”,以后各数据为构成该地物的各测点的点号(按连接顺序排列)。

③同行的数据之间用逗号分隔。

④表示地物代码的字母要大写。

⑤用户可根据自己的需要定制野外操作简码,通过更改C:\CASS11\SYSTEM\JCODE.DEF文件即可实现。

(2)定显示区

此步操作与点号定位法作业流程的“定显示区”的操作相同。

(3)编码引导

编码引导的作用是将“引导文件”与“无码的坐标数据文件”合并生成一个新的带简编码格式的坐标数据文件。这个新的带简编码格式的坐标数据文件在下一步“简码识别”操作时将要用到。

移动鼠标至绘图屏幕的最上方,选择“绘图处理”项,移动鼠标将光标移至“编码引导”项,选择该项,即出现如图4-7所示的对话框。输入编码引导文件名C:\CASS11\DEMO\WMSJ.YD,或通过WINDOWS窗口操作找到此文件,选择“确定”按钮。

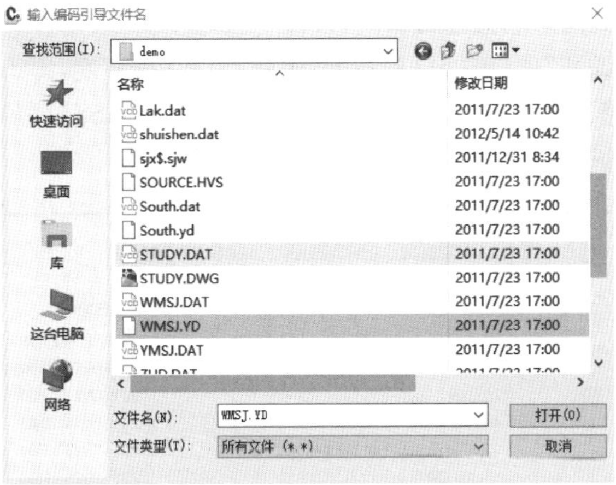

图 4-7　输入编码引导文件

接着，屏幕出现图 4-8 所示的对话框。要求输入坐标数据文件名，此时输入 C:\CASS11\DEMO\WMSJ. DAT。

这时，屏幕按照这两个文件自动生成图形，如图 4-9 所示。

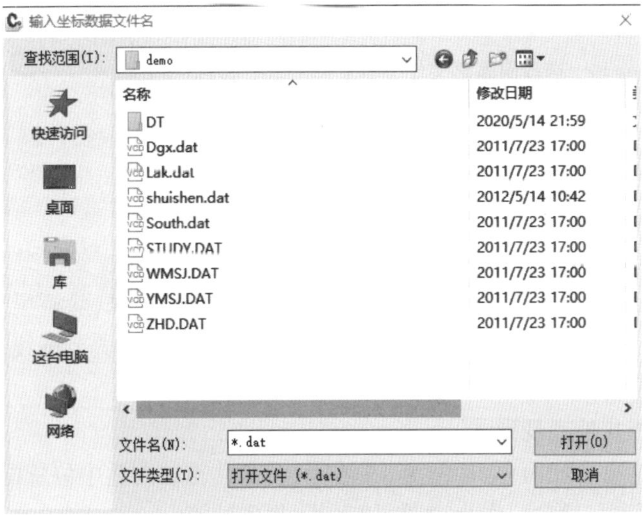

图 4-8　输入坐标数据文件

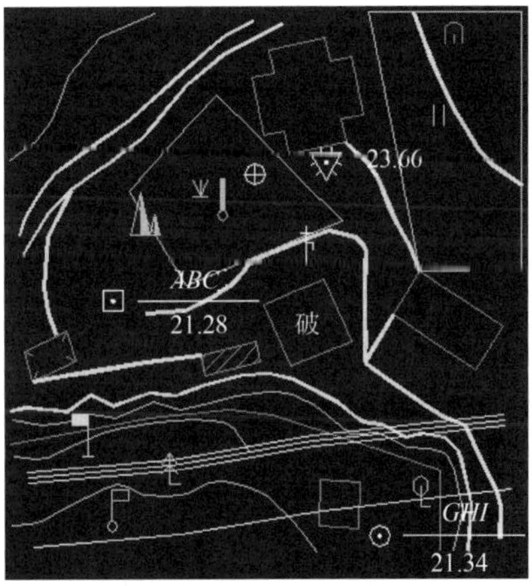

图 4-9　系统自动绘出图形

2. 简码识别法作业流程

此种工作方式也称作“带简编码格式的坐标数据文件自动绘图方式”，与草图法在野外测量时不同的是，每测一个地物点时都要在电子手簿或全站仪上输入地物点的简编码，简编码一般由一位字母和一或两位数字组成，用户可根据自己的需要通过 JCODE. DEF 文件定制野外操作简码。

(1)定显示区

此步操作与草图法中“测点点号”定位绘图方式作业流程的“定显示区”操作相同。

(2)简码识别

简码识别的作用是将带简编码格式的坐标数据文件转换成计算机能识别的程序内部码(又称绘图码)。

移动鼠标至“绘图处理”项，按左键，即可出现下拉菜单。

移动鼠标至“简码识别”项，该处以高亮度(深蓝)显示，按左键，即出现如图 4-10 所示的对话框。输入带简编码格式的坐标数据文件名(此处以 C:\CASS11\DEMO\YMSJ. DAT 为例)，提示区显示“简码识别完毕！”，同时在屏幕绘出平面图形。

视 频

编码法内业绘图

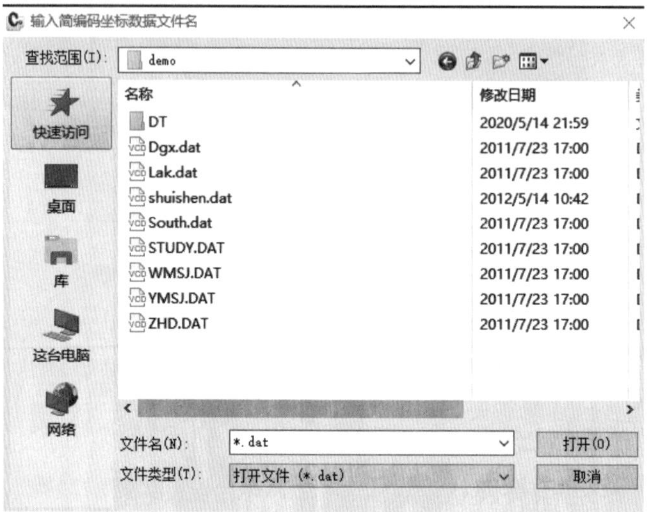

图 4-10　选择简编码文件

拓展知识

地形图符号使用方法与要求：

(1)图式中除特殊标注外，一般实线表示建筑物、构筑物的外轮廓与地面的交线(除桥梁、坝、水闸、架空管线外)，虚线表示地下部分或架空部分在地面上的投影，点线表示地类范围线、地物分界线。

(2)依比例尺表示的地物分为以下几种表现形式：

①地物轮廓依比例尺表示，在其轮廓内加面色，如河流、湖泊等；或在其轮廓内适中位置配置不依比例尺符号和说明注记(或说明注记简注)作为说明，如水井、收费站等。

②面状分布的同一性质地物，在其范围内按整列式、散列式或相应式配置说明性符号和注记，如果界线明显的用地类界表示其范围(如经济林地等)，界线不明显的不表示界线(如疏林地、盐碱地等)。

③相同地物毗连成群分布，其范围用地类界表示，在其范围内适中位置配置不依比例尺符号，如露天设备等。

(3)两地物相重叠或立体交叉时，按投影原则下层被上层遮盖的部分断开，上层保持完整。

(4)各种符号尺寸是按地形图内容为中等密度的图幅规定的。为了使地形图清晰易读，除允许符号交叉和结合表示外，各符号之间的间隔(包括轮廓线与所配置的不依比例尺符号之间的间隔)一般不应小于 0. 3 mm。如果某些地区地物的密度过大，图上不能容纳时，允许将符号的尺寸略为缩小(缩小率不大于 0. 8)或移动次要地物符号。双线表示的线状地物，其符号相距很近时，可采用共线表示。

(5)实地上有些建筑物、构筑物,图式中未规定符号,又不便归类表示时,可表示出该物体的轮廓图形或范围,并加注说明。地物轮廓图形线用 0.15 mm 的实线表示,地物分布范围线、地类界线用地类界符号表示。

(6)本图式中土质和植被符号栏中,以点线框者,指示应以地类界符号表示实地范围线;以实线框者,指示不表示范围线,只在范围内配置符号。

(7)符号旁的宽度、深度、比高等数字注记,一般标注至 0.1 m。各种数字说明,除特别说明外,凡为"大于"者含数字本身(如大于 3 m,含 3 m),"小于"者不含数字本身。各种符号等级说明中的"以上"和"以下",其含意与上述相同。

思政小故事

神舟飞船的测绘保障工作

当我们在电视中听到"USB 雷达跟踪正常""遥射信号正常"等口令时,这些声音大概率来自神舟飞船的发射转播。这是地面观测人员根据安装在航天卫星遥感测控站上的光学和雷达跟踪设备,对飞行中的火箭姿态实时跟踪测量。这只是飞船发射时的测绘保障工作的一个环节之一。事实上,测绘保障工作贯穿了飞船从前期准备、发射、运行及返回的所有环节,助力中国航天事业。

在发射前,测绘人员需要对发射场及周边区域进行高精度地形测绘,获取详细的地形地貌数据,为发射场的选址、设计以及发射方案的制定提供基础资料,确保发射场的布局合理,保障发射设施的安全和发射任务的顺利进行。还会对发射场周边的山脉、河流、道路等地理要素进行精确测量和制图,为应急救援、疏散等工作提供地理信息支持。科技人员还要根据地球的重力场模型、大气模型等,结合神舟飞船的任务要求和轨道参数,利用高精度的测绘数据和复杂的数学模型,精确计算飞船的发射轨道、入轨点、在轨运行轨道以及返回轨道等,为飞船的发射和在轨运行提供精确的轨道预测和控制依据。

在发射及在轨运行阶段,科技人员利用陆海天基测控通信系统,对飞船进行实时的轨道测量,精确测定飞船在太空中的位置、速度和姿态等参数,实时掌握飞船的飞行状态。另外,在神舟飞船与空间站或其他目标飞行器进行交会对接过程中,测绘保障工作至关重要。如我国自主研发的交会对接微波雷达,能精确输出两个空间飞行器之间的距离、速度、角度等相对运动参数,可以完成目标飞行器的搜索、捕获、跟踪测量,为交会对接提供精确定位和测量支撑。

在飞船返回前,根据飞船的当前轨道、姿态、速度等参数,结合大气阻力、地球重力等因素,精确计算返回轨道,确定返回舱的着陆点范围,并实时更新和调整预测数据,为地面搜救队伍提供准确的着陆点信息。在确定预定着陆区域后,测绘人员要对着陆场进行详细的地形测绘和地理信息采集,为搜救工作的组织和实施提供基础数据。

当返回舱进入大气层后,地面搜索队伍会利用北斗卫星导航系统,结合前期的测绘数据和实时跟踪信息,及时对返回舱进行搜索和定位。

项目小结

本项目讲述了南方测绘 CASS 测图系统的编码作业模式,重点学习了简码与信息码的对应表关系；野外操作码的定义方法；外业采集作业步骤；简码法作业流程等。

复习思考题

1. 简述南方测绘 CASS 测图系统野外操作码的定义原则。
2. 简述利用编码法外业采集作业步骤。
3. 简述简码法作业流程。

项目5　无人机测图

项目描述

无人机测图主要依赖于无人机搭载的摄影测量遥感设备，如高分辨率相机、激光雷达(Lidar)、多光谱或高光谱传感器等，来获取地表或目标区域的图像和数据。通过飞行控制软件、GNSS定位装置和IMU惯性测量单元，无人机可以按照预设的航线和高度飞行，以确保航测数据的质量和飞行安全。无人机测图具有灵活性高、成本低、分辨率高和安全性高等优势，无人机测图可以快速部署各种地形和环境，受地形影响较小；成本较传统GNSS-RTK或全站仪数字测图显著降低；获取的影像分辨率可达到毫米级，以毫米级的分辨率还原实景三维模型；随着计算机视觉避障技术和GNSS-RTK高精度定位技术引入，无人机安全飞行性能显著提升。无人机测图在地形测绘、城市规划、农业监测、环境监测和灾害评估等领域应用非常广泛，显示出了其独特的优势。

常见的无人机测量平台分为固定翼无人机平台[图5-1(a)]和多旋翼无人机平台[图5-1(b)]。

(a) 固定翼无人机

(b) 多旋翼无人机

图5-1　无人机测量平台

学习目标

1. 知识目标

(1)理解无人机摄影测量基础知识；

(2)理解无人机基本飞行的控制方法；

(3)掌握无人机基本参数设置；

(4)掌握无人机航测参数设置；

(5)理解空中三角测量原理；

(6)掌握数字线划图(DLG)生产的作业流程；

(7)掌握数字线划图(DLG)产品的编辑方法。

2. 能力目标

(1)能利用软件或地面控制站对测区进行航线规划；

(2)能根据测区地形及地物分布特征进行像控点布设及观测；

(3)能使用商业软件进行空三加密及模型重建；

(4)能通过实景三维模型制作数字线划图(DLG)。

3. 素质目标

(1)具有团队协作意识；

(2)具有安全意识与自我保护能力；

(3)具有诚实守信、爱岗敬业的职业素养。

相关案例——城市实景三维地形图测绘

为完成某城市 1∶500 地形图测绘，面积约 50 km^2，地形起伏较小，基本平坦、建筑密集、高楼较多，传统人工测绘效率低且成本高。××院采用无人机航测技术，快速获取高精度城市三维模型，基于三维模型完成地形图绘制，为城市设计、规划和施工提供数据支持。

1. 技术方案和实施流程

(1)设备配置

无人机：大疆 M300 RTK。

传感器：禅思 P1 全画幅相机。

软件：大疆智图(数据处理)、南方测绘 CASS(地形图绘制)。

(2)外业航飞

航线规划：采用分块规划航线，主要分密集高楼住宅区和多层住宅区，航高设置 120～150 m，确保地面分辨率≤5 cm。

重叠度设置：密集高楼住宅区设置航向重叠度 85%、旁向重叠度 75%，应对高楼重叠度不够导致的拉花或扭曲等破损现象。多层住宅区设置航向重叠度 80%、旁向重叠度 70%。

控制点布设：在测区均匀布设 30 个 GNSS-RTK 像控点，精度±2 cm。

(3)数据采集

禅思 P1 全画幅相机倾斜摄影，尽可能拍摄建筑侧面，获取实景三维模型。

(4)内业处理

三维建模：使用大疆制图软件构建测区实景三维模型，利用南方测绘 CASS 软件绘制数字地形图。

2. 成果与应用

(1)高精度地形图

平面精度：±5 cm(满足 1∶500 地形图要求)。

高程精度：±10 cm(优于传统全站仪和 RTK 测量)。

输出成果：三维模型和数字地形图。

(2)效率对比

传统测绘：需 10 人团队耗时 2 个月，成本约 200 万元。

无人机航测：3 人团队 7 d 完成外业，10 d 完成内业，总成本 40 万元，效率提升 6 倍。

任务 5.1　无人机航线规划

5.1.1　任务目标

通过本任务，理解航摄分辨率、摄影航高和像片重叠度等概念。掌握地面分辨率与测图比例尺的关系，航高的计算公式，航向、旁向重叠度设置标准，完成仿地航线和环绕航线等航线规划。

5.1.2　相关配套知识

1. 航摄分辨率（比例尺）确定

摄影区域的地面分辨率（GSD）的确定主要取决于测图比例尺，根据《低空数字航摄与数据处理规范》（GB/T 39612—2020），测图比例尺和地面分辨率关系见表 5-1。

表 5-1　测图比例尺和地面分辨率关系

测图比例尺	地面分辨率/cm
1∶500	≤5
1∶1 000	≤10，宜采用 8
1∶2 000	≤20，宜采用 16

2. 摄影航高确定

摄影航高取决于地面分辨率（GSD）、相机焦距以及像元大小，其中地面分辨率由测图比例尺决定，而相机焦距和像元大小在相机出厂时已经确定或者经过专业机构鉴定获取，三者关系如图 5-2 所示。

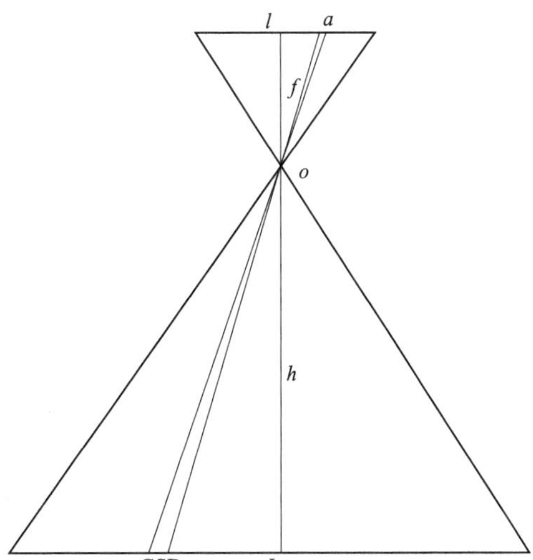

图 5-2　航高与地面分辨率关系

当测图比例尺和相机参数确定后，可根据式（5-1）计算摄影航高。

$$h=\frac{f\times \mathrm{GSD}}{a} \tag{5-1}$$

视频

无人机航测基础

式中　h——摄影航高(m)；

f——相机焦距(mm)；

a——像元大小(um)；

GSD——地面分辨率(cm)。

无人机按预定航高飞行，其差异一般不大于 5%，同一航线内各摄影站的航高差异不得大于 50 m。

3. 像片重叠度设置

像片重叠度包括航向和旁向重叠度。航向重叠度是指同一条航线上连续拍摄的相邻照片在航线上前后的重叠部分，如图 5-3(a)所示。通常用百分比表示，如 60%、70%、80%等。

(1)航向重叠度的主要作用

①确保在处理图像时，可以准确地匹配相邻照片上的同名特征点，从而提高三维重建的精度。

②在数据处理过程中，高航向重叠度有助于减少重建时的缝隙和错误。

③对于复杂地形或结构，高航向重叠度有助于提高模型的质量。

旁向重叠度是指相邻航线上的照片在水平方向上的重叠部分，如图 5-3(b)所示。

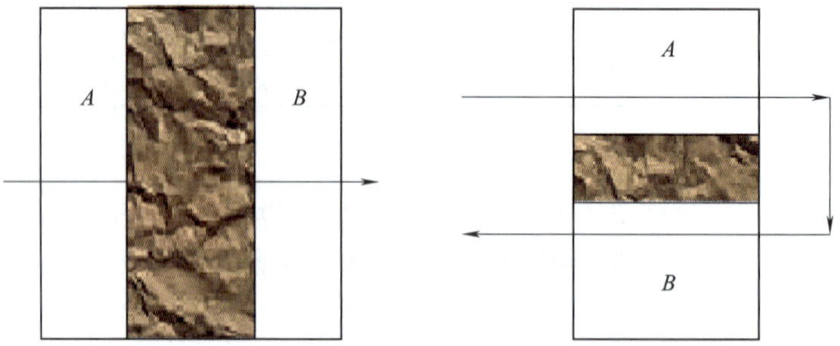

(a) 航向重叠度　　(b) 旁向重叠度

图 5-3　像片重叠度

(2)旁向重叠度的主要作用

①旁向重叠度保证了不同航线上的照片之间有足够的重叠区域，以便在处理时能够拼接成一个连续的完整覆盖区域。

②较高的旁向重叠度有助于减少在生成正射影像图时的拼接缝，提高影像图的整体质量。

在传统摄影测量学中，是将量测相机搭载在有飞行员驾驶的大型飞机上进行作业，由于大飞机稳定性高，受气流影响小，因此航向重叠度一般规定为不低于 60%，旁向重叠度一般规定为不低于 30%，获取的影像数据能满足精度要求。而使用无人机搭载测量专用相机，尽管还搭载了 GNSS 定位模块、IMU 惯性测量单元和三轴云台，但是由于无人机自身较轻，受气流影响摆动较大，姿态较差，导致按照航向重叠度 60%和旁向重叠度 30%获取的影像精度较差，无法提取重叠区域的特征点。解决这一困难的方法是增加航向和旁向重叠度。通过增加重叠度，增大重叠区域，增加可提取的特征点数进行特征点匹配，最终实现地表重建。具体重叠度设置主要取决于产品类型和地形高低起伏变化，三维模型相比数字正射影像要高，地形复杂区域相比平坦地区要高，具体见表 5-2。

表 5-2　重叠度与产品类型及航摄对象关系

航摄对象	数字正射影像	三维模型
平原	航向≥60%,旁向≥60%	航向≥70%,旁向≥70%
丘陵	航向≥70%,旁向≥60%	航向≥80%,旁向≥70%
山区	航向≥80%,旁向≥70%	航向≥80%,旁向≥75%
城市	航向≥80%,旁向≥70%	航向≥85%,旁向≥80%

当重叠度小于最小规定值时,称为航摄漏洞,必须补拍;重叠度过大时,照片数量增多,内业处理效率降低,影响工期,且增加作业成本,因此重叠度必须设置一个合理值。

视 频

无人机航空摄影

4. 航线规划

无人机航线是根据测区地形条件和执行任务环境,结合无人机的性能、续航时间、作业效率和作业区域形状等约束条件,规划一条或多条自出发点到目标点最优或次优航迹,保证无人机安全作业,完成飞行任务。

航线规划一般分为两步:一是飞行前预规划,根据既定任务,结合现场地形情况制订最优飞行线路;二是飞行过程中的重规划,主要针对飞行过程中遇到突发状况时局部重新规划飞行路线。在地形起伏变化较大测区,为确保地面分辨率满足要求,需规划仿地航线,即无人机相对地面高度保持不变,航线随地形高低起伏而变化如图 5-4(a)所示,在倾斜摄影测量中,为减少航摄照片数量,提高作业效率,节约成本,也可采用规划环绕航线,如图 5-4(b)所示。

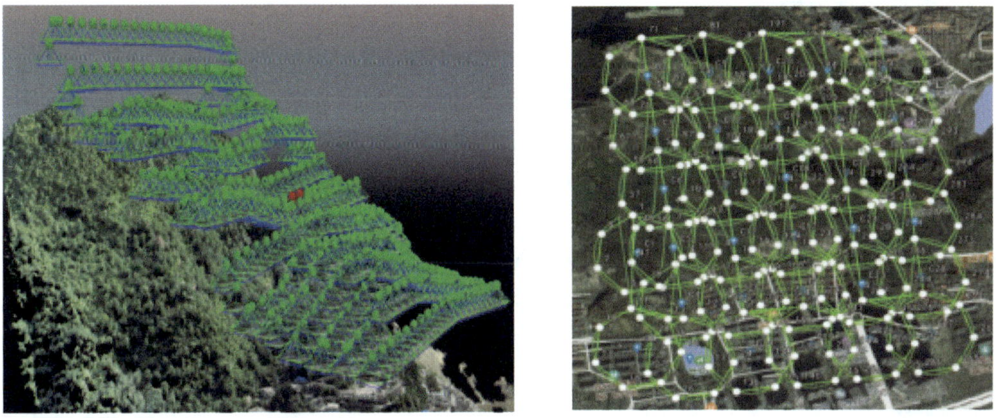

(a) 仿地航线　　(b) 环绕航线

图 5-4　航线规划

无人机航线规划要注意以下几点:

(1)飞行环境

执行任务时,遇到禁飞区、障碍物、险峻地形等复杂地理环境,飞行过程中应避开这些区域,并将这些区域在地图上标识为禁飞区域,提升无人机的工作效率。

(2)无人机自身限制

①最小转弯半径:无人机飞行转弯形成的弧度受到自身飞行性能限制,限制无人机在特定的转弯半径内转弯。

②最大俯仰角:限制航迹在垂直平面内上升和下滑的最大角度。

③最小航迹段长度：限制无人机在改变飞行姿态前必须直飞的最短距离。

④最低安全飞行高度：限制通过任务区域最低飞行高度。

(3)飞行任务要求

无人机飞行任务主要包括到达时间和目标进入方向等，需满足如下要求：

①航迹距离约束，限制航迹长度不大于预先设定的最大距离。

②固定的目标进入方向，确保无人机从特定角度接近目标。

(4)实时性要求

一方面，当预先获取了完整准确的测区环境信息时，可一次性规划从起点到终点的最优航迹线，而实际操作中，由于测区环境信息的动态变化，很难保证预先获取的环境信息始终保持准确和不发生变化；另一方面，由于任务的不确定性，无人机常常需要临时改变飞行任务。因此无人机的任务规划系统必须具备在线全局重规划的功能，以适应测区环境和任务的变化。

任务 5.2 像控点测量

5.2.1 任务目标

通过本任务，理解像控点的概念和作用，掌握像控点的分类，包括平面点、高程点和平高点。能够使用 RTK 等测量设备根据项目要求、测区地形地物分布和像控点布设原则完成测区像控点的布设及观测。

5.2.2 相关配套知识

像片控制点的作用主要有两个方面：一是作为定位、定向点使用，解算像片成像时的外方位元素。像片的外方位元素是摄影测量学中描述摄影瞬间像片在地面直角坐标系中的空间位置和姿态的参数，外方位元素包含三个线元素和三个角元素，三个线元素代表了摄影中心在空间直角坐标系中的三维坐标值，即摄影站点的三维坐标，它们描述了摄影光束在物方的空间位置。三个角元素确定了摄影光束的空间方位。二是作为检查点使用，检查成果的精度，在成果中找到检查点位置，提取其坐标与像片控制点坐标进行对比。

视频

数据整理

像片控制点是指为满足空中三角测量或 4D 产品生产的需要，直接在实地测量的控制点，简称像控点。像片控制点可以分为以下三类：

(1)平面控制点：只需测定点的平面坐标，简称平面点，一般用 P 代表平面点。

(2)高程控制点：只需测定点的高程，简称高程点，一般用 G 代表高程点。

(3)平高控制点：需同时测定点的平面坐标和高程，简称平高点，一般用 N 代表平高点。

1. 像控点布设原则

(1)像控点尽可能选在交通便利位置。

(2)像控点周围 45°范围内尽量不要出现大树、高楼大厦；如果是正射航飞，只需要确保正上方不要有大树遮挡。

(3)像控点不要选在密集电线下方，避免遮挡。

(4)像控点不要选择有大高差的拐角位置处，如房屋拐角或门墩拐角，这些位置刺点稍有偏差，导致高程误差很大，要选在平坦的位置。

(5)像控点测量采用 GNSS-RTK 观测，因此像控点位置选择还要避开多路径效应和信号干扰源，确保采集的坐标数据满足精度要求。

(6)像控点布设尺寸主要依据地面航摄分辨率,喷绘标志或地面色差鲜明标志的最小尺寸要大于航摄分辨率 2～3 倍,确保内业刺点位置清晰。

2. 像控点布设方案

像控点布设一般有两种方案:一是在航测范围内用油漆喷绘或白灰喷撒 L 形或对三角形标识,如图 5-5(a)和 5-5(b)所示,用与背景色相差较大的油漆喷绘一定尺寸的 L 形或对三角形。标识要喷绘在硬化水泥地面上,不容易被破坏。在非硬化地面上可以撒白灰或埋设预制像控布,如图 5-5(c)所示。二是在测区内选择一些道路指示标志线的拐角点作为像控点,需要从不同角度拍摄三张照片,其中一张是近景照片[图 5-6(a)],另外两张是远景照片[图 5-6(b)和图 5-6(c)],照片和点号一一对应保存。

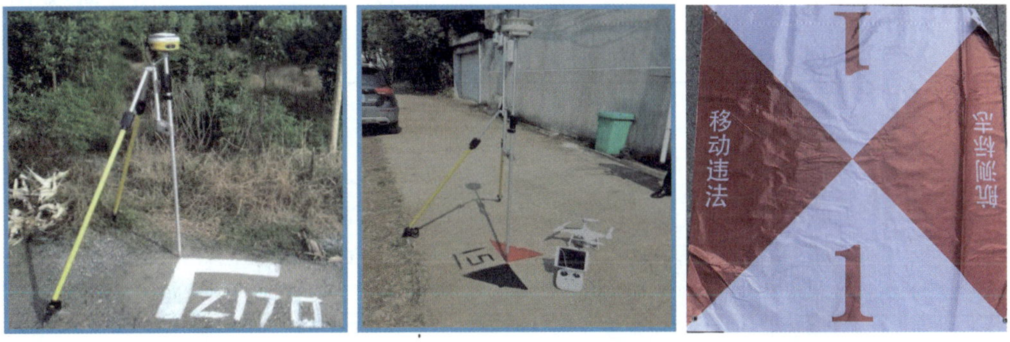

(a) L形像控点　(b) 对三角形像控点　(c) 像控布

图 5-5　像控点

(a) 近景照片　(b) 远景照片一　(c) 远景照片二

图 5-6　像控点布设

3. 像控点测量

像控点的测量方法主要包括 GNSS-RTK 测量、交会法、导线控制测量法、三角高程、水准高程、似大地水准面精化模型内插、GNSS 水准高程拟合、LiDAR 高程测量等。在实际应用中,GNSS-RTK 技术因其灵活性和高精度且直接获取点位三维坐标等优势被广泛应用于像控点的测量。

视频

像控点测量

任务 5.3　无人机航测影像获取

5.3.1　任务目标

通过本任务,理解无人机进行航线设置、相机选择、航高、航速、重叠度等参数的配置。掌握无人机飞行作业中的注意事项,包括飞行前的检查、飞行中的动态监控以及影像质量检查,确保航测数据的完整性和准确性。

5.3.2　相关配套知识

1. 航线规划

(1)正射影像航线参数设置

大疆 Mavic 3E(简称 M3E)支持航点飞行、建图航拍、倾斜摄影和航带飞行。在建图航拍中,还可开启仿地飞行和智能摆拍。下面以 NBE 为例介绍正射影像航线规划。

打开飞行器桨叶,卸掉镜头和云台保护罩,安装电池和内存卡;先开机遥控器,再开机飞行器等待完成自检校工作。

在遥控器界面,双击 DJI Pilot2 进入航线规划界面,再点击"航线"进入规划界面,如图 5-7 所示。

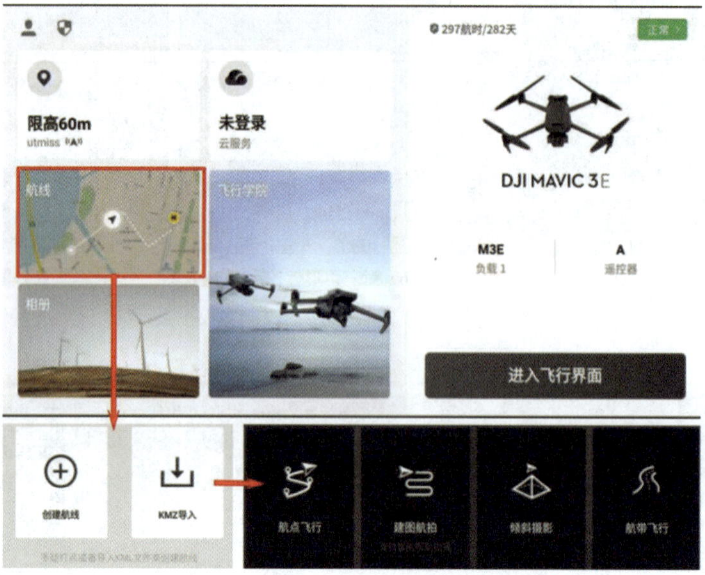

图 5-7　Mavic 3E 遥控器界面

(2)范围设置

正射影像航线规划选择建图航拍,在地图界面通过点击和拖动调整测区范围线,如图 5-8 所示,点击航线中间的"+"号,可添加测区边界拐点。同时支持导入提前规划的 KML 范围,切记导入的范围节点数不能太多,否则遥控器难以识别。

在该界面,可查看遥控器、无人机、返航点位置,默认为执行任务前以无人机位置设置为返航点位置。一般将地图模式切换为卫星图,更加直观形象的查看地物,帮助安全合理的规划航线。在规划航线过程中,应时刻注意航线信息预览,主要包括航飞作业区面积、照片数量和飞行作业时间等。

(3)相机选择

航拍范围设置完,选择相机。选择"DJI Mavic3 行业版""广角",如图 5-9 所示。本遥控器还可以连接大疆其他型号的无人机及搭载的设备传感器。

(4)航高设置

设置"航线高度",M3E 广角相机的分辨率与航线高度关系为 GSD=$H/37$,即航高 37 m

时的地面分辨率为 1 cm，根据精度要求和地形高低起伏变化合理设置飞行高度，如图 5-10 所示。如果航高超过 120 m，需要去测区所属的公安局（警航办）办理报备手续，一般需要飞手合格证、无人机合格证和无人机保险等资料。

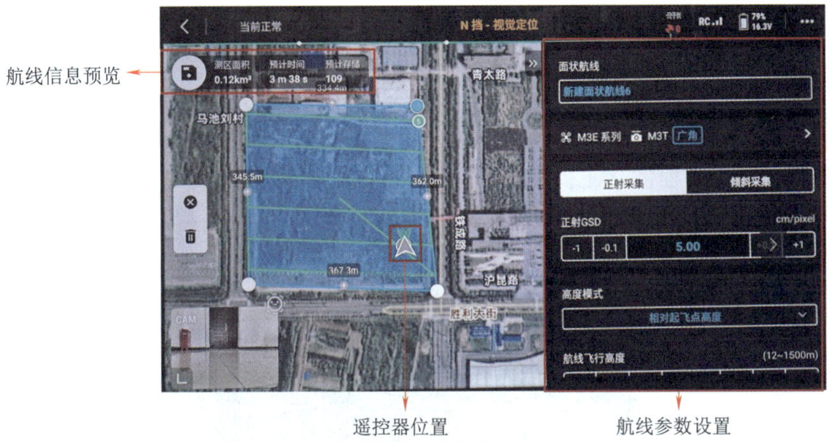

图 5-8　遥控器界面

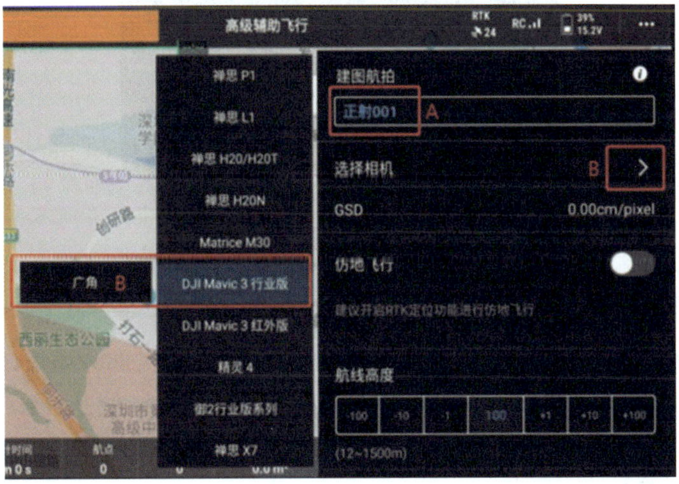

图 5-9　相机选择

图 5-10　航高设置

被摄面相对起飞点高度可以调整航线重叠度，如图 5-11 所示，适用于高程呈明显“阶梯状”的测区场景，如：在一片高层建筑群场景下，最高的楼 60 m，则可以设定航线高度为100 m，被摄面相对起飞点高度为 60 m，则航线重叠度会按 40 m 航高执行，保障了最高处的重叠度，这样构建的三维模型在高楼顶部位置或女儿墙不会出现破洞。

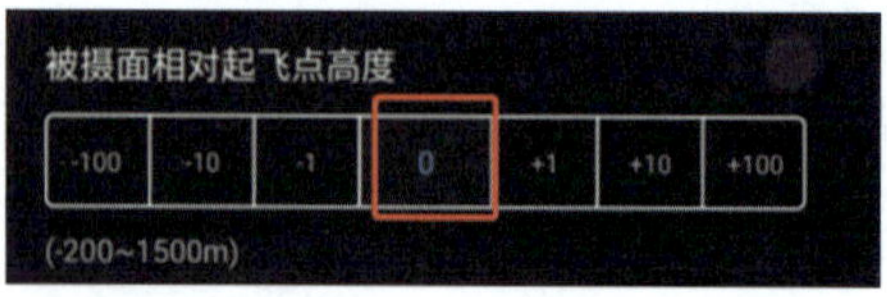

图 5-11　被摄面相对起飞点高度设置

(5)航速设置

设置起飞速度与航线速度为 15 m/s,如图 5-12 所示,开启“高程优化”选项,完成动作设置为“自动返航”。开启高程优化主要针对正射影像航线规划,为了提高测区高程精度,航飞完正射影像后,无人机沿航飞范围的对角线飞一组倾斜照片,来优化高程。如果对高程精度要求不高,不开启该功能,提升航飞效率。

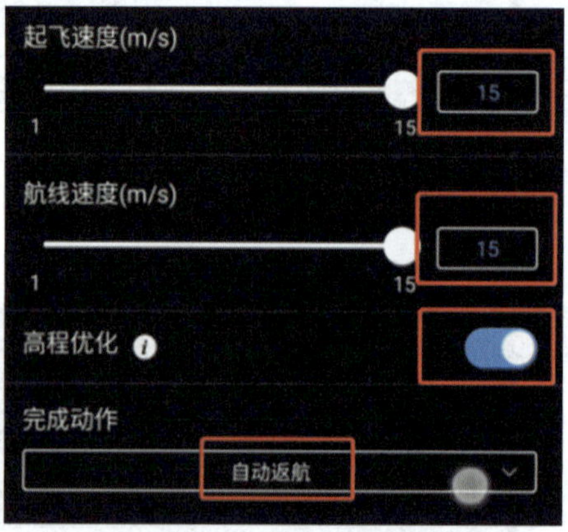

图 5-12　航速设置

(6)重叠度设置

在高级设置中,设置旁向重叠度和航向重叠度值,具体设置参考表 5-2。旁向重叠度会极大地影响作业效率和最终成果精度,70%是默认值,适用于绝大部分场景,效率与精度兼顾。如果测区较为平坦(最大落差小于航高 10%视为平坦,如 100 m 航高,测区最大落差不大于 10 m),则可以将旁向重叠度降低到 60%,更低则不建议。如果测区地势起伏较大,采用仿地飞行或加大航向和旁向的重叠度。

(7)主航线角度设置

默认主航线角度为效率最优的设计方法,如图 5-13 所示,无人机会自动实现最短路径执行完测区作业。

图 5-13　主航线角度设置

但是在个别场景下,需要调整航线角度,来实现更好的成果质量,如电力线建模:采用±90°的主航线角度,则可以生成更好的电力线点云,如图 5-14 所示。

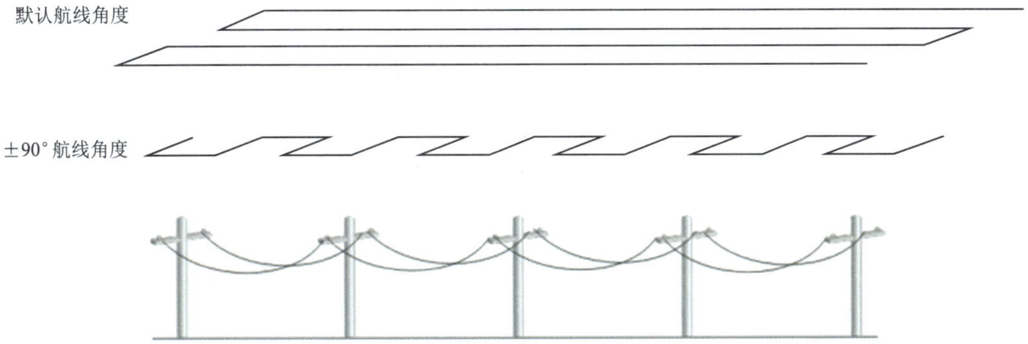

图 5-14　电力线航线规划

(8)边距设置

外扩边距默认为 0 m,最大可设置为 100 m。在一些对成果质量要求较高的项目中,必须在测区基础范围上,外扩一定范围,以保证测区内部的精度和数据质量,此时可以根据要求设置外扩边距范围,如图 5-15 所示。如果在范围设置过程中已经将测区范围外扩,此处就不需要再外扩。

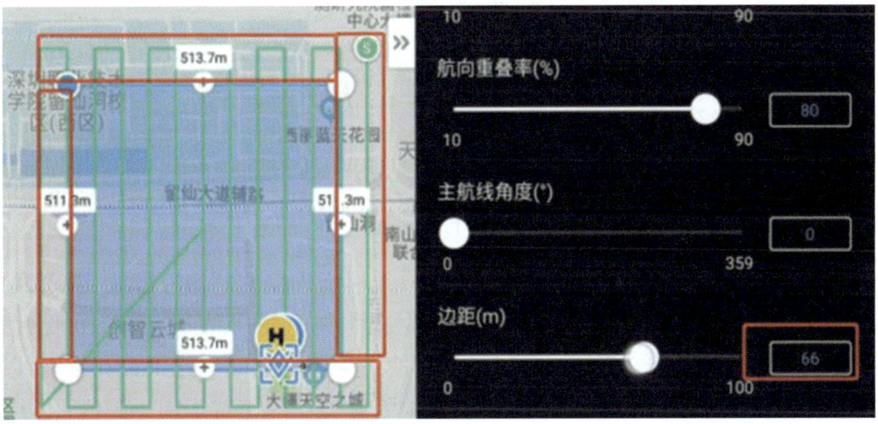

图 5-15　边距设置

(9)拍照模式设置

拍照模式设置为"等时间隔拍照",如图 5-16 所示。M3E 会自动根据分辨率、飞行速度、航向重叠度三个参数自动调整拍照间隔,其最短拍照间隔为 0.7 s;大约在 50 m 航线高度、15 m/s飞行速度、80%航向重叠度设计时,会达到这个极限,如果此时调高航向重叠度,或降低航线高度,都会自动降低飞行速度。

在航拍作业过程中,一般设置"等间距拍照",选择"等时间隔拍照"会导致照片数量增加,降低内业处理效率。

图 5-16　拍照模式

点击保存任务,点击上传航线,并执行飞行任务。

2. 倾斜摄影航线规划

M3E 提供了两种倾斜摄影航线规划方法：一是智能摆拍；二是倾斜摄影。

(1)智能摆拍

智能摆动拍摄模式适用于需要对地物进行精细化三维建模的场景，如建筑物、大高差地形等。M3E 具有的三向智能摆拍功能，可在“建图航拍”航线功能中开启，该功能可通过自动调整云台的俯仰角度，结合交叉井字航线飞行，实现地物立面纹理拍摄，从而生成优质的三维模型。相比单镜头五向飞行，效率可提升数倍以上，且在测区边缘只拍摄与测区重建相关的照片，从而精简拍照数量，提升了后处理效率。

每个航区内不同的航线段具有不同的摆动拍摄策略，摆动拍摄的所有照片都以用户所划定的测区为准，如图 5-17 所示。

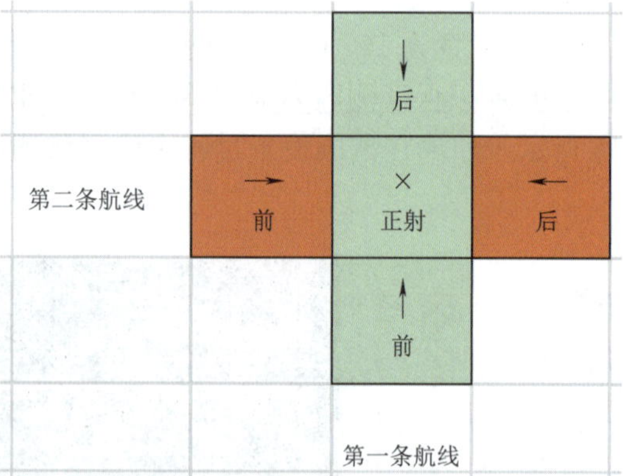

图 5-17　摆动拍摄

在智能摆动拍摄作业过程中，飞行器会沿着两条相互垂直的井字形航线飞行，两条航线会从不同角度对测区进行拍摄，在智能摆动拍摄作业过程中，每条航线根据所拍摄照片数量将自动调整飞行速度，照片数量越少时飞行速度越快，使飞行器作业效率达到最高。航线的形态与测区的大小，飞行器的飞行高度以及云台摆动的角度有关。即使对于同一测区，由于飞行器的飞行高度或者云台摆动角度不同，航线也可能呈现出不同的形态。

智能摆拍参数设置需要完成以下四点：

①建图航拍—选择 M3E 广角，开启“智能摆动拍摄”功能，如图 5-18 所示。

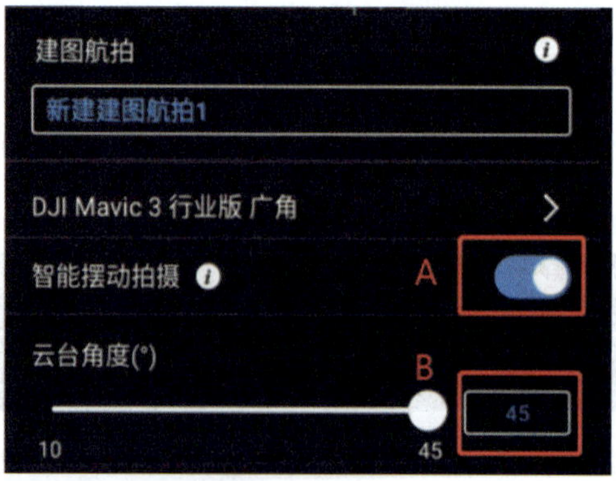

图 5-18　智能摆动拍摄设置

②调整“云台角度”，云台角度范围是 10°～45°，区别于传统俯仰角－90°为垂直向下，该功能定义 0°为垂直向下，90°为水平向前。原则上飞行高度越高或立面地物越平坦，倾斜角度越小（接近 10°），飞行高度越低，倾斜角度越大（接近 45°），确保建筑物立面尽可能被拍上。

③参考正射航线规划内容设置高度、速度和边距等信息，倾斜摄影的重叠度要比正射重叠度大，具体设置参考表 5-2。设置完参数，智能摆拍会生成横向与纵向两条垂直航线，通过点击 1，2 来进行切换，并查看对应的航线信息，如图 5-19 所示。

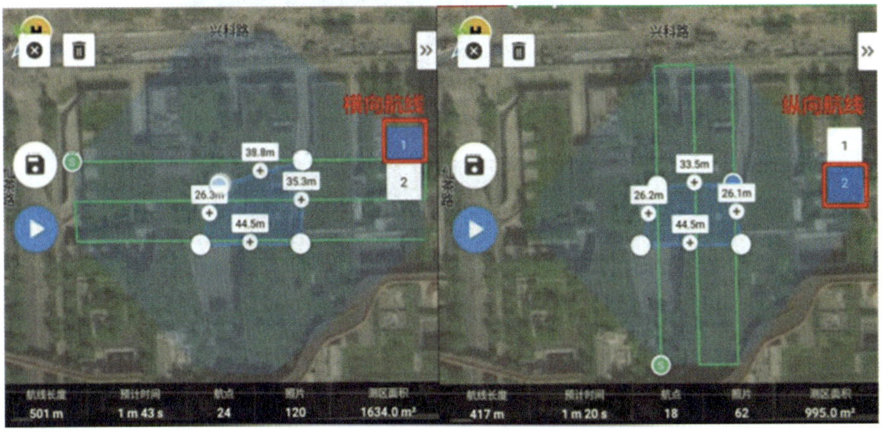

图 5-19　智能摆拍航线

④点击保存任务，点击上传航线，并执行飞行任务。

(2)倾斜摄影

倾斜摄影功能与智能摆动拍摄所面向的场景类似，模型效果会好点，但是作业效率不及智能摆拍，因此该功能可以在个别场景下希望获取更多的倾斜照片，追求较高的模型效果才采用，如非常密集的建筑物和森林等。

倾斜摄影参数设置：

①进入 DJI Pilot App 航线飞行界面，创建航线或 KML 导入，选择创建倾斜摄影任务。在地图界面通过点击和拖动调整测区范围，点击航线中间的“＋”号，可添加航点。

②为该航线命名，后续执行该航线会以该文件名为前缀，后跟任务执行时间日期。

③选择相机，选择“DJI Mavic3 行业版”“广角”。

④云台俯仰角度，默认为－45°，调节范围是－85°～－40°，原则上飞行高度越高或立面地物越平坦，倾斜角度越小（接近－85°），飞行高度越低，倾斜角度越大（接近－40°），如图 5-20 所示。

⑤倾斜航线分为正射 GSD 和倾斜 GSD，倾斜 GSD 受云台倾斜角度影响，其计算是以照片中心位置的 GSD 为准的，所以云台倾斜角度越小，倾斜 GSD 与正射 GSD 越接近，如图 5-21 所示。

⑥航线生成，航飞速度和边距设置与前面的正射影像航线规划设置基本一样，可以参考正射影像航线参数设置。倾斜摄影的重叠度设置偏大，具体设置参考表 5-2。倾斜摄影会生成 5 条航线，分别代表垂直向下和前后左右斜 45° 5 个方向航线，可分别点击航线序号 1～5 查看具体的航线信息。

⑦点击保存任务，点击上传航线，并执行飞行任务。在上传航线时，可以根据需要自主选择执行哪条航线。

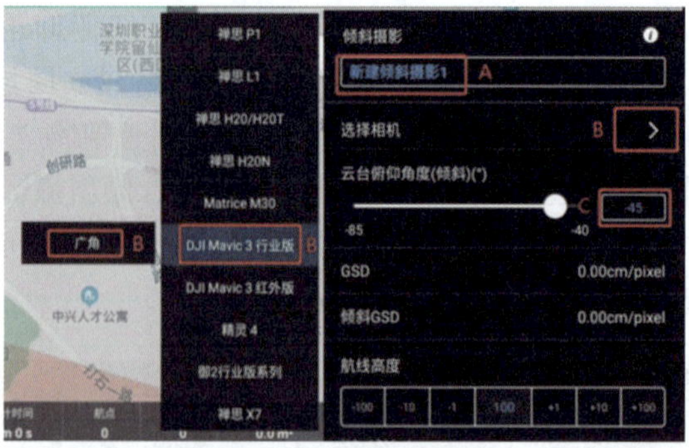

图 5-20　云台俯仰角度

图 5-21　地面分辨率

3. 飞行作业

当正射航线或倾斜航线规划完，如果对于测区不熟悉，或者在城市等复杂环境下进行飞行，建议手动控制无人机对测区范围进行勘测后，再执行飞行任务。

如图 5-22 所示，在地图界面中，蓝色透明框为无人机的飞行范围，可沿该范围边界进行一圈飞行，将云台朝向调整为向前，环顾四周，确认没有碰撞风险。

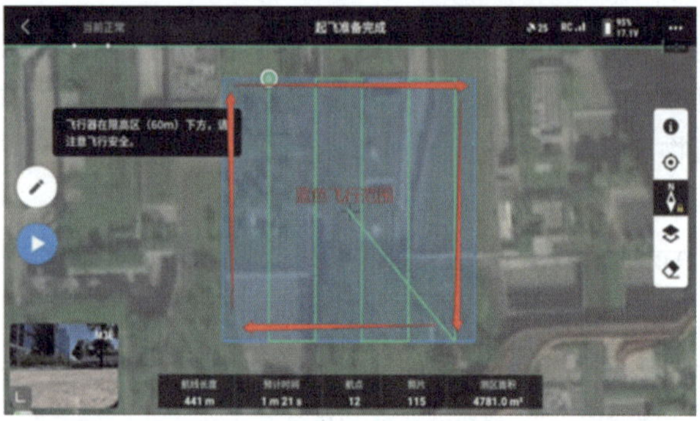

(a) 勘察飞行轨迹线

(b) 遥控器视角

图 5-22　飞行检查

在航线规划界面，点击左下角的飞行界面，解锁起飞，升到航线高度后，前往测区范围进行观察，途中注意云台俯仰角度为0°，以及到“HOME”（起飞）点距离。

测区勘察完毕后，点击左下角的航线规划界面，点击“上传航线”，如图5-23所示。

图5-23　航线上传

进入到“飞前检查”视图后，检查返航高度、限高、限远、避障行为、失控动作的设置是否合理，确保都设置合理，点击“下一步”，如图5-24所示。

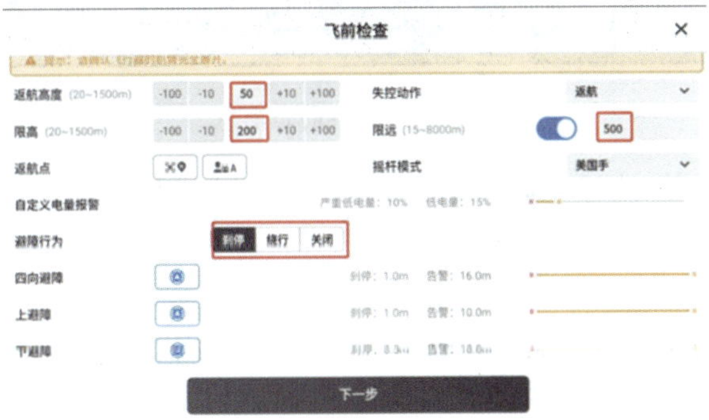

图5-24　飞前检查

在“建图航拍检查单”中，确认各项设置符合航线规划的信息。其中航线失控动作一般设置为“自动返航”，遥控器和无人机之间的图传信号断开后，无人机就自动返航。如果对测区较为熟悉，在确保飞行安全的前提下，可设置为继续执行，在这种情况下，图传信号断开后会继续执行任务，如图5-25所示，直到完成任务或电量不足才返航。

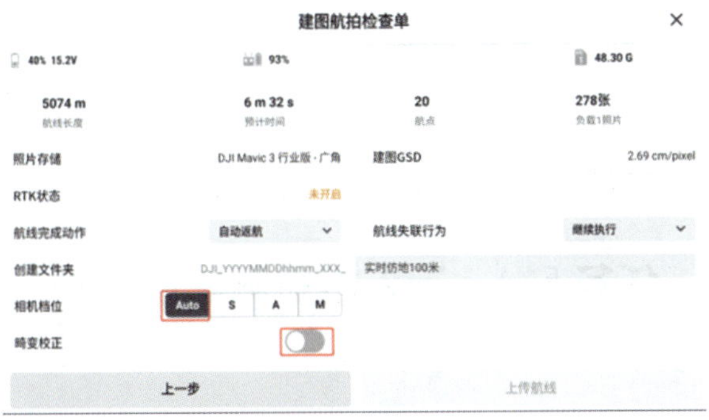

图5-25　建图航拍检查单

为了获取高精度测绘成果，相机挡位应调整成 Auto 挡，如果航拍影像数据采用大疆智图软件进行处理，需要关闭畸变校正，因为大疆智图软件自带畸变校正功能，避免重复校正，影响特征点提取。反之，采用其他三维建模软件进行处理，由于这些软件一般不具备畸变校正功能，因此需要开启畸变校正，这样在自由网空中三角测量过程中很容易提取重叠影像的特征点，提高空三的成功率。

在执行航线过程中，应密切注意飞行动态，重点为剩余飞行电量和航拍剩余时间，以及飞行高度等信息是否正常，如图 5-26 所示，如果发生避障刹停、低电量返航报警等情况，要随时做好手动接管飞机的准备。

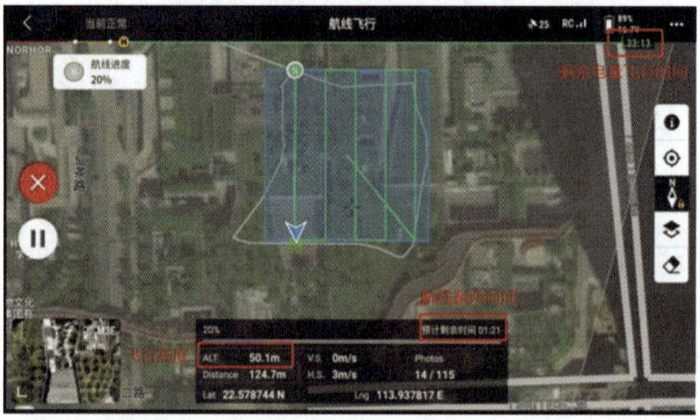

图 5-26　飞行动态信息

如果发生图传信号差，应注意调整遥控器天线方向或遥控器位置，避开高楼、大树和山体等遮挡物，保持遥控器与无人机的通视。

4. 影像质量检查

飞行任务结束后关闭飞行器电源。取出 M3E 的 SD 卡并连接计算机下载数据，再检查所拍摄的照片与生成的文件。航测数据文件夹存在 SD 卡中的 DCIM 文件夹中，以“时间＋航线”的名称规则命名。文件夹内含有 PPK 所用的 nav、obs、bin、MRK 文件以及照片文件，如图 5-27 所示。

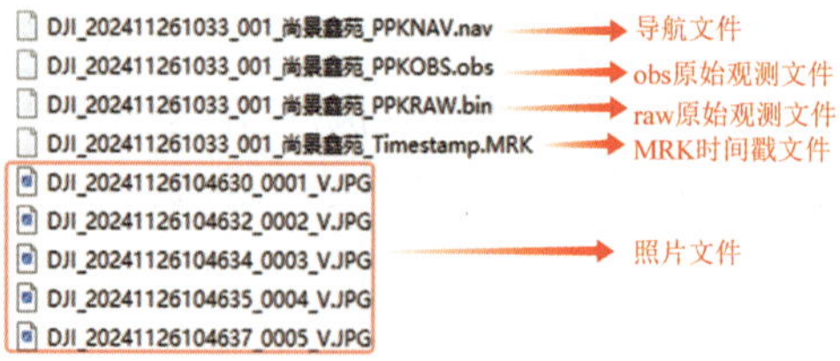

图 5-27　航测数据文件

再次检查每张照片，确保曝光和清晰度良好，没有过度曝光或照片不清晰、拉花等现象。

任务 5.4　无人机航测影像处理

5.4.1　任务目标

通过本任务，掌握无人机航测影像处理的 3 个主要内容：数字正射影像(DOM)的生产、数字表面模型(DSM)的生产及倾斜摄影建模。DOM生产包括数据采集、预处理、几何校正、正射校正、影像镶嵌与色彩平衡等步骤，生成具有地理坐标的正射影像；DSM生产则通过影像匹配、点云生成、滤波和插值等步骤，生成地表物体的高程模型；倾斜摄影建模主要包括数据采集、预处理、空中三角测量、密集点云生成、三维模型构建和纹理映射等流程。

5.4.2　相关配套知识

1. DOM生产

数字正射影像(digital orthophoto map，DOM)是一种数字化的航空或遥感影像，它经过几何校正，使得影像上的每个像素点都对应到地面上的一个固定位置，从而消除因地形起伏和摄影角度变化引起的图像畸变。数字正射影像图具有地图的几何精度和影像特征，具有精度高、信息丰富、直观逼真、现实性强等优点。它可作为背景控制信息评价其他数据的精度、现实性和完整性；可从中提取自然信息和人文信息，并衍生出新的信息和产品，为地形图的修测和更新提供良好的数据和技术手段。

数字表面模型(digital surface model，DSM)是表示地表以上所有物体(包括建筑物、树木等)的高程模型；把建筑物和树木等非地面物剔除，只保留地面信息的高程模型也就是DEM。

数字正射影像生产流程主要包括数据采集、预处理、几何校正、正射校正、影像镶嵌与色彩平衡和正射影像生成。

(1)数据采集：使用无人机搭载的相机进行航拍，获取地表的影像数据。

(2)预处理：调整影像的亮度、对比度等，以消除或减少由于大气条件、传感器特性等因素引起的辐射误差。消除或减弱影像中的随机噪声，提高影像质量。

(3)几何校正：在影像上识别出一些已知地面坐标的点，作为控制点，再利用控制点，建立影像的几何校正模型，如共线方程或多项式变换模型，以描述影像像素坐标与地面坐标之间的关系，最后根据几何模型对影像进行校正，消除镜头畸变、地球曲率、地形起伏等因素的影响。

(4)正射校正：使用DEM来模拟地表的高程信息，将几何校正后的影像按照DEM进行正射投影，确保影像上的每个像素都垂直投影到水平面上，从而消除透视畸变。通过DEM和几何校正模型，计算出每个像素的地面坐标，确保影像上的每个点都与地面上的实际位置一一对应。

(5)影像镶嵌与色彩平衡：将多个校正后的影像拼接起来，形成一个覆盖更大范围的连续影像；调整拼接后的影像，使其在色彩上保持一致性和连续性。

(6)正射影像生成：经过上述步骤处理后，最终生成的正射影像是一个平面图，其中每个像素都有准确的地理坐标，可以用于地图制作、土地测量、城市规划等应用。

2. DSM生产

数字表面模型生产流程主要包括数据采集、影像预处理、影像匹配、构建立体模型、生成点云、点云滤波、生成DSM、DSM优化和质量检查。

数据采集和影像预处理与数字正射影像生产流程的(1)和(2)基本一样。

(1)影像匹配：在每张影像上提取特征点，如角点、边缘点等；采用一定的算法，如SIFT(尺度不变特征变换)或SURF(加速稳健特征)等算法将不同影像上的特征点进行匹配，找出同名点。

(2)构建立体模型：利用同名点及其在影像上的位置关系，构建立体像对，并计算每个点的空间坐标。

(3)生成点云:通过立体匹配得到的同名点,生成三维点云数据。每个点云数据包含 X、Y、Z 坐标,其中 Z 坐标代表该点的高程。

(4)点云滤波:对生成的点云进行滤波处理,去除噪声点和异常值,提高数据的准确性。

(5)生成 DSM:将滤波后的点云数据插值为网格数据,形成 DSM。插值方法可以是最近邻插值、线性插值、克里金插值等。

(6)DSM 优化:对生成的 DSM 进行优化,如平滑处理、去除孤立点等,以提高模型的精度和视觉效果。

(7)质量检查:对生成的 DSM 进行质量检查,确保其满足精度要求。检查主要通过地面控制点或其他高程数据进行比较。

3. 软件操作

DOM 和 DSM 生产流程被高度化集成到软件处理程序中,操作便捷,容易上手。下面以 Pix4D 为例介绍无人机航测影像生产 DOM 和 DSM。

(1)工程设置

①软件运行

双击 Pix4D 软件图标,打开软件界面,在界面左上角有四个菜单选项,在其下方是常用工具条;左侧是数字正射影像处理工具条;左下角是处理参数设置工具条,如图 5-28 所示。

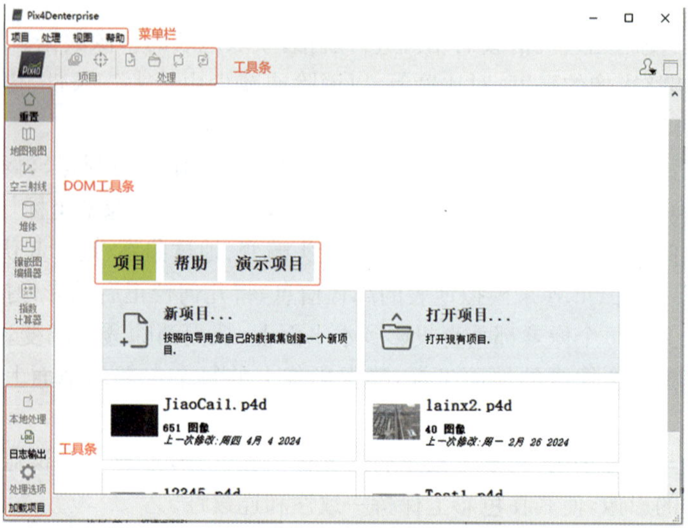

图 5-28 Pix4D 软件界面

②新建工程

点击菜单栏的项目—新项目或界面中心位置的新项目选项,弹出新项目设置对话框,如图 5-29所示。项目名称不能是中文,只能是字母和数字组合。设置新项目的路径或位置,优先选择固态硬盘,提高处理效率,磁盘空间要大于所处理数据量大小的 2~3 倍。项目类型一般选择新项目,其他类型根据具体项目需要选择。

③数据导入

数据导入包括航拍影像、影像位置信息和相机参数,如图 5-30 所示。导入影像包含“添加图像”和“添加路径”两种方法,添加图像是到影像文件夹里把所有影像全部选中加载;添加路径是选中影像所在的文件夹名,直接加载该文件夹及子文件夹里的所有照片,该方法更快。

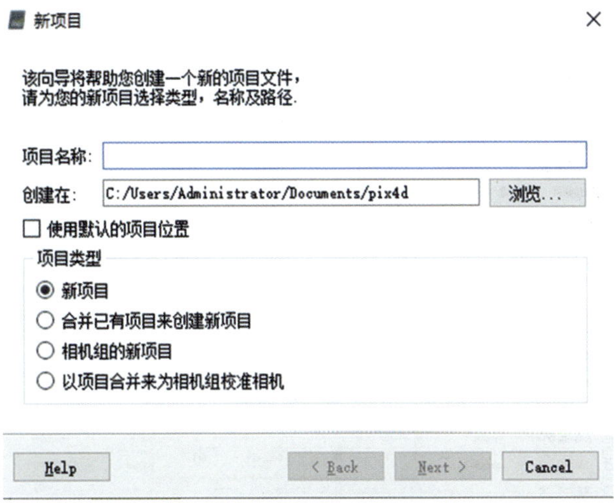

图 5-29　新建工程对话框

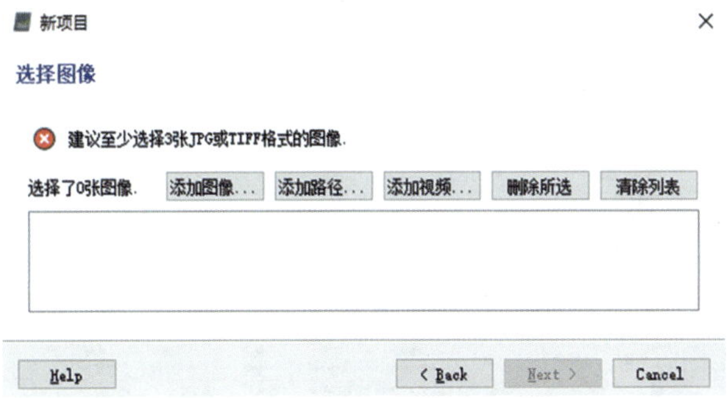

图 5-30　数据导入对话框

a. 照片坐标位置导入

无人机在摄影过程中，每拍摄一张照片，搭载的 GNSS 模块测量出该照片在 WGS84 或 CGCS2000 坐标系下的大地坐标，一般用经纬度和大地高表达，称为照片位置信息。

如果照片属性里包含位置信息，在导入照片的过程中自动读取对应位置信息，无须单独导入，大疆无人机搭载 P1 相机拍摄的照片属性包含位置信息。有的航测相机拍摄照片的位置信息不包含在照片属性里，是一个单独文本文件，在导入照片后，再导入该文件。选择从文件中导入图像的定位信息，选择位置文件，注意“文件格式”里的经纬度顺序要和位置文件里的经纬度顺序保持一致，如图 5-31 所示。

b. 坐标系与相机参数设置

图像位置的坐标系一般为 WGS84 或 CGCS2000，如果是其他椭球，点击“编辑”弹出对话框，如图 5-32 所示。勾选“高级坐标系选项”，点击从列表选择坐标系，列表包含了全球所有国家使用的椭球坐标系，同样包含了我国的北京 54、西安 80 和 CGCS2000 等坐标系。

点击相机型号框里的编辑，弹出“编辑相机型号”对话框，如图 5-33 所示，将相机出厂参数值或校正参数值输入到对应位置，提高自由网空三成功率。如果相机库已经包含了该相机参数值，并且相机未检校，直接调用相机库参数即可。

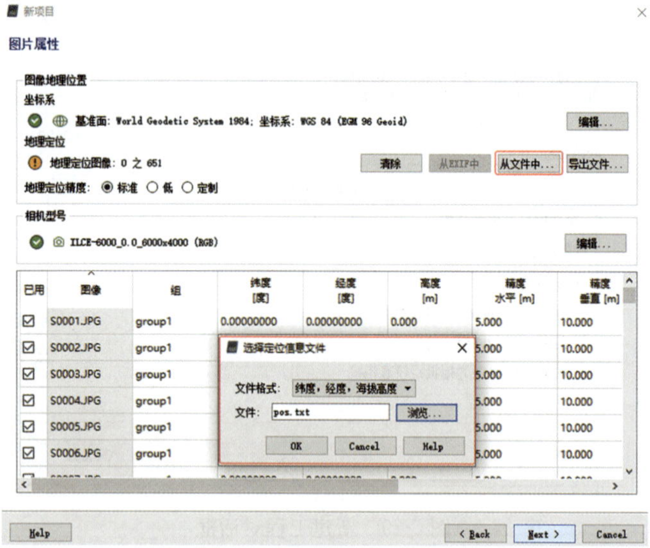

图 5-31　位置信息导入

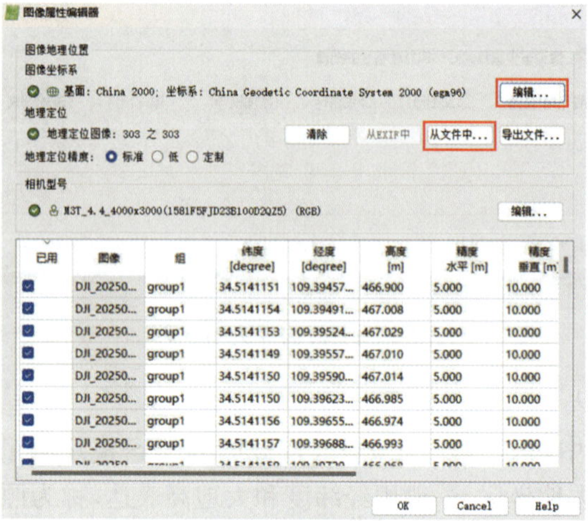

（a）图片属性

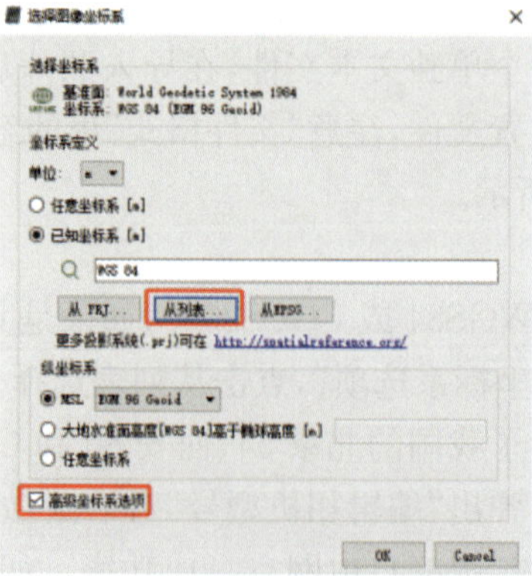

（b）选择图像坐标系

图 5-32　图像位置坐标系设置对话框

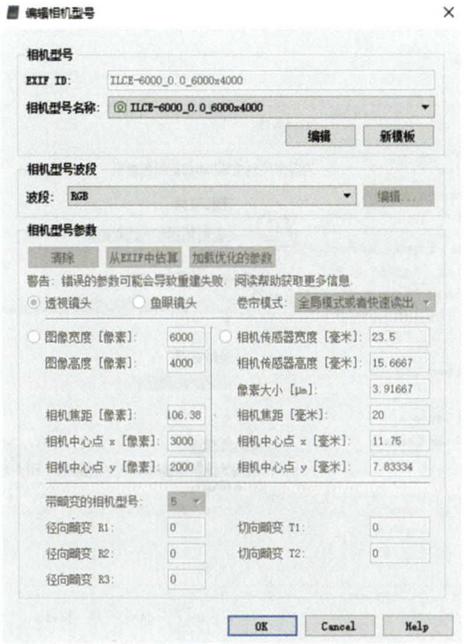

图 5-33　相机参数设置

④成果坐标系设置

输出成果坐标系一般和像控点坐标系或最终成果要求的坐标系保持一致，该坐标系一般为高斯投影平面直角坐标系。在“高级坐标系选项”里点击“从列表选择坐标系”选择投影椭球、带号及中央子午线，如图 5-34 所示。如果测区的高程异常值为某一固定常数，在纵坐标系的大地水准面高度高于椭球面高度框里输入该值，最后生产的 DSM 的高程系统是 1985 国家高程基准。

图 5-34　输出成果坐标系设置

⑤处理选项模板

处理选项模板一般选择“3D Maps”，点击“Finish”完成工程设置，如图 5-35 所示。

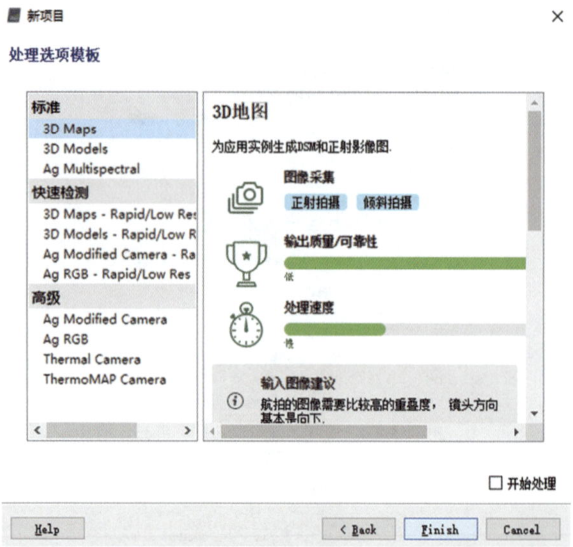

图 5-35　输出成果类型

(2)自由网空三

空中三角测量是指在无人机航拍照片的重叠区域内提取同名点，依据外业少量地面控制点，按照一定的摄影测量方法建立起一个与实地完全一致的数学模型，从而获取更多加密点的三维信息。自由网空三是指在没有定位信息的情况下，对航拍影像数据进行处理，以确定影像中各点的相对空间位置。

界面左下角的本地处理的初始化处理就是空三处理，点击“处理选项”可设置空三参数和点云成果及 DOM 和 DSM 成果参数，如图 5-36 所示。

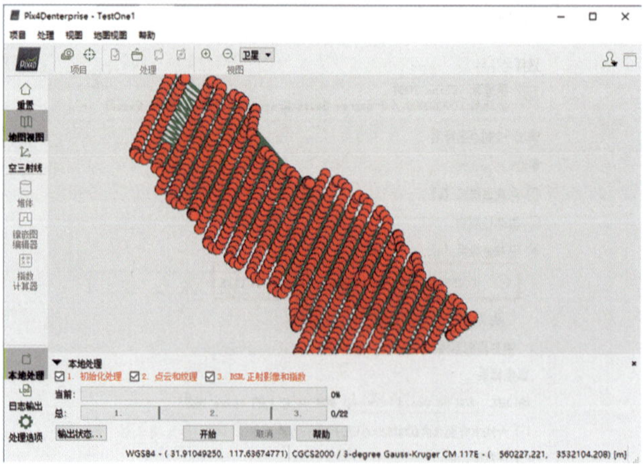

图 5-36　Pix4D 加载影像界面

处理选项对话框(图 5-37)包含常规、匹配和校准设置。在常规设置里的特征点图像比例参数很重要，直接影响空三的效率和精度，选择“全面高精度处理”提取的同名点多，精度高、效率低，尤其照片数量达到数千张以上，效率更低；选择“快速检测”提取的同名点少，精度相对较低，但是效率高。“定制”是根据项目需求自定义提取同名点的数量，一般用于制作精度较低的快拼图。如果测区存在弱纹理区域，弱纹理区域是指特征点不明显区域，比如大面积水域、沙漠和植被等特征点不明显区域，就要选择“全面高精度处理”通过多提取同名点增加空三的通过率；反之测区不存在大面积弱纹理区域，可以选择“快速检测”，在保证精度的前提下效率最佳。如果在测区布设了像控点，一般先选择“快速检测”进行一遍自由网空三，再导入像控点进行刺点，刺完点进行约束空三，约束空三是指通过像控点将自由网空三结果转换到像控点坐标系下，并且将自由网空三结果的精度提高到和像控点精度基本一样。此处的约束空三原理和GNSS静态网输入控制点进行平差是基本类似。选择“全面高精度处理”，重新提取同名点，进行约束空三，这样快速把人的工作完成，其余工作由计算机自动处理。

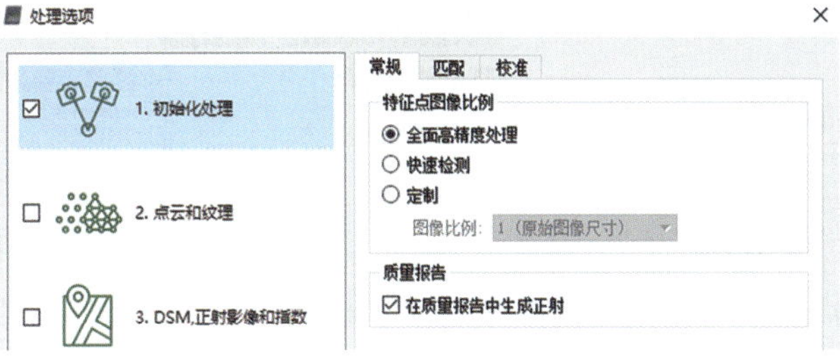

图5-37　空三参数设置对话框

选择“快速检测”自由网空三完成后，查看自由网空三的质量，一是在视图窗口从不同角度查看航线和点云的分布是否有错乱、分层、翘起或扭曲等现象，如图5-38所示；二是看空三报告，在“Quality Check”查看每张照片平均提取的连接点数量和参与空三计算的照片数量及占比，如图5-39所示。图5-38中红色照片就是未参与空三计算，未参与空三计算的照片的位置及包含的信息，一般是包含大面积弱纹理区域。

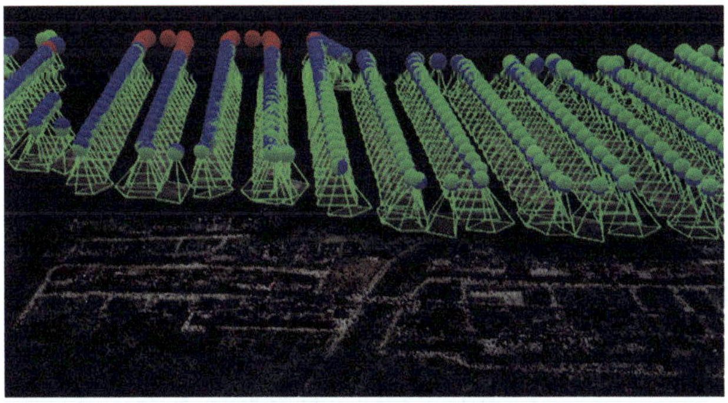

图5-38　自由网空三结果

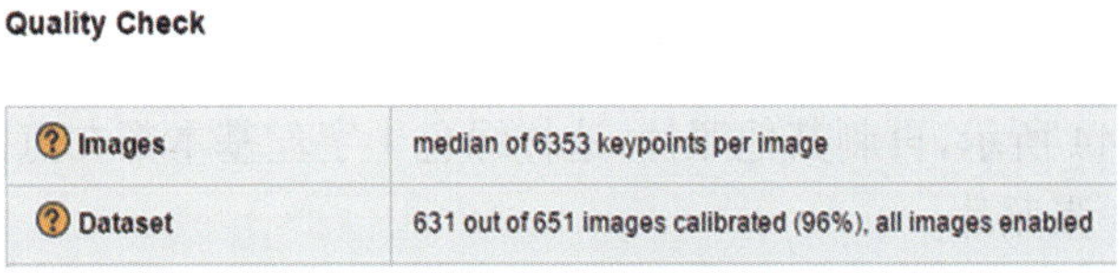

图5-39　空三报告精度

(3)刺点

自由网空三完成，检查精度合格后，导入外业GNSS-RTK测量的像控点进行刺点。点击项目工具栏里的控制点图标，如图5-40所示，弹出“GCP/MTP管理”对话框，如图5-41所示，控制点坐标系默认是输出成果坐标系，如果是其他坐标系，点击“编辑”选择其他平面投影坐标系，操作和成果坐标系设置一样。

图 5-40　导入像控点

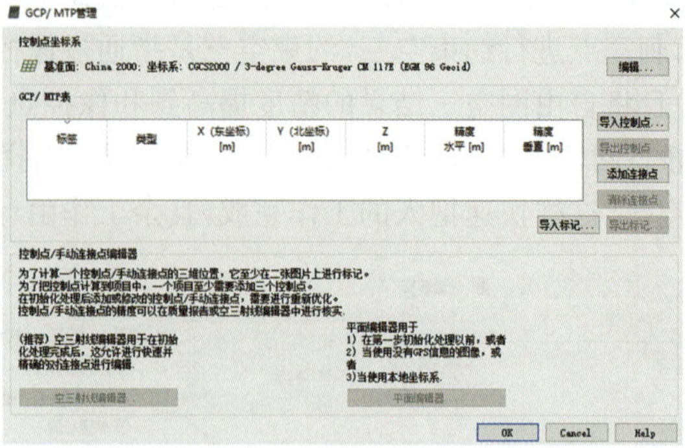

图 5-41　像控点导入界面

点击“导入控制点”选项，选择控制点文件，如图 5-42(a)所示，注意“坐标顺序”和控制点文件里的坐标顺序要一致。特别提醒：软件里的 X 轴指向东坐标方向，Y 轴指向北坐标方向，与测量坐标系定义的坐标轴方向恰好相反。导入像控点可以在自由网空三结果界面查看控制点分布，如图 5-42(b)所示。

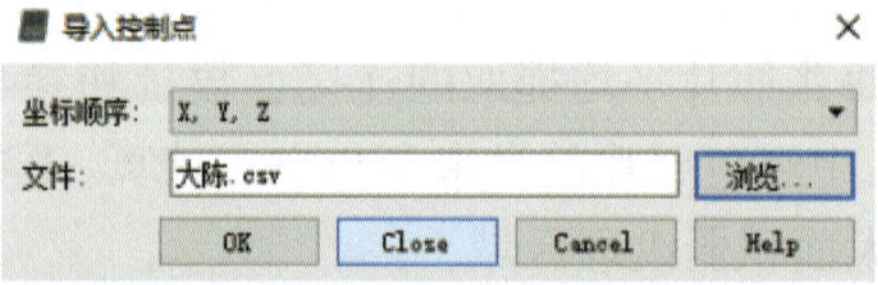

(a) 像控点文件选取

(b) 像控点分布

图 5-42　导入控制点

在左侧“层”工具框选中像控点，右侧弹出该点属性框及匹配的照片对话框，如图 5-43 所示。

先选刺三张照片，鼠标左键点击外业像控点测量位置，出现一个黄色圆圈和十字丝，点击“使用”选项，如图 5-44 所示，再刺其他照片，这样绿色十字丝基本都在点位上，刺点速度更快；每个像控点至少刺 8 张照片。

(4)约束空三

所有像控点刺完，点击处理工具栏的“重新优化”进行约束空三处理，如图 5-45 所示，实现坐标转换并提高成果精度。

约束空三结束，检查控制点精度，在报告中查看控制点平均误差，如图 5-46 所示，具体限差根据项目要求确定。

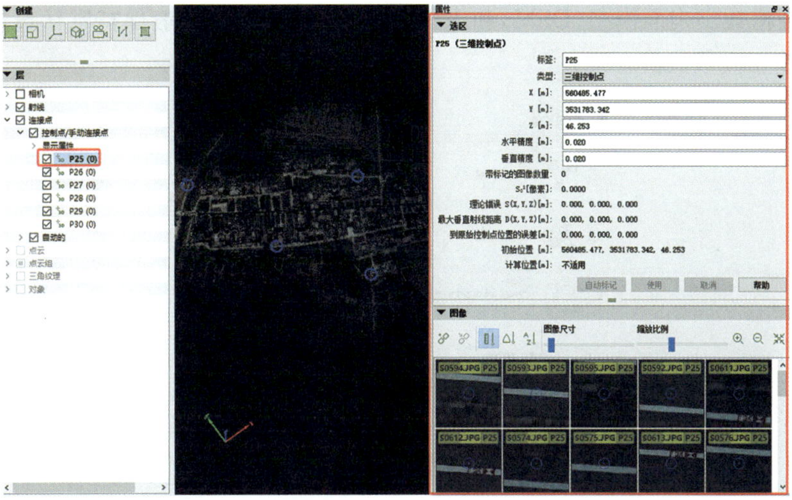

图 5-43　像控点编辑对话框

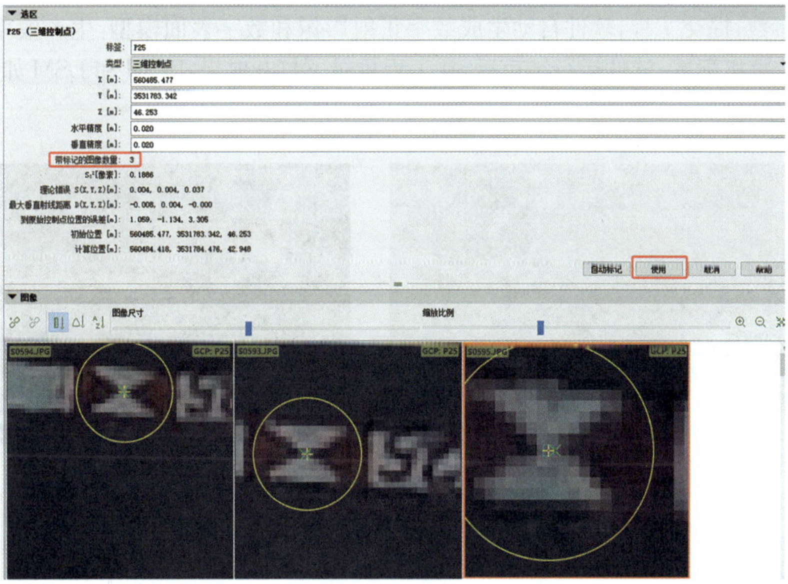

图 5-44　刺点

图 5-45　空三约束优化

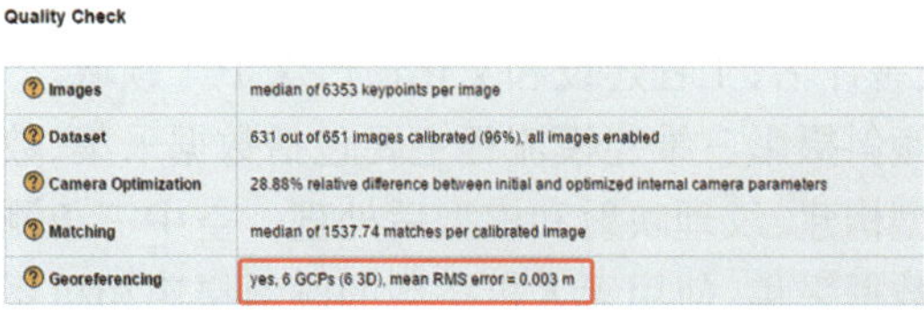

图 5-46　刺点精度

(5)DOM 和 DSM 获取

打开处理选项框，如图 5-47 所示，点击“DSM，正射影像和指数”，弹出“DSM 和正射影像图”“附加输出”和“指数计算器”三个属性设置框。在“DSM 和正射影像图”设置输出分辨率、

DSM 过滤、栅格数字表面模型(DSM)和正射影像图;这些参数一般保持默认设置,项目有特殊需要再调整相应参数值。

视 频

空中三角测量

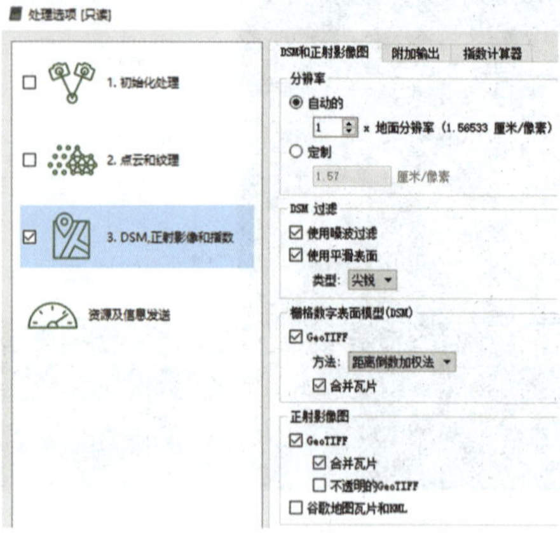

图 5-47　DOM 和 DSM 成果参数设置

设置完参数,提交工程,软件自动生成数字正射影像和数字表面模型,生产效率主要取决于照片数量和计算机配置,软件运行结束后,在工程目录下打开成果,DOM 和 DSM 如图 5-48(a)和图 5-48(b)所示。

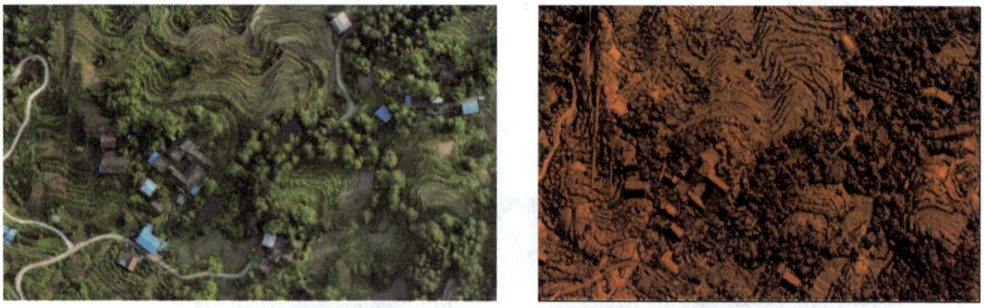

(a) DOM影像　　(b) DSM影像

图 5-48　DOM 和 DSM 影像

4. 倾斜摄影建模

无人机倾斜摄影建模是指利用无人机搭载的相机系统从多个不同角度拍摄地面目标,并通过这些照片借助多视角影像匹配技术和计算机视觉等技术生成高精度三维模型。倾斜摄影具有多角度覆盖、分辨率高、效率高、精度高和成本低等优势,广泛应用于城市规划、地形图测绘、灾害评估、工程建设和文化遗产保护等领域。

倾斜摄影三维建模流程主要包括数据采集、数据预处理、空中三角测量、密集点云生成、三维模型构建、纹理映射和模型后处理。空中三角测量已在前面章节介绍,此处不再赘述。

数据采集:使用无人机搭载的倾斜摄影相机系统进行航拍,获取高分辨率的多角度影像。

数据预处理:对影像进行质量检查,筛选出合格的照片,对照片进行辐射校正和几何校正。

密集点云生成:通过影像匹配算法生成密集的点云数据,这些点云数据代表了地物的三维空间位置。

三维模型构建:利用点云数据构建三维表面模型,对模型进行优化,提高其几何精度。

纹理映射：将原始影像的纹理信息映射到三维模型上，纹理映射需要确保纹理与模型表面的一致性。

模型后处理：对模型进行编辑和修饰，去除噪声和不必要的细节，模型简化，以适应不同的应用需求。

实景三维建模软件目前有 ContextCapture、大疆智图、瞰景 Smart3D、中测智绘 Mirauge3D、重建大师等。这些软件三维建模流程基本相似，下面以瞰景 Smart3D 为例介绍三维建模流程及注意事项。瞰景 Smart3D 是一款国内自主开发的软件，其空三和建模效率很高。双击“Smart3D Master Standard”运行软件，如图 5-49 所示。

图 5-49　瞰景 Smart3D 软件图标

瞰景 Smart3D 全自动实景三维建模软件，是一套以数字摄影测量、计算视觉、计算机图形学等技术为核心，开发的一套适用于快速全自动倾斜摄影测量三维实景建模软件。软件将各类数码影像和扫描点云生成三维实景模型。建模成果可广泛地应用于基础测绘、城市规划、国土资源、军事测量、公路、铁路、水利、电力、能源、环保、农业、林业等众多领域。

(1)新建工程

双击桌面的“Smart3D Master Standard”图标运行瞰景 Smart3D 工程管理软件，弹出软件界面，如图 5-50 所示；单击左上角“文件”选择新建工程或直接单击文件下的新建工程图标 ，弹出“新建工程”对话框，如图 5-51 所示，输入工程名称、工程路径和任务队列路径。名称和所有路径都支持中文。任务队列是软件存放获取运行任务的文件目录，占用空间小，但对磁盘读写速度要求较高，默认存放于 C 盘，也建议存放在其他固态硬盘。

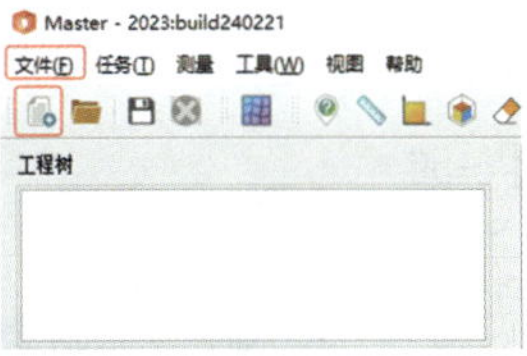

图 5-50　打开新建工程

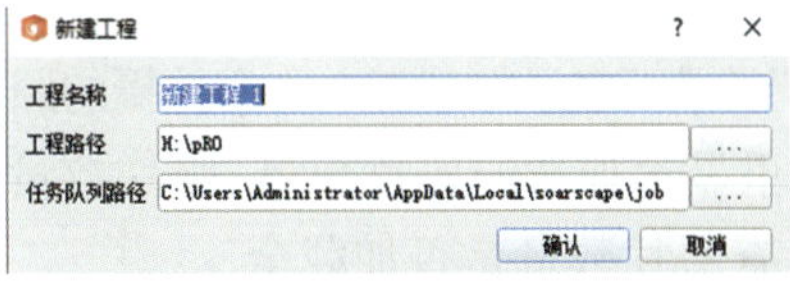

图 5-51　新建工程对话框

任务队列路径和工程路径分开存放在不同磁盘，不要放在同一个磁盘里，避免影响读写效率。

新建完工程，在工程树一栏显示工程名等信息，如图 5-52 所示。

(2)倾斜影像加载

选中照片组，单击鼠标右键，弹出对话框，如图 5-53 所示，提供了三种加载影像方式，一是导入照片，二是导入照片组，三是导入 Excel 文件。选择导入照片是打开影像文件夹，选中影像导入。导入照片组是选中影像所在文件夹名，把选中文件夹里的影像及子文件夹包含的影像都导入。导入 Excel 文件是在 Excel 里把影像名称、存储路径、经纬度、大地高等信息排列存储，直接读取 Excel，把影像及其坐标位置信息导入。一般使用导入照片组，选中包含五镜头影像文件的文件夹，其中 A、D、W、X 文件夹包含的影像分别是左、右、前、后四个方向倾斜拍摄的影像，S 文件夹包含的是垂直向下拍摄的影像，如图 5-54 所示。弹出一个“设置 GNSS 高度参考”对话框，如图 5-55 所示，选择投影椭球和高程系统，投影椭球一般选择 CGCS2000 或 WGS84，高程系统使用默认选项。

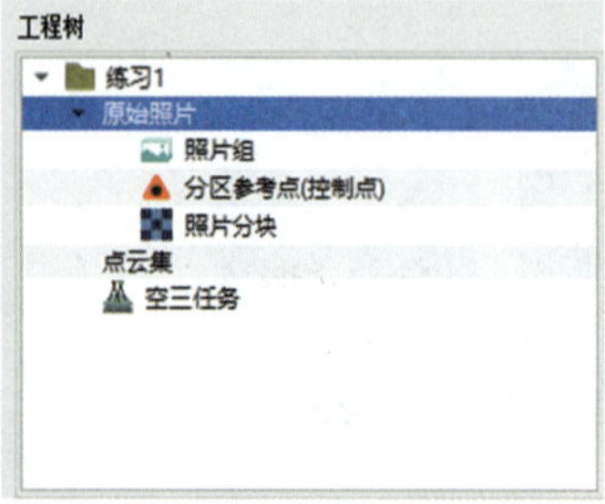

图 5-52　新建工程信息

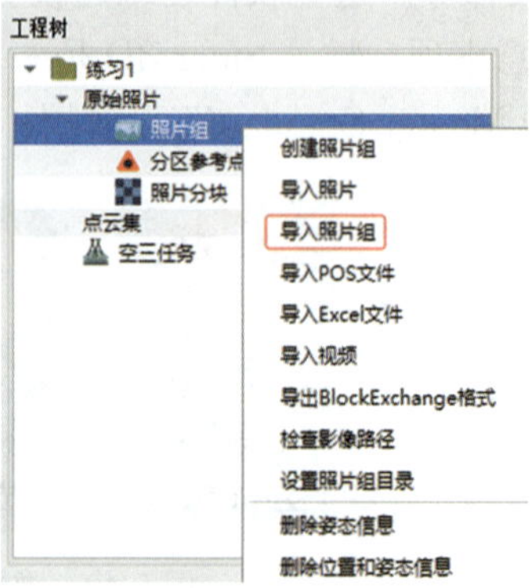

图 5-53　影像加载方式

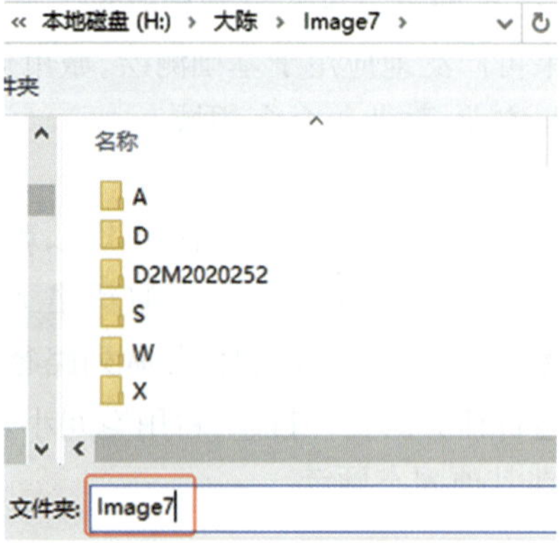

图 5-54　照片组加载影像

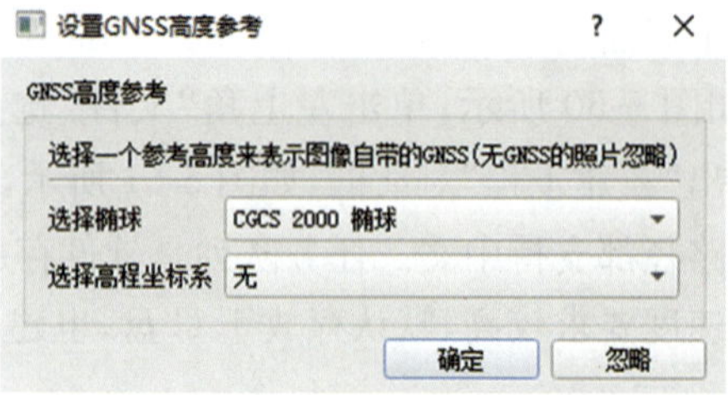

图 5-55　设置影像坐标系

在“照片组”目录下显示加载五个方向拍摄的照片，如图 5-56 所示，在属性框里显示加载的照片数量，照片数量一般为 5 的整数倍，以此检查照片数量是否加载全。

(3)影像坐标加载

选中“照片组”单击右键选择导入影像坐标文件，如图 5-57 所示，弹出“导入格式化文本”对话框，如图 5-58 所示，提供了两种影像坐标导入方式，一是选择“包含所有照片组的坐标文件”是把五个镜头拍摄影像的坐标信息存放在一个文本文件一次导入；二是选择“为每个照片组选择坐标文件”导入，五个镜头拍摄的影像分别选择对应的坐标信息文本文件导入；具体选择那种方式看影像坐标信息储存方式。两种导入方式均选择后缀名为 txt 或 csv 格式的文本文件。

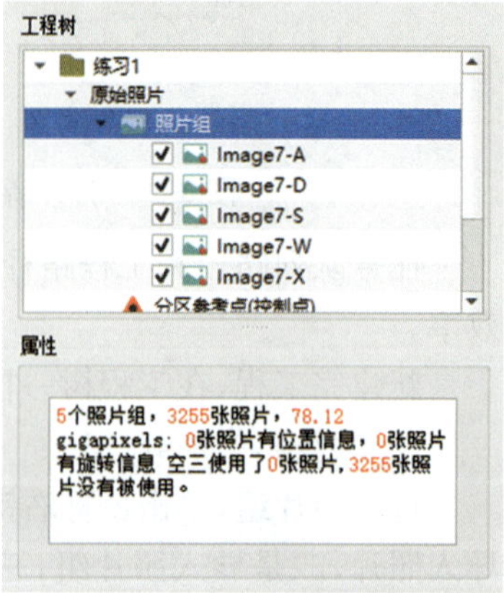

图 5-56　已加载影像

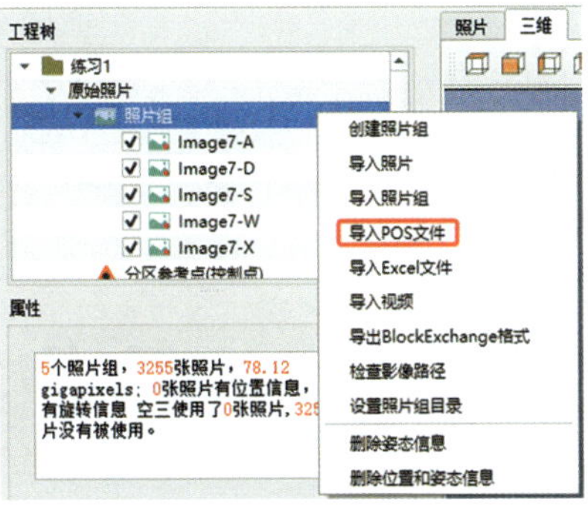

图 5-57　影像坐标导入对话框

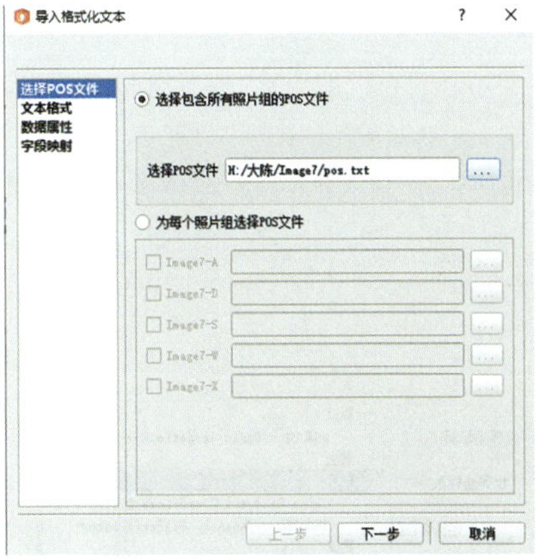

图 5-58　选择影像坐标文件

选择好影像坐标文件，点击“下一步”，进入“文本格式”设置对话框，如图 5-59 所示，分隔符是指文本预览里不同数据列之间的分隔符号，点击分隔符右侧的下拉菜单，提供了五种常用的分割符号，分别为 tab 键、空格、逗号、点号和分号，都是英文输入法输入。选好分隔符在“数据预览”栏以列的形式把数据分隔开，方便给每列添加标题。“忽略文本头信息”是指导入的文本文件第一行如果是标题行，这一行不需要导入，设置“忽略文本行数”为 1，第一行标题信息跳过不导入。如果第一行不是标题行，是数据行，设置“忽略文本行数”为 0。在“数据预览”栏把滚动条拉到底，检查影像坐标数量和照片数量是否一致，如果不一致，检查原始影像坐标文件。点击“下一步”进入“数据属性”对话框。

在数据属性对话框主要设置影像坐标所属的坐标系，具体坐标系选择根据影像坐标的格式，经纬度格式一般选择 CGCS2000 或 WGS84，平面坐标系选择投影椭球、带号及中央子午线，如图 5-60 所示。

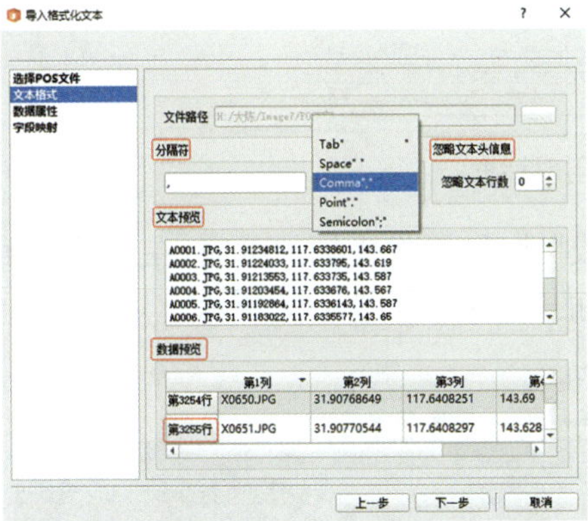

图 5-59　导入影像坐标参数设置对话框

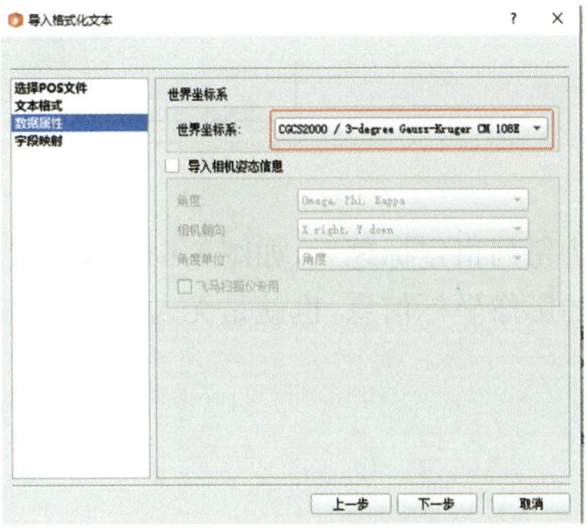

图 5-60　影像坐标系设置

单击坐标系下拉列表，如图 5-61 所示，显示默认的 WGS84 坐标系，最近使用的坐标系及更多坐标系。点击“更多”弹出“坐标系”对话框，如图 5-62 所示，地理坐标系包含了世界各国定义的椭球坐标系，包括我国北京 54、西安 80 和 CGCS2000。投影坐标系包含了世界各国定义的椭球对应的投影平面坐标系。导入控制点选择平面坐标系就是选择投影坐标系。如果是独立坐标系，选择“用户自定义坐标系”输入自定义的椭球参数、中央子午线或投影面，建立独立坐标系。

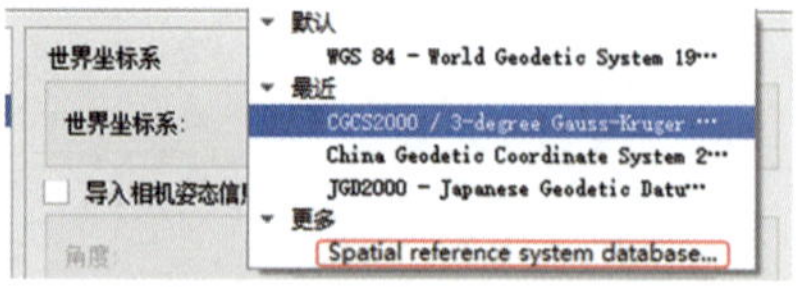

图 5-61　坐标系下拉列表

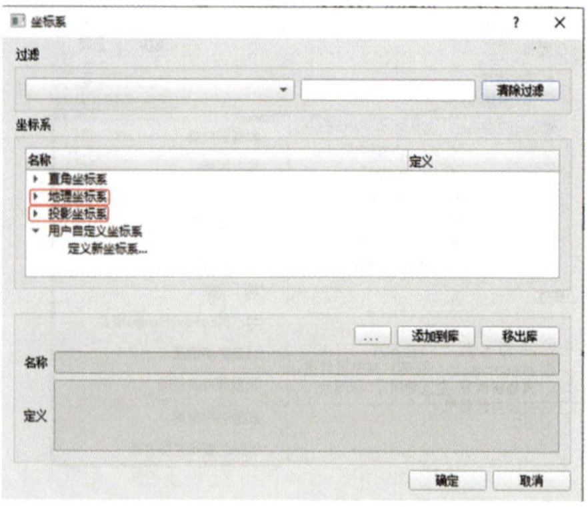

图 5-62　坐标系设置对话框

点击“下一步”，进入“字段映射”对话框，如图 5-63 所示，根据“数据预览”栏显示的各列数据属性，在“字段配置”栏分别为每列指定标题，第一列为影像名，第二列是纬度，第三列是经度，第四列是高度(大地高)。

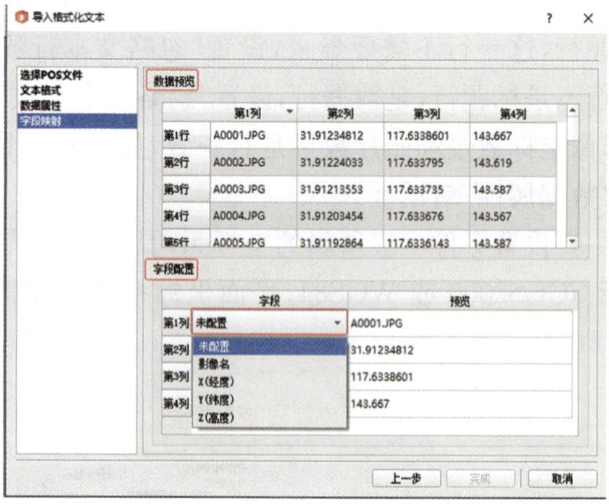

图 5-63　字段映射对话框

为每列指定标题后，如图 5-64 所示，点击“完成”选项，影像坐标加载完，在三维界面显示加载的影像坐标信息，也就是无人机航飞采集影像的航迹线，如图 5-65 所示。

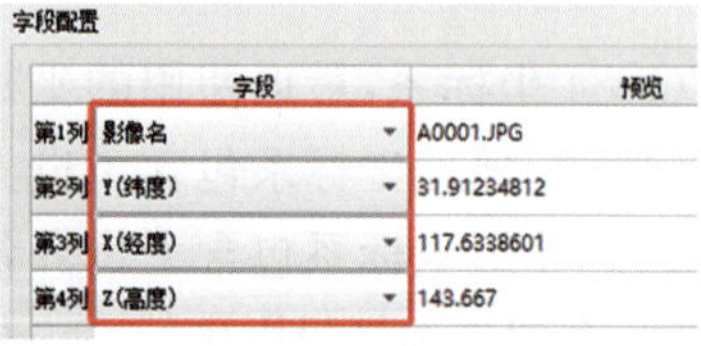

图 5-64　指定标题

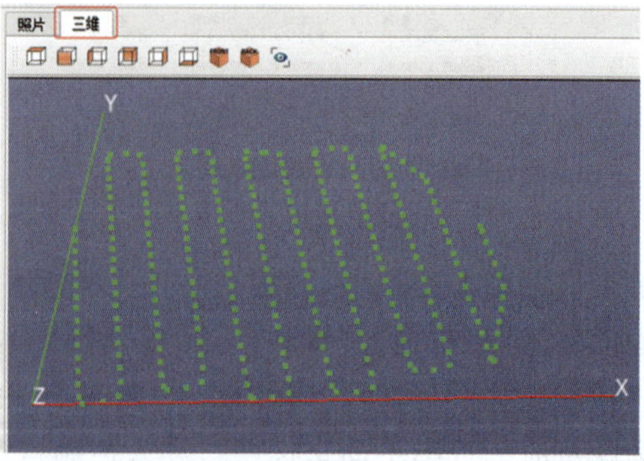

图 5-65　航飞轨迹

(4)自由网空三

在进行自由网空三前还要检查相机焦距等参数是否输入，有的相机参数在照片属性里保存，加载照片的同时也加载了相机参数，反之，需要手动添加相机参数。选中“照片组”中的第一个照片组，在“属性”框会显示出照片属性，如图 5-66 所示，在毫米焦距框输入相机焦距。一般五镜头相机中的垂直向下镜头的焦距为 25 mm，其他四个倾斜镜头的焦距为 35 mm；具体数值依据相机说明书或检校证书确定。由上到下依次选中每个照片组输入对应的相机焦距。

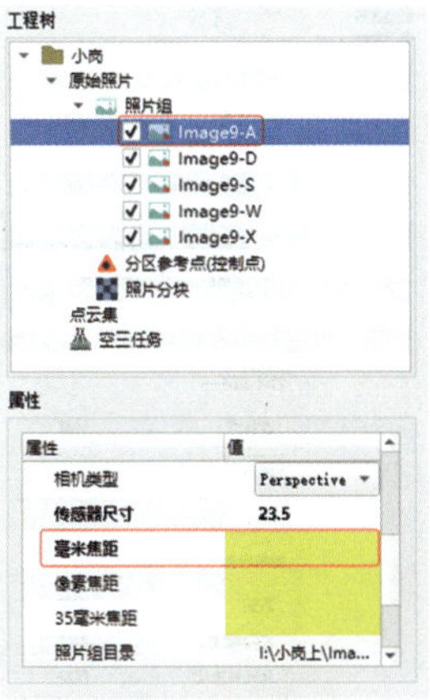

图 5-66　相机属性设置对话框

选中“工程树”里的“空三任务”，单击鼠标右键选择“创建空三任务”，弹出的对话框选择“是”，弹出“创建空三任务”对话框，如图 5-67所示，输入任务名称，单击“参照相机”，选择“下视镜头”提高空三效率，勾选“立即计算”。

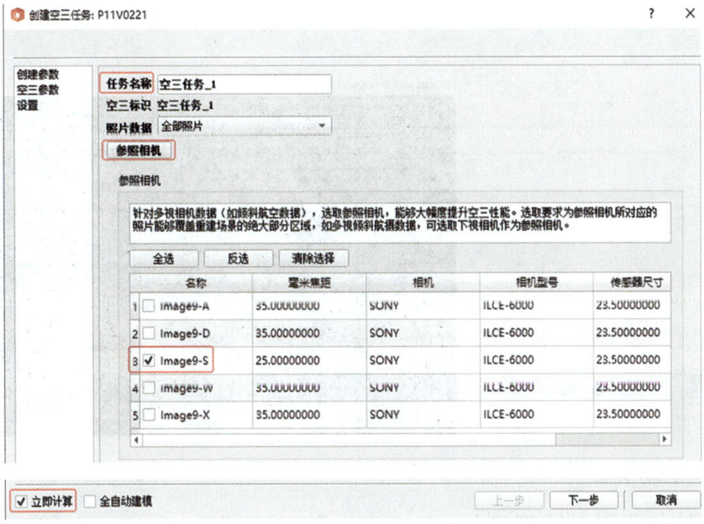

图 5-67　创建空三任务对话框

点击“下一步”，进入空三参数设置对话框，如图 5-68 所示，位置模式选择“常规位置/姿态刚体变换”。如果影像坐标是用 GNSS 固定解观测，可以选择“高精位置/姿态辅助平差(<0.10 m)”，无人机航测一般使用这两种模式较多，估计策略和相机外参都设置成“计算”。相机内参保持默认设置；如果航测区域内不存在大面积弱纹理区域，其他参数保持默认设置，点击“下一步”选项。

在“设置”对话框(图 5-69)，红色框内的参数值保持默认设置，运行模式选择“性能模式”，充分调用计算机的 CPU 和 GPU 资源进行处理，勾选“加强”可处理更多数量影像。如果计算机配置很高，除了空三跑模还做其他任务，选择“平衡模式”；影像数量超过 10 万张，选择“量容模式”。

点击工具栏的“启动引擎”(图 5-70)或者双击桌面的“Smart3D Engine Standard”图标运行引擎，弹出引擎运行界面，如图 5-71 所示，显示空三任务运行基本信息，同时在 Smart3D Master Standard 软件的左下角属性栏查看空三进度，如图 5-72 所示。

图 5-68　空三参数设置对话框

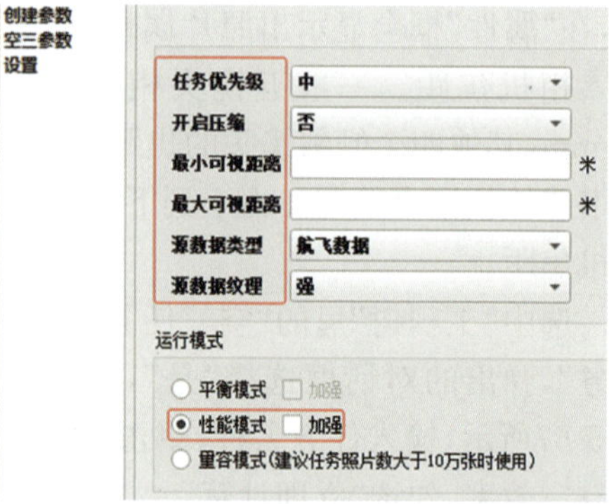

图 5-69　性能参数设置对话框

图 5-70　启动引擎

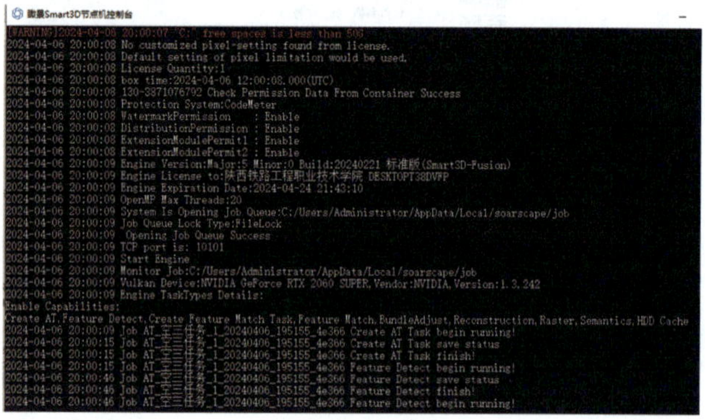

图 5-71　引擎运行界面

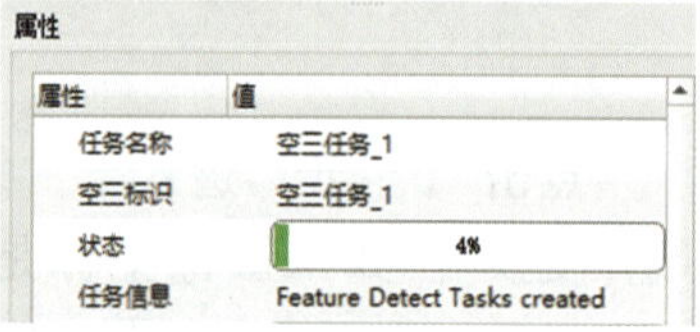

图 5-72　空三进度

如果测区存在大面积弱纹理区域，在空三参数“选项”设置对话框，如图 5-73 所示，“连接点密度”选择“高”，“匹配对选择模式”为“加强”，源数据纹理选择“弱”，如图 5-74 所示，这样大面积弱纹理区域空三通过率较高，如果第一次空三失败，尤其出现丢失（未参与空三）照片数量较多，可以通过设置这三个参数重新提交自由网空三，注意这三个参数是同步设置，单独设置某一个或两个参数，对空三通过率影响不大。颜色一致性调整选择“启用”，会进行匀光匀色处理，调整照片之间的色差，出来的模型色差更小，效果更好；如果对模型效果要求不高，仅用来采集地形图，可以选择“禁用”，这样空三效率更高。

自由网空三结束后，在“三维”窗口查看空三质量，如图 5-75 所示，红色照片是参与空三计算，黄色照片是未参与空三计算。从剖视角查看无人机拍摄影像的轨迹线和点云分布是否平整，是否有翘起、扭曲等现象。当轨迹线都分布在同一平面内，空三质量良好。

选中“空三任务”名称，单击鼠标右键，选择“显示空三报告”，如图 5-76 所示。

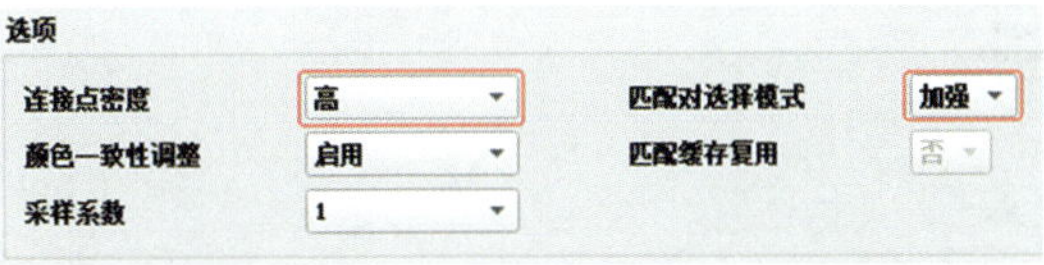

图 5-73 空三参数“选项”对话框

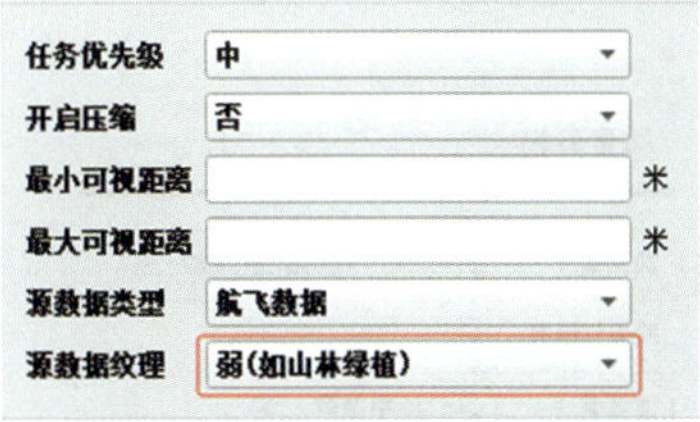

图 5-74 空三参数优化设置

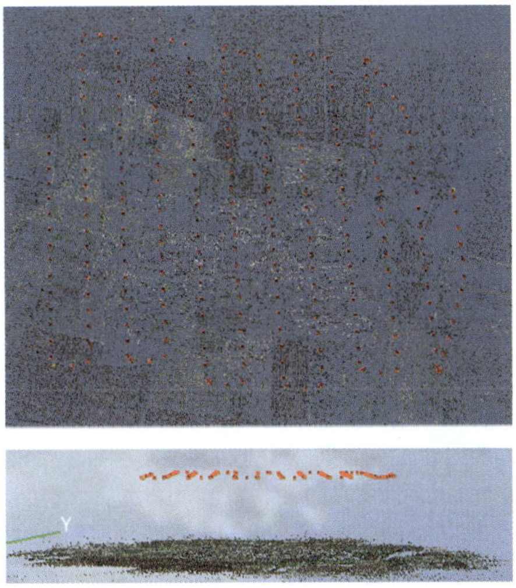

图 5-75 自由网空三结果

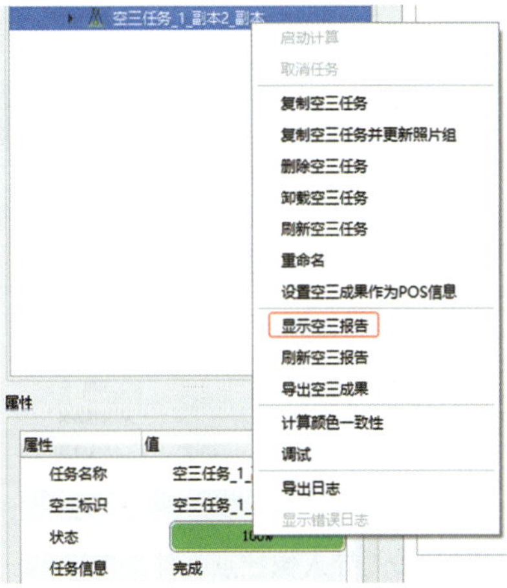

图 5-76 打开空三报告

在空三报告中查看“质量简报”里的数据集、连接点和 RMS(均方根),如图 5-77 所示;数据集是指参与空三计算的照片数占总照片数的百分比;连接点是指参与空三照片提取的总特征点数,点数越多空三精度越高;RMS 表示测量值与真实值之间差异的均方根,即残差的均方根。RMS 值越小,表示测量结果的精度越高。在空三报告中,RMS 值可以用来评估整个测量过程的精度,包括相机定位、特征点匹配等;要求 RMS 值小于 1 个像素。

(5)刺点及约束空三

选中“空三任务”,右键单击“复制空三任务”,创建一个“副本”,选择“副本”里的控制点信息,在右边弹出一个控制点对话框,如图 5-78 所示,这是瞰景 Smart3D 独特设置,如果副本操作有问题,损坏空三结果,只需要把原任务再复制一遍。在控制点对话框选择“TXT 导入”,弹出“导入格式化文本”对话框,即导入控制点对话框,如图 5-79 和图 5-80 所示,选择 RTK 手簿导出的控制点文本文件,其他参数设置和导入影像坐标设置基本一样,可参考影像坐标导入参数设置。

点击“下一步”,进入坐标系设置对话框,如图 5-81 所示,选择的平面坐标系和 RTK 外业采集的像控点坐标系保持一致。

为了控制投影变形,很多城市或工程项目是基于 CGCS2000 椭球建立独立坐标系,建立独立坐标系有两种方法,一是选择测区的中央子午线,重新进行高斯投影;二是选择测区平均高程面进行投影。在坐标系对话框选中某个投影坐标系,单击右键导出一个 prj 投影文件,如图 5-82 所示。

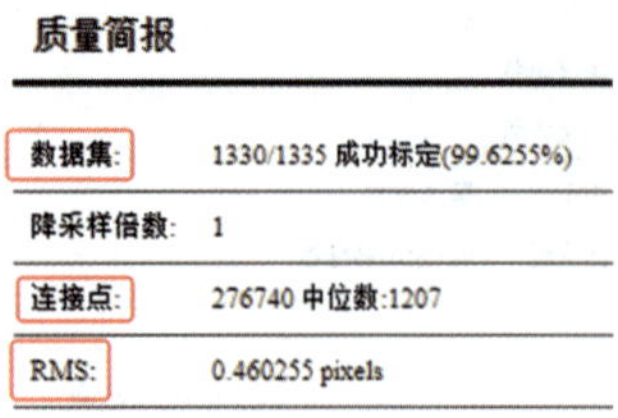

图 5-77　质量简报

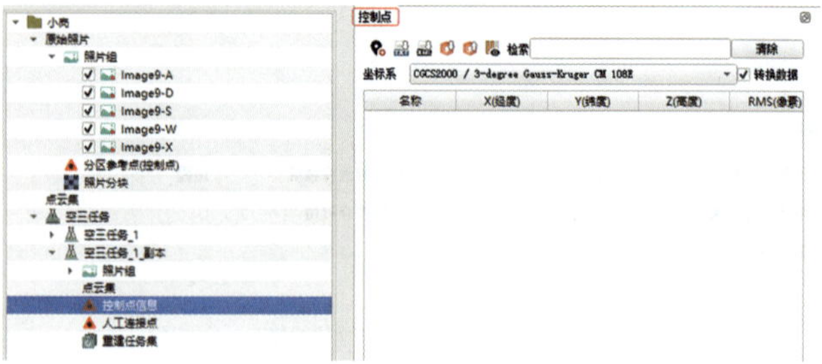

图 5-78　控制点对话框

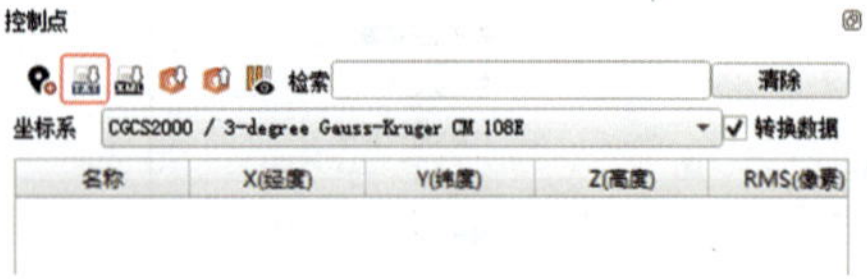

图 5-79　导入像控点文件

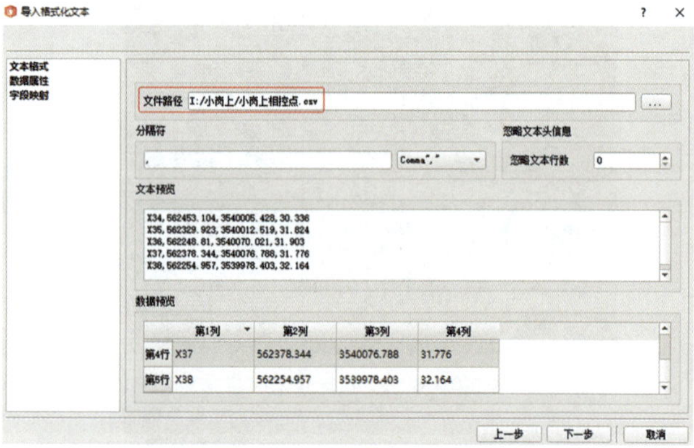

图 5-80　导入像控点设置对话框

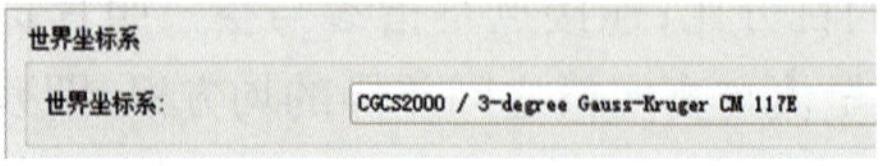

图 5-81　像控点坐标系设置对话框

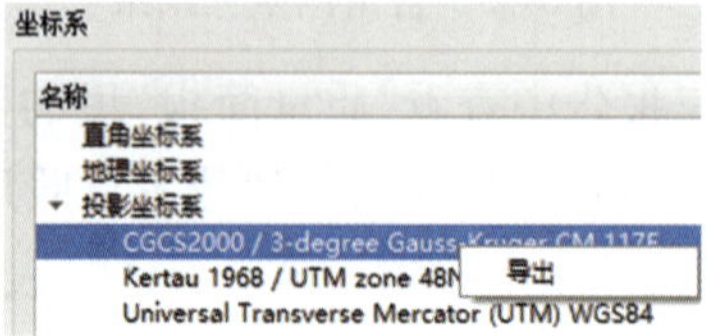

图 5-82　导出 prj 文件

用记事本或文本文件打开 prj 文件,直接修改中央子午线或椭球长半径,如图 5-83 所示。

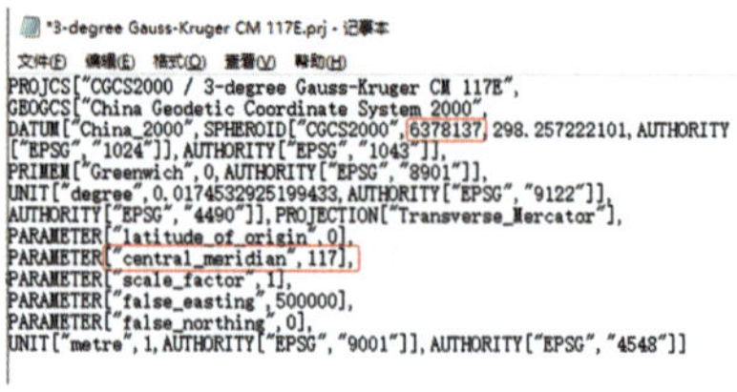

图 5-83　坐标投影(prj)文件

PROJCS:投影坐标系。

GEOGCS:地理坐标系。

DATUM:数据集包含椭球名、椭球参数。

PRIMEM:本初子午线。

latitude_of_origin:起始经度。

central_meridian：中央经线。

scale_factor：比例因子。

设置好坐标系，点击“下一步”，为每列数据添加一个标题，第一列为控制点名称，第二列为东坐标 X，第三列为北坐标 Y，第四列为高程 Z；注意 X、Y 坐标轴的指向与测量坐标系的指向相反，如图 5-84 所示。

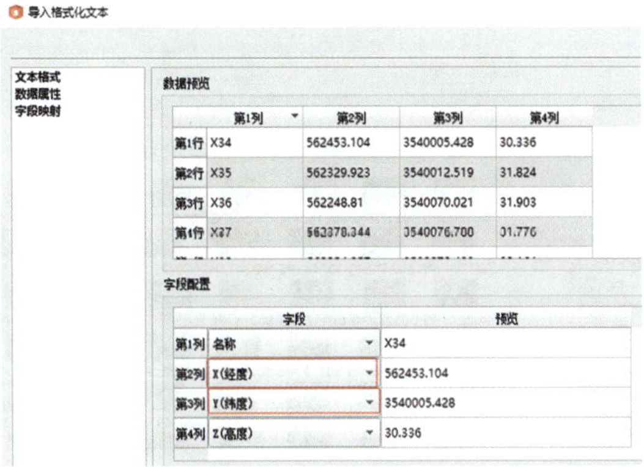

图 5-84　坐标轴设置

给各列设置好名称，点击“完成”，在控制点对话框显示导入的像控点数量，如图 5-85 所示。选中像控点，在对话框右侧显示包含该像控点的照片，排序方式选择“控制点在照片中心”，出现绿色、黄色和红色三种照片。绿色照片表示控制点在照片中心位置附近，黄色照片表示控制点偏离照片中心较远，红色照片表示控制点在照片边缘，一般只刺绿色和黄色照片，红色照片不刺，根据照片成像原理，越靠近照片边缘，畸变越大，刺点误差也较大。

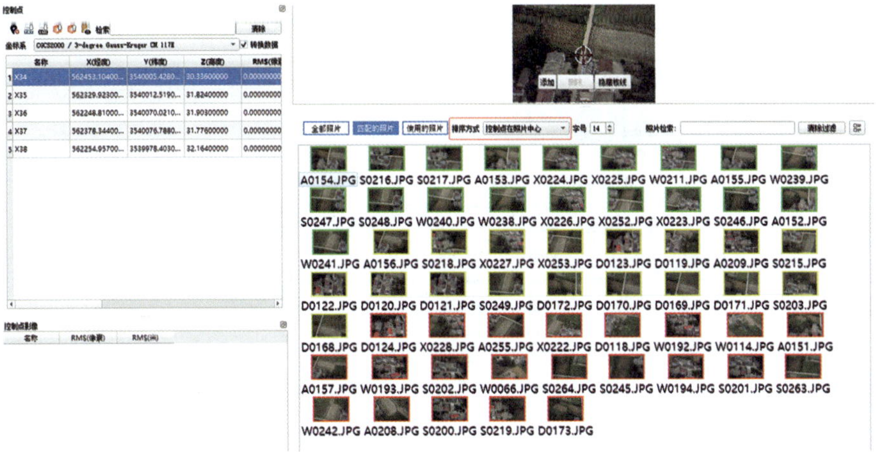

图 5-85　像控点界面

选中照片，同时按住 Shift 键，鼠标移动到外业 RTK 测量位置单击左键，出现黄色圆圈，表明刺点成功，同时在照片左上角显示黄色对勾，如图 5-86 所示。倾斜摄影，每个镜头都要刺不少于 3 张照片，如果某个镜头彻底被房屋或树木等遮挡，可不刺。下视镜头可多刺几张照片，每个像控点刺得照片数量不少于 20 张，如果遮挡或拉花导致无法达到 20 张要求，那么实际能刺点的照片数就是最终数量，对话框左下角显示每个点刺得照片数及每张照片的 RMS

值,如图 5-86 所示。

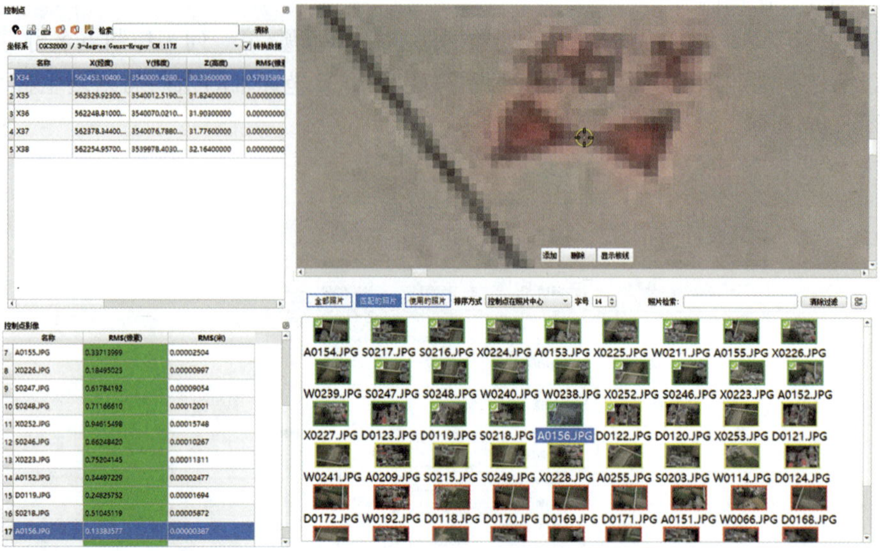

图 5-86 刺点

刺点需要注意以下几点:

①每个镜头都要刺,遮挡除外。

②拉花、变形严重的照片不刺。

③有电线穿过像控点测量位置的不刺。

④同一条航带相邻两张照片只刺一张。

⑤刺点照片尽量分布在不同航线上。

将所有像控点刺完,如果有检查点,拖动控制点下的水平滚动条至右边,在检查点列勾选对应点号行,该像控点就变成检查点,检查点不参与空三约束计算,如图 5-87 所示。

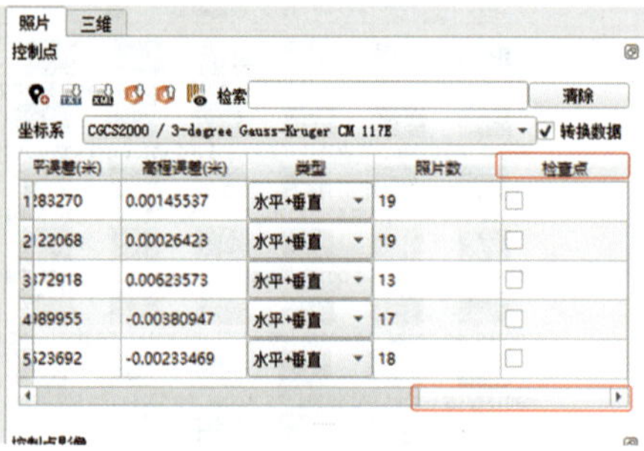

图 5-87 检查点设置

选中复制任务,单击鼠标右键选择"启动计算"选项,如图 5-88 所示,弹出对话框选择"是",点击"下一步",直接进入参数设置对话框,如图 5-89 所示,"位置模式"选择"使用控制点平差",估计策略的连接点设置为"计算",其他参数保持默认设置,点击"下一步",该对话框参数保持默认设置,选择"完成",再次提交空三进行约束处理,检查引擎确保打开。在 Smart3D Master Standard 软件界面的左下角属性栏查看约束空三进度。

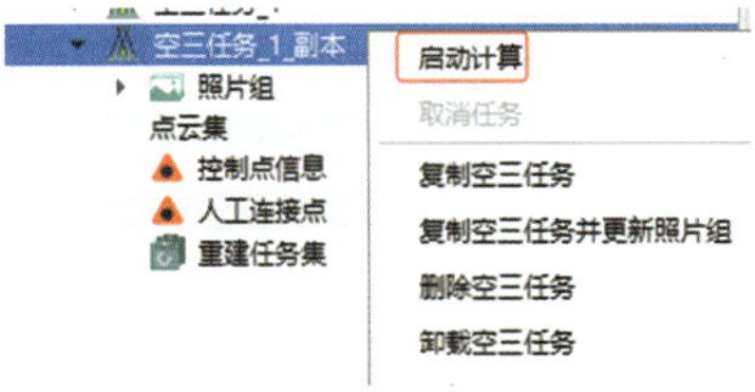

图 5-88　启动计算对话框

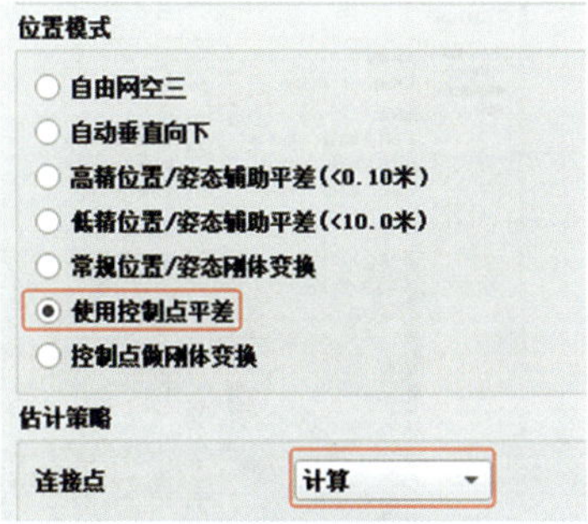

图 5-89　位置模式对话框

约束空三完成后，查看报告中的控制点误差分布，如图 5-90 所示。瞰景 Smart3D 控制点空三约束精度很高，“三维误差”基本都在毫米级或厘米级，这个精度能满足大部分项目要求；如果“三维误差”出现在分米级及以上，表明刺点误差较大，需要检查刺点位置是否准确，是否有刺错位置的影像。将所有像控点刺点影像检查一遍，再重新提交一次约束空三，直到精度合格为止。

控制点

控制点误差								
名称	类型	照片数	精度(米)	RMS(像素)	RMS(米)	三维误差(米)	水平误差(米)	高程误差(米)
X34	水平+垂直	19	水平:0.01 高程:0.01	0.428722	0.00635131	0.0031847	0.0028327	0.00145537
X35	水平+垂直	19	水平:0.01 高程:0.01	0.688932	0.0116172	0.0112238	0.0112207	0.00026423
X36	水平+垂直	13	水平:0.01 高程:0.01	0.34683	0.00512497	0.00726575	0.00372918	0.00623573
X37	水平+垂直	17	水平:0.01 高程:0.01	0.54933	0.0101989	0.0106072	0.00989955	-0.00380947
X38	水平+垂直	18	水平:0.01 高程:0.01	0.483627	0.00686641	0.00573377	0.00523692	-0.00233469
RMS				0.512714	0.00839915	0.00817675	0.00739271	0.00349386
中位数				0.483627	0.00686641	0.00726575	0.00523692	0.00026423

图 5-90　像控点误差

(6)三维模型生产

选择“重建任务集”，单击鼠标右键，创建重建任务，弹出“创建重建任务”对话框，如图 5-91 所示。

在重建任务对话框设置“重建任务名称”和“瓦片坐标系”，如图 5-92 所示，瓦片坐标系只在具有地理参考属性的工程内可用，定义了建模区域和瓦片所在空间框架中的坐标系统，与最终输出的三维模型坐标系无关。

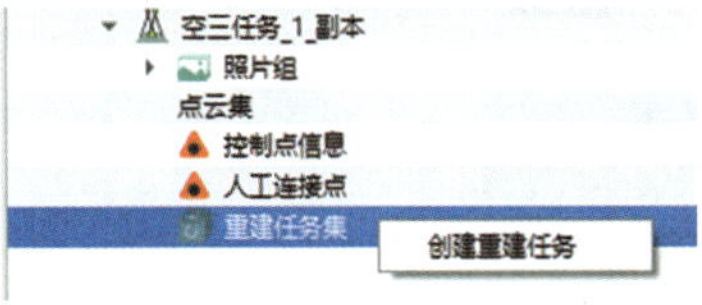

图 5-91　创建重建任务对话框

图 5-92　设置重建任务名称和坐标系

①瓦片划分

考虑到三维场景往往包含大片区域，当作为一个整体进行重建时，电脑内存不足以支撑如此庞大的数据量，因此软件对模型进行分割，划分成较小的瓦片再进行重建运算，如图 5-93 所示。

软件提供的瓦片划分方式有以下三种：

不划分：模型不分割瓦块。

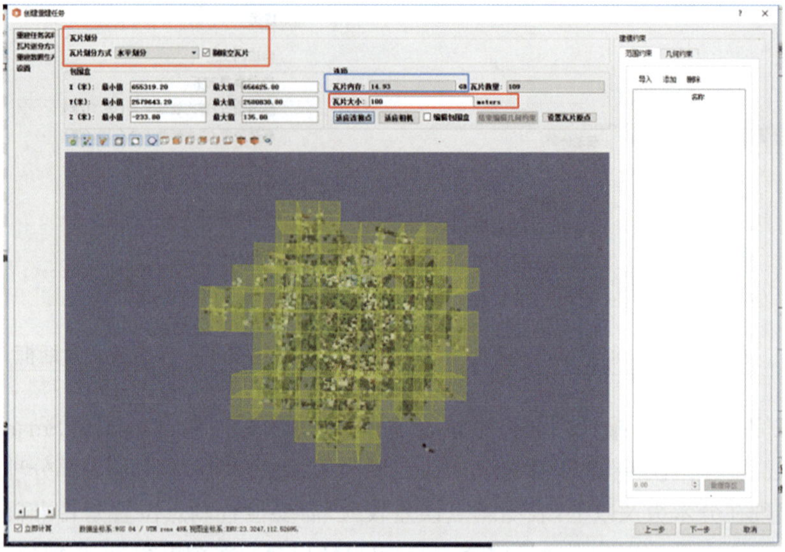

图 5-93 重建任务参数设置

水平划分:在 XY 平面上将模型分割成瓦块。

空间划分:把重建区域分割成规则立方体瓦块,进行瓦块分割时,软件会计算每个瓦块占用的内存,根据实际电脑配置确定大小,一般瓦片大小不超过电脑运行内存 1/2。

由于模型整体输出同样需大量内存,一般的电脑内存根本不够,所以需要对模型进行分块处理,使其占用合理内存。选择模型分块模式,确定分块大小。分块大小由电脑内存决定,为了保证每个分块得以运行,分块所耗内存应不大于内存的 1/2。确定分块大小后,勾选编辑包围盒,可在下方三维视图中调整模型生成范围,通过鼠标移动包围盒的四边来调整范围。

②范围约束

软件支持导入 KML 和 Shp 格式。单击本地坐标系推荐使用 Shp 格式。点击“导入”选项,选择相应的范围文件导入即可,也可通过鼠标直接绘制模型生产范围。绘制时单击左键开始,单击右键结束,绘制完成后即可获得一个多边形约束范围,如图 5-94 所示。

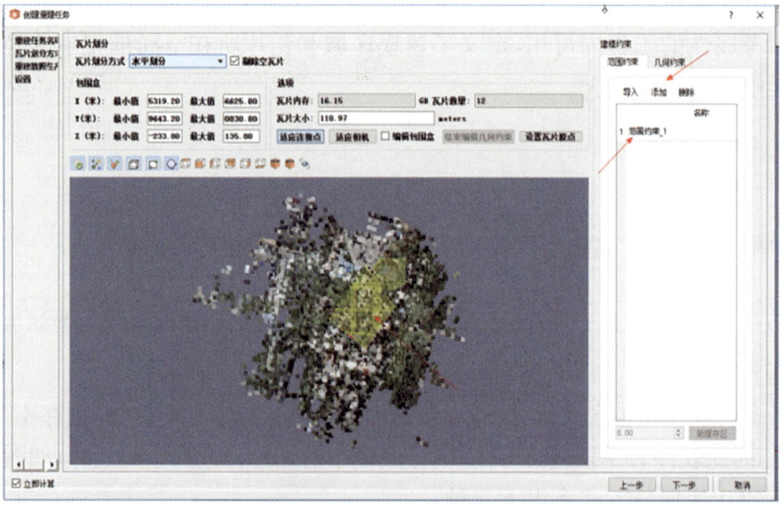

图 5-94 导入范围约束

③几何约束

在进行空三任务时，由于水面属于弱纹理区域，经常出现水面大量丢片，导致建出的三维模型出现破洞、扭曲等现象，往往采用修模的方式进行处理。针对这种情况，可通过对模型添加水面约束范围进行改善，这样得到的三维模型水面没有破洞或少量破洞。

在建模约束中找到几何约束。几何约束支持导入文件和手动添加两种设定约束范围的方式，导入文件支持 Shp 和 KML 格式，如图 5-95 所示。如果航飞区域内没有水域，直接跳过该步骤。

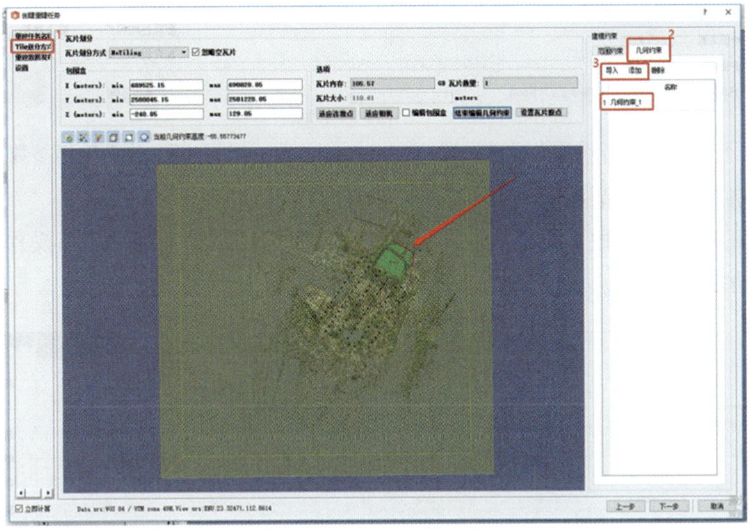

图 5-95　几何约束

④三维重建

选择模型输出格式及输出路径，在选择需要重建的瓦片中可以单独选择要输出的瓦片。点击“完成”选项开始重建计算，在软件属性对话框查看模型生成进度。

发布数据格式：选择生产数据的类型及格式。瞰景 Smart3D 目前支持转换的数据格式包括 OSGB、OBJ、DAE、3DTiles、3MX、LAS、Esri i3S、SuperMap S3M、Fast OrthoMosaic、Fbx 及 DOM\DSM。

发布数据坐标系：选择合适的重建成果坐标系，一般与控制点坐标系保持一致。

纹理质量：选择纹理的质量级别，一般选择 90%。

选择需要重建的瓦片：支持单独勾选单个或多个瓦片进行生产。

设置发布数据坐标系原点：设定模型成果原点坐标，默认即可。若需要合并模型，需要将多个重建结果设置相同的发布数据坐标系和坐标原点，如图 5-96 所示。

如果是生产快拼影像（正射影像）可不分块处理。

任务按优先级分为高、中、低三个级别，用于设定任务处理优先级别，高为最优先处理，如图 5-97 所示。

视频

三维模型生产

几何精度分为以下四个等级：

快速：最适用于正射影像（建模精度精确到 2 个原始影像像素）。

普通：普通精度，生成文件较小（建模精确到 1 个原始影像像素）。

精细：默认设置，高精度，生成的文件会较大（建模精确到 0.5 个原始影像的像素）。

超精细：超高精度，该设置占据大量内存和计算时间，不适用于几十或上百平方公里这种大面积区域。

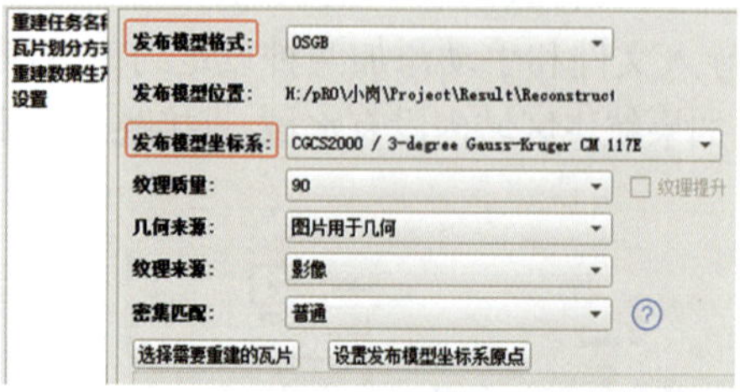

图 5-96　模型格式及坐标系设置

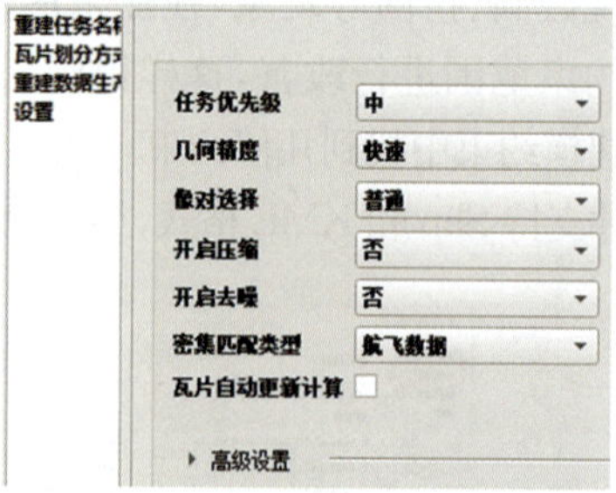

图 5-97　模型输出参数设置

在重建任务的瓦片对话框里直接显示瓦片生产状态，如图 5-98 所示。

如果某个瓦片生产失败，可以选中该瓦片单击右键选择"重置任务"等操作来重新提交生产，如图 5-99 所示。

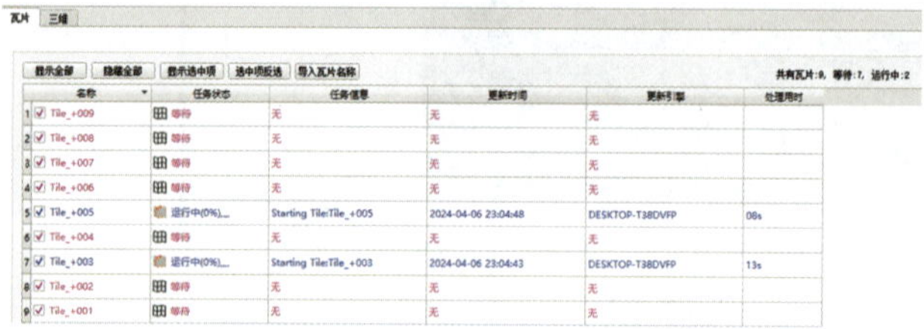

图 5-98　瓦片生产对话框

图 5-99　失败瓦片重置

所有瓦片生产完毕，建模完成，在三维窗口查看建好的三维模型。

拓展知识

目前实景三维建模软件很多，除了本任务介绍的瞰景 Smart3D，还有重建大师、中测智绘 Mirauge3D、ContextCapture（简称 CC）、天工和大疆智图等软件，每个软件都有自己的特点，用户根据项目要求灵活选择这些软件进行三维建模，三维建模关键步骤是空三，空三的精度和质量合格后，剩余建模工作基本是靠软件自动完成。如果空三失败，要分析失败原因，通过调整参数再测试，如果照片数量特别大，测试的时间成本高，可以选取一小块进行测试出合格的参数值，如果测试几次空三连续失败，建议换软件做空三，不同软件空三能力还是有区别，有的软件空三能力特别强，针对弱纹理区域空三成功率高，由于空三文件格式在各个建模软件里基本都通用，因此空三和建模可以用不同软件完成，一般存在大面积弱纹理区域的航飞影像，先使用 Agisoft Metashape 软件完成空三，将空三文件导出，再导入建模软件生成实景三维模型。

任务 5.5　无人机大比例尺地形图测绘

5.5.1　任务目标

通过本任务，理解无人机航测大比例尺地形图测绘的两种方法：三维模型测图、DOM 与

DSM 测图。掌握南方测绘 CASS11 软件加载三维模型或 DOM 与 DSM、软件基本设置，能在模型上准确识别地物与地貌，根据《地形图图式》完成地形图绘制。

5.5.2　相关配套知识

1. 三维模型测图

实景三维测图是一种利用三维模型进行的地形图测量技术。它允许用户在不借助立体眼镜的情况下，通过裸眼观察三维模型进行地图绘制和测量。这项技术可以大幅减少外业工作量，提高成图效率和质量，并且可以提供更加直观和精确的空间数据，对于城市规划、工程建设、灾害评估等领域具有重要应用价值。接下来以南方测绘 CASS11 软件为例介绍三维模型裸眼测图基本操作流程。南方测绘 CASS11 软件提供了三维测图模块，测图流程主要包括模型加载、基本设置、地物与地形绘制和成图。

(1)模型加载

南方测绘 CASS11 软件内置了三维测图模块功能，可直接加载 OSGB 格式三维模型，点击 3D 选项加载模型，选择后缀名为 xml 的文件，直接双击 xml 文件或点击“打开”选项加载三维模型，如图 5-100 所示。

在 CASS11 界面弹出一个三维窗口，显示加载的三维模型及三维工具栏，如图 5-101 所示。按住鼠标左键移动是旋转模型，按住滚轮键移动是平移模型，转动滚轮键是缩放模型。三维工具栏包含三维模型和点云下拉菜单，如图 5-102 和图 5-103 所示。

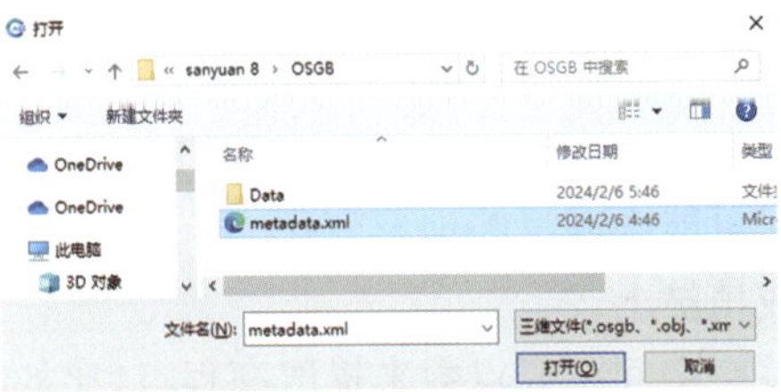

图 5-100　加载三维模型

图 5-101　CASS 三维模型显示

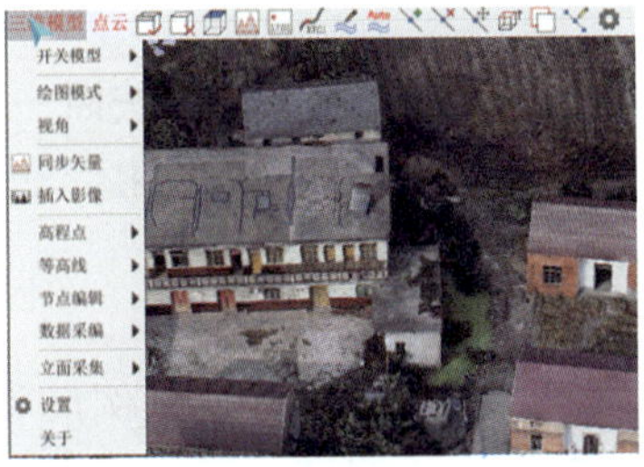

图 5-102　三维模型下拉菜单

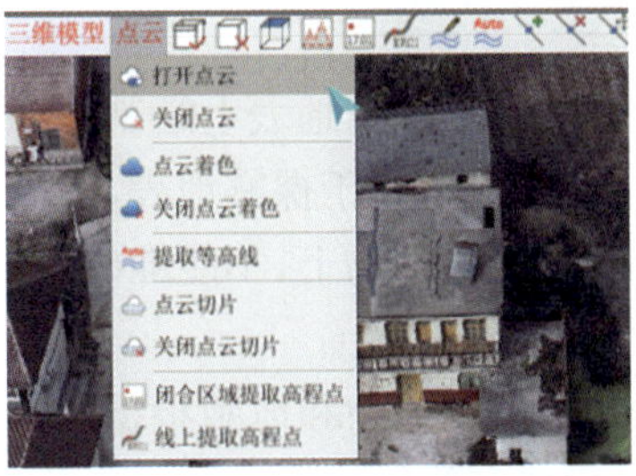

图 5-103　点云下拉菜单

(2)基本设置

在设置对话框包含了常规和快捷键设置，如图 5-104 所示，常规设置包含绘制属性、智能绘房、窗口设置、自动绘制和点云显示等。一般勾选“二三维同步旋转”，这样三维模型和绘制的地形图是同步旋转，便于绘图。

(3)地物与地形绘制

CASS 3D 提供了两种方法来绘制房屋及其附属物，分别是直角绘图和直线绘图。直角绘图方法适用于房屋拐角都是直角形式，首先在要绘制的房屋一条长边上采集两点，然后按照顺时针或逆时针顺序在房屋其他边上依次采集一个点，这样房屋轮廓线就绘制完成。在右边二位窗口显示房屋属性及其轮廓线，如图 5-105 所示。直线绘图方法适用于房屋拐角不是直角形式，主要针对不规则房屋，需要在要绘制的房屋每条边界线上采集两点，用两点连线表达房屋边界线，同样按照顺时针或逆时针顺序将房屋所有边采集完得到房屋轮廓线。绘制檐廊、阳台和飘楼等房屋附属物也可以采用这两种方法，具体绘制按《地形图图式》要求执行。

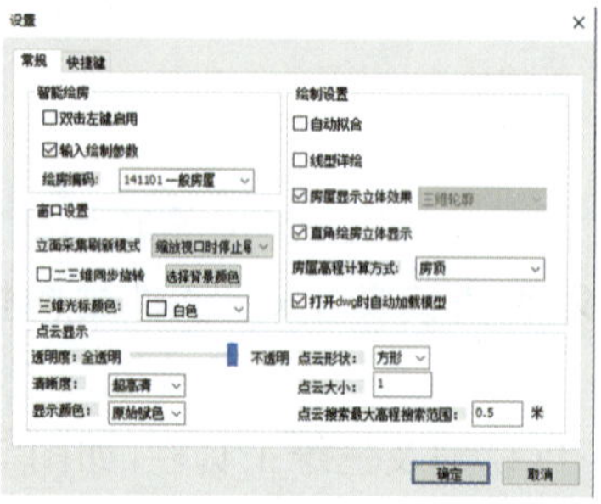

图 5-104　常规设置和快捷键设置对话框

图 5-105　直角绘图法绘制房屋

三维模型上的道路、河流、陡坎等地物使用对应的属性线沿着其边界线绘制，具体绘制要求依据《地形图图式》。

在 CASS 3D 工具里提供三种高程点采集方法，分别是手动采集、自动线提取和自动面提取。常用的是手动采集，在三维模型上手动采集高程点需要注意以下几点：

①采集的高程点必须在裸露地表上，比如道路、土地和水泥硬化面等地物上。

②采集的高程点尽量在全图范围内均匀分布。

③采集的高程点要选在地形高低起伏位置，尽可能准确反映地形变化。

④采集的高程点位置不能是房顶、树木枝叶或植被上。

自动线提取是根据绘制好的地物属性线，按照一定间距或点数来提取高程点，比如在道路或陡坎等能够反应地形的边界线上提取高程点，使用该方法要注意绘制的边界线必须贴合模型，如果不贴合，提取的高程点是不准确的，因此使用该方法之前必须仔细检查边界线是否和模型完全贴合。

自动面提取是在裸露地表上绘制一个闭合范围线，然后在该范围线内按照一定的间距提取高程点，该方法只适用于裸露地表，提取的范围线内不能有房屋、植被和树木，否则提取的高程点可能出现在这些地物上，不能准确反映地形起伏变化。

(4)成图

将采集范围内的地物和地貌根据《地形图图式》采集完，等高线依据比例尺和《地形图图式》要求进行生成和修饰，最后添加格网、标题、图例、指北针、比例尺、署名等要素，完成地图的最终工作，基于三维模型采集的大比例尺地形图如图 5-106 所示。

2. DOM 和 DSM 测图

在大比例尺地形图测绘中，如果测图精度要求不高或房屋附属物不要求绘制，在数字正射影像(DOM)上绘制地物就能满足要求，并且基于 DSM 提取的高程点也能满足精度要求，就不需要倾斜摄影，这样外业航飞只需要垂直视角航飞正射，影像数量急剧减少，内业处理影像生成 DOM 和 DSM 效率比生产三维模型要高。采用南方 CASS11 软件加载 DOM 和 DSM 绘制地形图流程主要包括三维模型构建、三维模型加载、基本设置、地物与地貌绘制和成图。这个流程和倾斜摄影三维模型绘制地形图的流程基本一样。

(1)三维模型构建

原始数据文件如图 5-107 所示，DOM 和 DSM 是以 TIFF 格式存储。tfw 文件是一个 ASCII 文本文件，它包含了将正射影像的像素坐标转换为地理坐标的仿射变换参数。这些参数允许软件将影像地图上的每一个像素点映射到实际的地理位置上。

图 5-106　大比例尺地形图

图 5-107　原始数据

利用南方测绘 CASS11 软件自带“构建 3D 模型”功能将 DOM 和 DSM 进行叠加，如图 5-108 所示，生成一个三维模型进行采集，生成的三维模型与倾斜摄影技术获取的三维模型的主要区别是：三维模型的细节和纹理方面不如倾斜摄影模型丰富，特别是在建筑物侧面和复杂地形的表达上。

点击“构建 3D 模型”选项，弹出如图 5 109 所示对话框。

图 5-108　构建 3D 模型

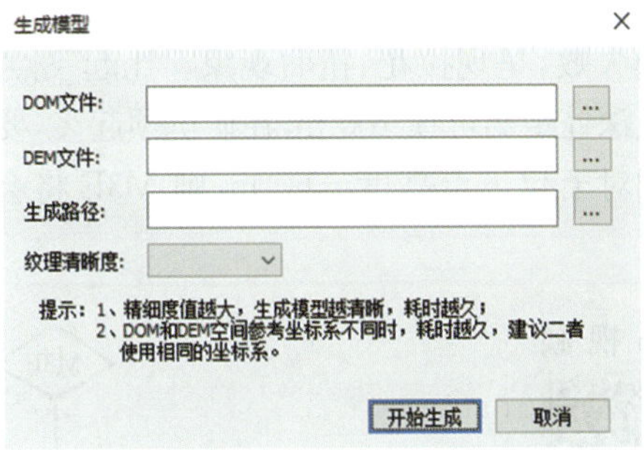

图 5-109　DOM 和 DSM 叠加对话框

在对话框中，“DOM”文件是选择 DOM. tif 文件，“DEM 文件”是选择 DSM. tif 文件，如果有 DEM 文件，就选择 DEM 文件，没有就选择 DSM 文件。“生成路径”是选择输入结果保存位置，“纹理清晰度”根据下面提示进行选择，一般在可设置范围内选择中间值偏大。设置好点击“开始生成”选项，对话框出现提示：生成完毕！关闭该对话框，如图 5-110 所示，去生成路径查看结果。

(2)三维模型加载

点击 3D 选项，加载生成文件夹 DOM 里后缀名为 osgb 文件(图 5-111)。

在三维窗口显示的三维模型就是 DOM 和 DSM 叠加生成的，如图 5-112 所示。

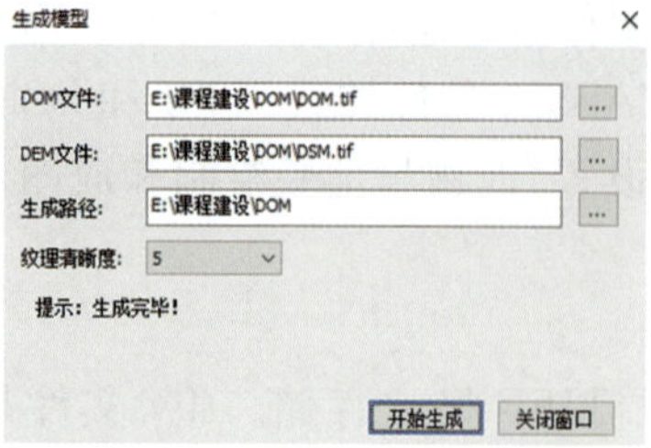

图 5-110　生成三维模型

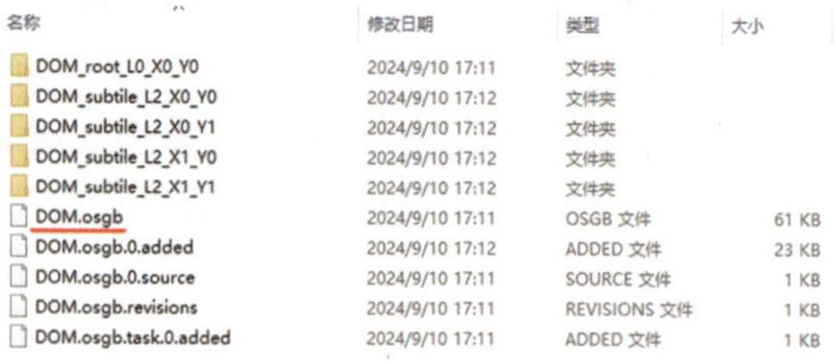

图 5-111　三维模型生成文件

绘图操作流程和倾斜摄影模型一样，同样按照《地形图图式》要求绘制，基于 DOM 和 DSM 叠加生成的三维模型进行测图适合精度要求不高的地形图或者测区内地物比较简单，遮挡不严重，如果地形图要求较高或遮挡严重，或者需要绘制房屋的附属物，就要拿着基于正射影像绘制的地形图和测量仪器设备去现场调绘补测，内业经过补绘，最终完成地形图绘制。

图 5-112　三维模型

拓展知识

在无人机航线规划参数里，重叠度是一个非常关键的参数，重叠度高低直接影响模型精度和建模效率，它是根据航高设置的，例如 120 m 航高设置的重叠度是 80%，这个高度是相对起飞点；由于航飞范围的地势高低起伏变化，比起飞点高的地方，重叠度小于 80%，相比起飞点越高，重叠度越小，比如在航飞的区域内有 80 m 高的大楼，楼顶部分的重叠度就很低，导致楼顶建模失败，呈现拉花、扭曲现象。比起飞点低的地方，重叠度变大。如果是阶梯状的露天矿，坑中最深处距离坑顶 100 m，在矿坑顶起飞，要对坑底进行建图航拍，则可设计航线高度40 m，被摄面相对于起飞点高度 −60 m，则 M3E 将会以 100 m 的高度进行重叠度的执行，如图 5-113 所示。

视 频
地形图测绘

视 频
外业调绘

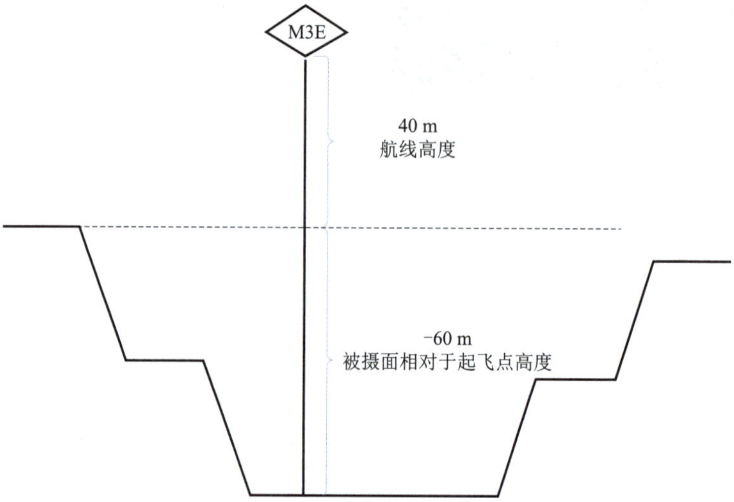

图 5-113　特殊航高设置

相关规范、规程与标准

《低空数字航摄与数据处理规范》(GB/T 39612—2020)。

思政小故事

无人机应用助力低空经济

2021 年 2 月，中共中央、国务院印发《国家综合立体交通网规划纲要》，提出“发展交通运输平台经济、枢纽经济、通道经济、低空经济”的要求。“低空经济”首次进入国家规划，具有标志性意义。低空经济不仅涵盖物流配送、农业应用、城市管理与服务、旅游娱乐、科学研究与环境监测、教育培训等广泛领域，还依托导航、控制、感知和避障等前沿技术，推动产业创新与新动能的形成。

无人机在地理测绘遥感传统领域应用发挥出巨大潜力和应用价值。以无人机航道测绘为例。通过搭载高精度传感器和摄影设备，能够在短时间内完成大面积航道区域的测绘任务。无人机具备实时数据传输和即时图像获取的能力，能够及时反映航道环境的变化。利用无人机搭载激光雷达和倾斜摄影技术，对河道中的漂浮物、两岸违章建筑物、非法排污口等进行抓取，使用高清图像与地图拼接技术，打造全景 3D 河道模型，为河流打造云数据库，建设全景 3D 水系模型数字孪生系统。

无人机可还应用于电力网线、油气管线、江河湖泊的电子化、信息化、智能化巡检，提高工作效率和应急处置水平。以列车巡检为例，在列车发车前，使用无人机沿列车两侧及顶部进行快速巡检，自动完成列车预检、车号和箱号自动核对，对车内异物、车门虚开、货物未卸尽等进行自动识别，发现隐患问题自动报警。无人机巡检结束后，系统自动对航拍高清视频/图像进行自动拼接，并按照车厢进行裁剪，自动对齐列车三侧图像，形成巡检记录，方便货运人员查看。

此外，无人机在地质勘探、国土资源调查、气象探测、灾情监控等方面也将逐步发挥重要作用。

项目小结

本项目介绍了无人机测图内外业作业流程及涉及的相关理论知识，外业主要获取航拍影像、定位信息、像控点坐标和相机参数等信息；内业使用航测专业软件完成地表二维或三维重建，基于重建的正射影像或三维模型进行地形图测绘。

复习思考题

1. 像控点布设需要注意哪些事项？
2. 无人机倾斜摄影航线规划参数有哪些？其中哪些参数影响无人机建模质量？
3. 无人机航测禁飞区域有哪些？
4. 基于 DOM 和 DSM 构建的三维模型与倾斜摄影模型有什么区别？
5. 基于无人机倾斜摄影模型进行地形图绘制，还需要外业调绘吗？如果需要调绘，调绘内容有哪些？

项目 6　激光雷达测图

项目描述

激光雷达(light detection and ranging，LIDAR)是一种先进的传感器技术，利用激光进行距离测量和检测的技术。它通过发射激光脉冲并接收反射回来的光来测量它与物体之间的距离以及物体速度，激光雷达具有精度高、速度快、抗干扰能力强和非接触测量等优势，测量精度能达到毫米级，主要用于古建筑测绘和精密扫描测量。激光雷达可以在短时间内完成大面积的三维坐标获取，快速获取地形数据。激光雷达不受天气、光照等环境因素的影响，具有较强的抗干扰能力。激光雷达广泛应用于地形测绘、城市规划、自动驾驶、森林资源调查和灾害评估等领域。

学习目标

1. 知识目标

(1)理解机载激光雷达、三维激光扫描原理；

(2)掌握机载雷达、三维激光扫描数据采集参数设置；

(3)掌握机载雷达、三维激光扫描点云数据预处理；

(4)掌握三维激光扫描点云数据拼接；

(5)掌握点云数据坐标系转换、滤波、测图、建模、计算土方量、绘制断面图。

2. 能力目标

(1)能设置一站三维激光扫描仪数据采集参数值；

(2)能规划无人机搭载激光雷达数据获取航线；

(3)能操作无人机获取点云数据；

(4)能预处理机载雷达点云数据；

(5)能完成一站三维激光扫描点云数据获取；

(6)能完成三维激光扫描点云数据预处理；

(7)能完成相邻测站点云数据拼接；

(8)能完成点云数据坐标系转换、滤波；

(9)能基于点云数据测图、建模、计算土方量、进行断面图绘制。

3. 素质目标

(1)具有团队协作意识；

(2)具有安全意识与自我保护能力；

(3)具有诚实守信、爱岗敬业的职业素养。

相关案例——基于机载激光雷达带状地形图测绘

某省计划在复杂山区修建一条高速公路，全长约 50 km，地形起伏较大（海拔落差达 800 m），植被茂密，传统人工测绘效率低、成本高且存在安全风险。××院采用机载激光雷达技术，快速获取高精度地形数据，为路线设计、工程量计算和施工规划提供技术支持。

1. 技术方案与实施流程

(1)设备配置

无人机：大疆 M350 RTK。

传感器：激光雷达（大疆禅思 L2）＋RGB 相机（多光谱可选）。

软件：大疆智图（数据处理）、LiDAR360，南方测绘 CASS 和 Global Mapper（地形分析）。

(2)外业航飞

航线规划：采用仿地飞行模式，根据 DEM 数据动态调整航高（80～150 m），确保地面分辨率≤5 cm。

重叠度设置：航向重叠度 80%、旁向重叠度 70%，应对山区地形起伏。

控制点布设：在测区均匀布设 15 个 GNSS－RTK 像控点，精度±2 cm。

(3)数据采集

激光雷达获取高密度点云（>200 点/m^2），穿透植被生成数字高程模型（DEM）。RGB 相机拍摄正射影像，生成数字正射影像图（DOM）。

(4)内业处理

点云滤波：去除植被、噪声点，提取地面点生成高精度 DEM。

三维建模：构建测区实景三维模型，叠加 DOM 与 DEM 生成数字地形图。

地形分析：自动提取等高线（间距 1 m）、坡度坡向图、横纵断面数据。

2. 成果与应用

(1)高精度地形图

平面精度：±5 cm（满足 1∶500 地形图要求）。

高程精度：±10 cm（优于传统全站仪测量）。

输出成果：DOM、DSM、DEM、三维模型和数字地形图。

(2)工程优化

路线设计：通过三维模型分析地质风险，避开滑坡体和陡峭区域，减少土方工程量约 20%。

工程量计算：利用 DEM 自动计算填挖方量，误差<3%。

施工模拟：在三维场景中预演施工方案，优化机械进场路线。

(3)效率对比

传统测绘：需 30 人团队耗时 2 个月，成本约 120 万元。

无人机航测：3 人团队 8 d 完成外业，7 d 完成内业，总成本 45 万元，效率提升 5 倍。

任务 6.1　机载激光雷达数据获取与处理

6.1.1　任务目标

通过本任务，掌握常见机载激光雷达的组装、检查点布设、雷达参数设置、航线规划、点云数据采集及质量检查等内容。能使用点云处理软件完成数据拼接、点云配准、噪声剔除和点云初分类等预处理；能使用后处理软件完成点云自动分类参数设置，结合手动分类完成高精度的地面点云数据，生成 DEM、等高线和断面图等地形产品。

6.1.2 相关配套知识

1. 机载激光雷达数据获取

机载激光雷达数据获取包括前期准备、雷达设置、航线规划、点云数据采集和质量检查。

以大疆禅思 L2 雷达为例阐述机载激光雷达数据获取流程，包含雷达组装、航线规划、数据采集及质量检查。大疆禅思 L2 是一款集成了激光雷达、高精度惯导系统及测绘相机的一体化测绘激光负载，配备三轴云台，可搭载在 M350/M300 RTK 飞行平台。在采集点云数据过程中可实时查看采集的点云效果。配合大疆智图(DJI Terra)软件完成点云预处理及部分后处理，可快速生成点云数据及地面点，并根据地面点生成 DEM 成果，高效、精准、快速完成复杂场景的高精度三维重建。

(1)基础知识

①测程

测程指激光雷达能测量的最远距离，类似于全站仪测程；不同雷达有效精度的测程不一样，测程的选择主要取决于地形和测量精度。在实际使用中受环境影响较大，类似于全站仪测距，受大气折光和地球曲率影响，同样激光雷达测距时发射的激光在大气层传播时，激光能量受大气层影响会衰减，特别遇到浓雾、大雨、烟和尘，衰减更严重，有效距离急剧缩短，难以正常作业。一般情况下厂家会注明不同光照及反射率下激光雷达有效测量距离。

②多回波

激光雷达发射出来的激光是以发射中心为圆心的一个球面或半球面，由于激光雷达视场中的物体体积大多数小于激光球面的体积，激光球面中的一部分激光遇到物体时会被反射，使激光雷达接收到一次回波，而且其余部分激光会继续向前，遇见其他物体后再被反射，使得激光雷达再接收一次激光回波，如果还有激光未被反射会继续向前传播，直到遇到反射物被反射回，使得激光雷达在相应的接收周期内收到多次激光回波。利用激光雷达多回波特性可检测物体边缘。在多次回波中，第一次回波可获取测量对象的高度和表面信息；中间的回波通常对应物体的结构；而最后的回波通常对应裸露的地表。在植被茂密的区域，通过多次回波就可以获取树木的数量、冠幅、树高及树下地形等信息。

③点云数据率

点云数据率亦称采样频率或脉冲频率，是单位时间内激光器所能发射激光束的数量。相同条件下，频率越高探测点的数量越多、作业效率越高。

④扫描方式

激光雷达的扫描方式一般分为重复扫描和非重复扫描；两种扫描方式会形成不同的扫描形状，需要注意的是激光雷达在地面形成的形状不仅取决于激光扫描方式，还取决于飞行方向、飞行速度和地形。

⑤视场角

视场角亦称扫描角度，表示激光束的扫描角，指激光束通过扫描装置所能达到的最大角度范围，如图 6-1 所示。

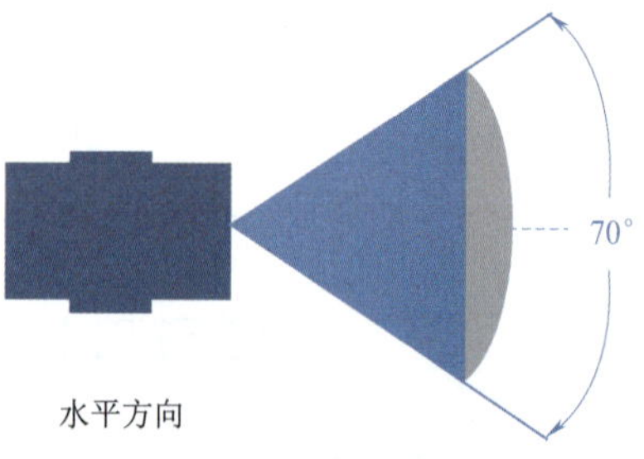

图 6-1 扫描视场角

扫描角度和扫描方式有关；L2 雷达重复扫描，水平方向扫描视场角为 70°，竖直方向扫描视场角为 3°。L2 雷达非重复扫描，其扫描范围更广，能获取更多的立面信息，一般在复杂结构场景中使用，如拍摄建筑物立面。

(2)雷达数据采集

①测前准备

a. GNSS 固定解模式

为了获取厘米级的点云数据精度，无人机在采集数据过程中要采用固定解模式精确测出发射激光中心的坐标。目前有三种固定解模式，分别是 PPK、网络 RTK 和自架基站。

PPK(post processed kinematic)技术，即动态后处理技术，是由基准站和流动站组成。PPK 的工作原理，是利用进行同步观测的一台基准站接收机和至少一台流动接收机对卫星的载波相位观测量，并进行实时记录，无须中间无线电传输的环节。在测量完成之后，使用 GNSS 后处理软件进行解算得到固定解。

网络 RTK 是指在一个较大的区域内均匀地布设若干个基准站，基准站间的距离在 50～100 km 之间，这样流动站到最近的基准站的距离基本能满足不大于 15 km，因此在利用流动站周围的几个基准站的观测值和已知的站坐标在解算，这样流动站能获得厘米级的定位精度。例如千寻 CORS 系统，是在全国范围内建设数万个基准站，均匀覆盖我国地区，能够提供厘米级的定位精度。

自架基站按照基准站与移动站之间是否通信又分为两种方式，一是 D RTK，二是第三方 RTK。D-RTK 是基准站与移动站之间进行信号传输，实时差分固定；第三方 RTK 是指基准站和移动站之间没有信号传输，最后查找相同时间段的基站文件，采用后处理软件自动解算得到固定解。自架基准站均需要架设在已知点上，当测区较大，为了满足精度，需要架设在不同的已知点上，所架设的已知点尽量均匀覆盖测区。

b. 检查点布设

在地形测绘作业中，一般使用全站仪或 RTK 测量若干检查点质检精度。雷达的成果是 LAS 格式三维点云，与可见光的三维模型不同，点云没有结构信息，因此在检查点布设时与可见光有所差别。

雷达点云成果中包含地物反射率信息，可通过反射率的差异判断出检查点中心位置。一般使用高反射率的白色涂料(道路反光漆、高反射隔热涂料)与低反射率的黑色涂料相结合，检查点直径大于 1 m×1 m，如图 6-2 所示。基于点云进行坐标量测时，可先使用可见光显示模式(RGB)找到检查点大致位置，再切换反射率显示，精确测量检查点中心坐标，如图 6-3 和图 6-4 所示。

图 6-2　外业检查点布设示意

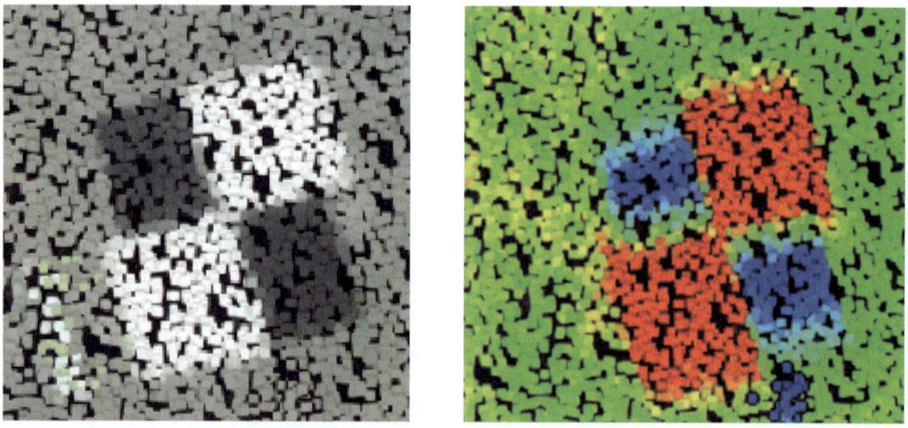

图 6-3　点云成果中检查点图标(RGB 和反射率)

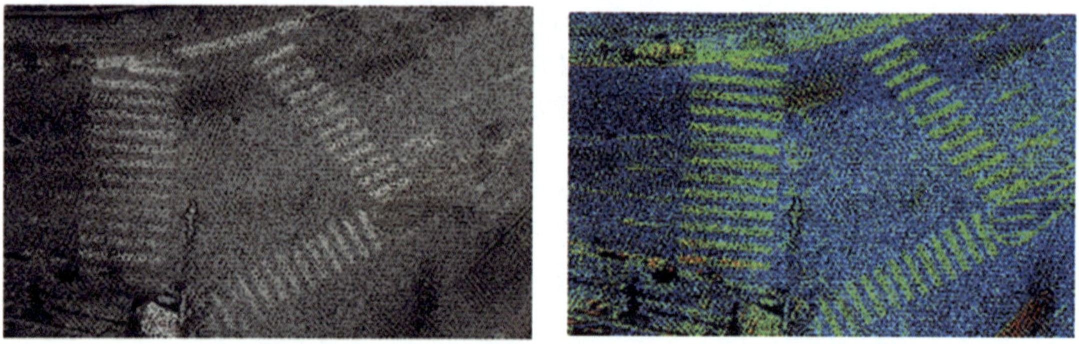

图 6-4　点云成果中道路斑马线(RGB 和反射率)

高程检查是指把 RTK 或全站仪测量的高程点导入大疆智图或 LiDAR360 等点云处理软件进行高程精度检查,与对应位置点云高程值比较,输出高程精度报告。高程检查的基本原理是:以检查点的三维位置为中心,将周围一定范围内的三维点进行高程加权平均,计算该加权平均值的坐标与实测坐标的差,这种检查精度和可靠性主要取决于周围点数量、精度和分布。

高程检查点外业布设时,可选择 1 m×1 m 大小的平地布点,检查点应均匀分布在测区四周及中间,检查点应有高差,不可全部位于同一平面。为了检验激光雷达的穿透性,在树木底下布设一定数量的林下点。

②雷达参数设置

回波模式:一般选择五回波,五回波为发射一束激光最多接收五次回波。五回波点云密度较高,若地表植被稀疏可降低回波数。

采样频率:240 kHz。240 kHz 表示 L2 雷达每秒发射 24 万个激光束。

扫描模式:分为非重复扫描和重复扫描,一般高精度场景选择重复扫描,精度高、点云密度大。如需获取更多立面信息,选择非重复扫描,扫描角度更广。

真彩色:通过可见光相机拍摄的照片为点云着色,可用于二维正射影像生成或三维模型重建。

③航线规划

可见光采集:选择正射采集,为点云赋色及数字正射影像生产。

点云密度:指理论上每平方米包含激光雷达点的平均数量。

高度模式：L2 雷达提供了三种选择模式，分别为相对起飞点高度、海拔高度和相对地面高（仿地），具体选择模式，依据测量精度和地形确定。测绘中使用最多的是相对起飞点高度和相对地面高。如果测区比较平坦，选择相对起飞点高度，在满足精度下，效率最高。测区地形起伏较大，比如丘陵或山区，选择相对地面高，进行仿地飞行，仿地飞行需要测区的 DSM 数据，多数无人机厂商提供 DSM 数据，根据 DSM 数据规划仿地航线，如图 6-5 所示。

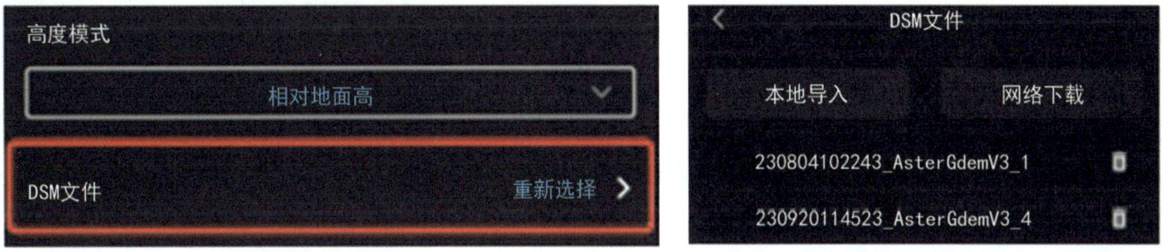

图 6-5　仿地飞行设置

航高设置：具体航高值取决于雷达测程、精度和穿透性要求，如图 6-6 所示；针对短测程雷达，为了获取高精度地形数据或植被下的地形数据，只能通过降低航高实现；航高降低，飞行效率会下降；如果航高过低，会影响安全飞行，这时只能选择长测程雷达。在满足精度的前提下或雷达测程冗余的情况下，可以适当提升航高，提高作业效率。

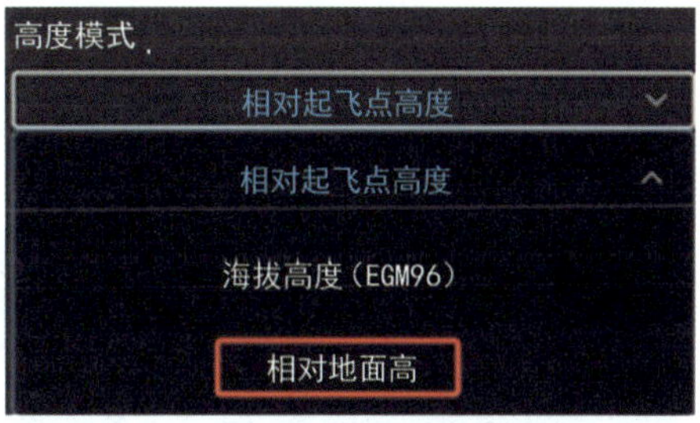

图 6-6　航高设置

安全起飞高度：若起飞点到航线起始点之间有较高障碍物，如高楼或山体，需设置安全起飞高度，如图 6-7 所示。数值高于障碍物高度，飞行器会先垂直爬升到安全起飞高度，再水平飞向航线起始点上空。

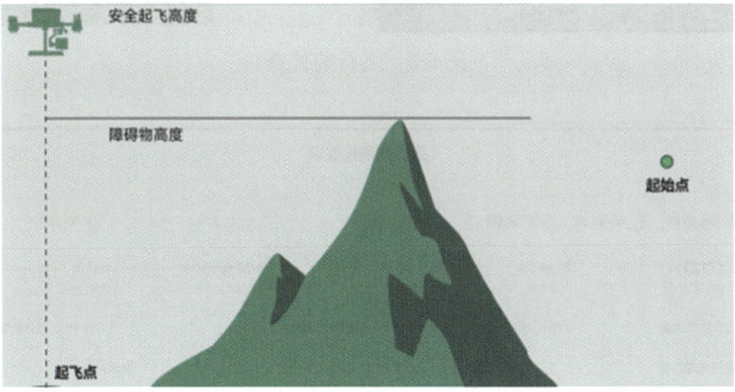

图 6-7　安全起飞高度

惯导标定：一般要开启，作业时会在黄色航线及航线首尾处自动进行前后加减速飞行，保证点云精度，如图 6-8 所示。

航线速度：一般为最大航速，为了提高点云密度，可以适当降低航速。

主航线角度：调整航线方向平行于测区最大边，保证最高飞行效率。

重叠率设置：激光旁向重叠率一般为 20%，若提升点云密度，或测区地形起伏较大、陡峭，可适当提高旁向重叠率至 50%；若需同时获取激光雷达点云数据和正射影像数据，可见光航向重叠率设置为 80%，旁向重叠率为 70%。

④点云数据采集

航前检查：在地图界面，点击“开始”，飞前检查菜单中，确认遥控器处于 N 挡、设备电量充足、RTK 状态为固定解、存储卡剩余容量足够，确保返航高度、限高高于航线高度，失联行为一般设置返航，限远一般关闭，遥杆模式为飞行员熟练操作模式；当测区风速较大，或电池循环次数较多时，一般提升低电量报警值；避障行为一般选择刹停，避障选择“打开”，如图 6-9 所示。

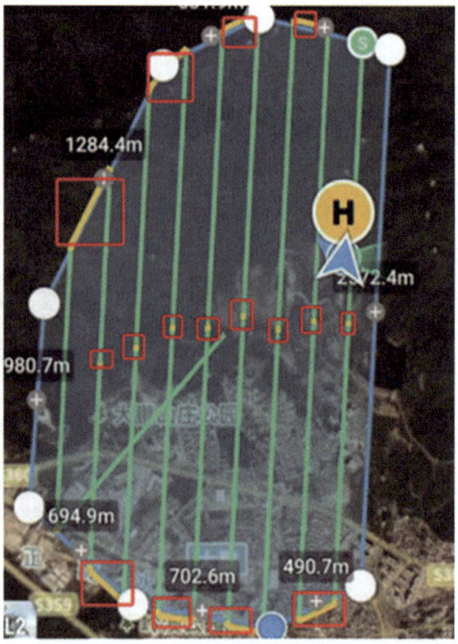

图 6-8　惯导标定开启

点击“下一步”，在航线检查界面(图 6-10)，主要关注航线失联行为，是指在航线飞行器失联后执行的动作，可选择继续执行，一般选择自动返航，检查完毕后，确保飞行场地空旷、周围安全，然后上传并执行该航线。

图 6-9　飞行前检查

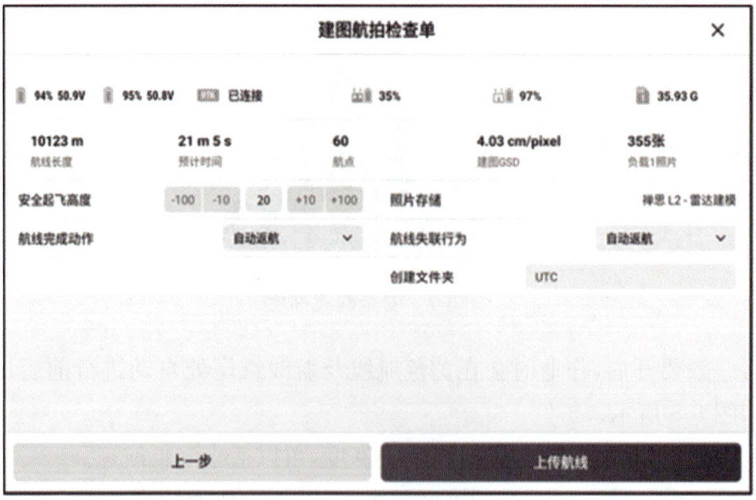

图 6-10　航线检查

进入飞行界面(图 6-11),查看点云、可见光画面,二者可以相互切换。飞行过程中需注意 RTK 及惯导标定状态。点击激光测距,实时查看对地距离。

图 6-11　飞行界面

按一下遥控器 R3 键,切换 FPV 飞行界面为主界面,观察飞行环境,确保飞行安全,如图 6-12 所示。

图 6-12　检查界面

⑤质量检查

航飞作业完成后,现场检查 RTK 解状态,包括固定解、浮点解、单点解和无效解。若 RTK 是浮点解或单点解,数据处理时可通过 PPK 解算,获取高精度定位数据。

2. 机载激光雷达数据处理

雷达数据处理分为两个主要阶段:预处理和后处理。

预处理阶段是指使用雷达设备配套的商业软件对点云数据进行解算、拼接和检查。这一过程的目的是生成整个测区的 LAS 格式点云数据,以便第三方软件能够进行后处理。LAS

格式是一种广泛使用的点云数据文件格式，它能够存储雷达测量的三维坐标信息以及其他相关属性。

后处理阶段是指利用第三方点云数据处理软件对 LAS 格式的点云数据进行分析和处理。这一阶段的主要任务是对点云数据进行分类，主要分类建筑物、植被、树木和地面点等。分类的目的在于提取和识别不同的地理特征和矢量化，以便于进行更具体的分析和应用。

建筑物的分类主要用于三维重建或地形图制作，亦可用于城市规划和建筑设计。植被的分类则有助于评估植被覆盖的密度和树木的高度等生态信息，这对于环境监测和自然资源管理至关重要。地面点的分类则可以用于生成数字高程模型(DEM)、等高线图、断面图，土方量计算，这些成果在土木工程和土地规划中具有广泛的应用价值。

(1)点云数据预处理

①数据准备

激光雷达数据预处理主要包括数据拼接、噪声处理、点云初步分类和点云配准。

数据拼接：将多条航带数据拼接成统一坐标系下的数据，确保同一区域不同架次、不同航带获取的点云同名点的平面位置中误差小于平均点间距。

噪声处理：消除孤立点等异常数据，噪声剔除率不宜太高。

点云初步分类：利用基于反射强度、地物形状等的算法组合，初步分离出地面点和非地面点。

点云配准：是指将多个不同位置、角度或时间采集的点云数据进行变换和拼接，使其在相同的坐标系下表示相同空间区域的任务。

以大疆禅思 L2 设备采集的点云数据为例介绍点云数据预处理，与该设备配套的数据处理软件是 DJI Terra。在 DJI Terra 软件里新建工程，存放工程目录的磁盘要有足够空间，导入 L2 采集的激光雷达点云数据。原始点云数据文件夹里应包括后缀名为 CLC、CLI、IMU、LDR、RTB、RTK、RTL 和 RTS 的文件，如图 6-13 所示。JPEG 图片为非必要数据，主要给点云数据赋色，可根据需求导入。

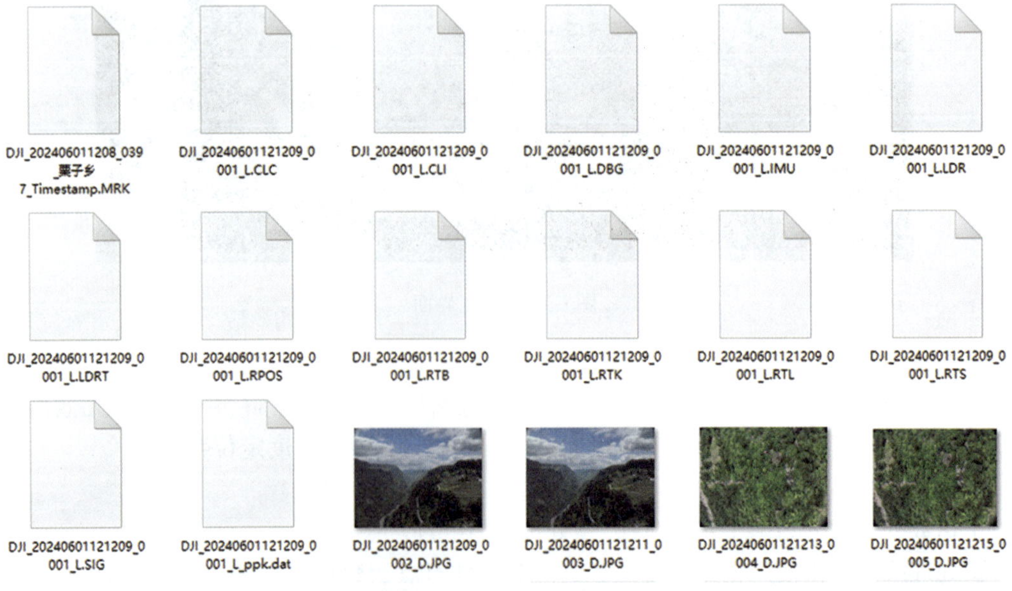

图 6-13　原始点云数据文件

若需要使用 D-RTK2 移动站或第三方基站进行 PPK 处理，需根据 L2 获取的点云数据文件，确定任务作业的时间段。在 D-RTK2 移动站或第三方 RTK 基站所存储的文件中，查找相同时间段基站数据。如果使用 D-RTK2 移动站，直接将 rtcmraw 目录下对应时间段的. DAT 文件拷贝到点云数据文件目录下。如果使用第三方 RTK 基站，支持. oem/. ubx/. obs/. rtcm 文件，如图 6-14 所示，需要将文件名重命名为点云数据文件目录中的. RTB 文件名称，再将重命名文件拷贝到点云数据文件目录下。DJI Terra 将根据后缀优先级使用基站数据，优先级顺序为：. oem＞. ubx＞. obs＞. rtcm。

协议类型	协议版本	消息类型	命名规则
OEM	OEM4、OEM6	RANGE	DJI_YYYYMMDDHHMM_XXX.oem
UBX	--	RAWX	DJI_YYYYMMDDHHMM_XXX.ubx
RINEX	v2.1x、v3.0x	--	DJI_YYYYMMDDHHMM_XXX.obs
RTCM	v3.0	1003、1004、1012、1014	DJI_YYYYMMDDHHMM_XXX.rtcm
	v3.20	MSM4、MSM5、MSM6、MSM7	

图 6-14　类型及命名规则

使用 D-RTK2 移动站，亦可直接拷贝当天所有基站数据文件至 DJI Terra。DJI Terra 将会自动识别。

导入完成后，若作业时没有设置基站中心坐标或需要替换原基站自收敛坐标，需在基站中心点设置中，修改基站中心点坐标，具体操作步骤如下：

a. 导入数据后，点击基站中心点设置。

b. 进入基站数据设置界面，点击搜索设置基站中心点坐标系统，将坐标设置成作业时架设基站中心点的坐标系。

c. 数据列表显示序号、文件夹名称、中心点纬度(X)、经度(Y)、高度(Z)。

d. 逐个修改：在中心点纬度、经度、高度输入框中输入数据进行修复。

e. 批量修改：勾选序号前面的勾选框，在表格上方的纬度(X)、经度(Y)、高度(Z)输入框中输入或粘贴数据，然后点击“批量修改”选项。

f. 点击“保存”即可替换原基站坐标。

②基础参数设置

点云密度：可选择按百分比或按距离，调整参与处理的点云数量；若需要快速处理或电脑性能不足时，可降低百分比，或增大距离。

按百分比：有高、中、低三种选择，高为原始采样率，使用所有点云进行处理，处理成果质量最高，耗时最长。中是指点云密度使用 1/4 的点云进行处理，处理成果质量中等，耗时中等。低是指点云密度使用 1/16的点云进行处理，处理成果质量一般，耗时最短。

按距离：当点云密度不均匀时(如局部过厚)可设置点云采样距离，在此距离范围内选取部分点进行计算，可以降低点云数量，使点云密度更加均匀，如图 6-15 所示。

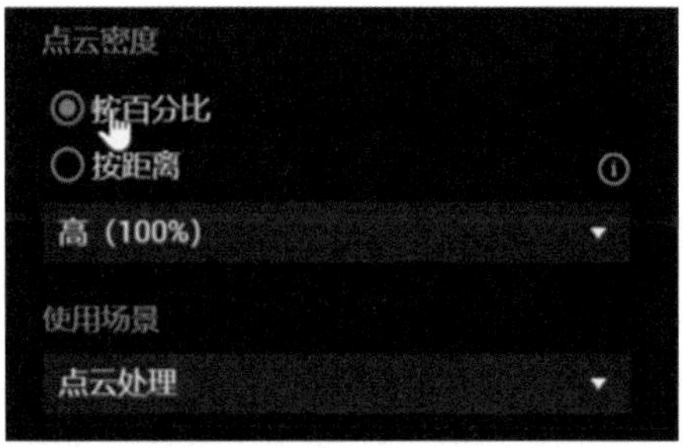

图 6-15　点云密度

③点云处理

点云有效距离：指用于点云处理的有效点云数据与雷达的距离。若激光雷达采集的点超过该有效距离，则这些点将在点云处理时被识别为噪点过滤掉。当需要重建一个较近的目标区域，但又不可避免地会采集到远处背景区域点时，可以设置点云有效距离。

点云精度优化：点云处理时将会对不同时刻扫描的点云数据进行平差优化，以便提高点云配准精度，使得点云整体精度更高。

点云平滑：是指降低点云厚度，去除离散噪声，使局部结构显示更为清晰，提升地面点分类效果。若需保留物体表面较小高程变化(小于 5 cm)的特征点时不开启此功能。

地面点初分类：可分类出地面点和非地面点。地面点可用于制作地形图，如图 6-16 所示。

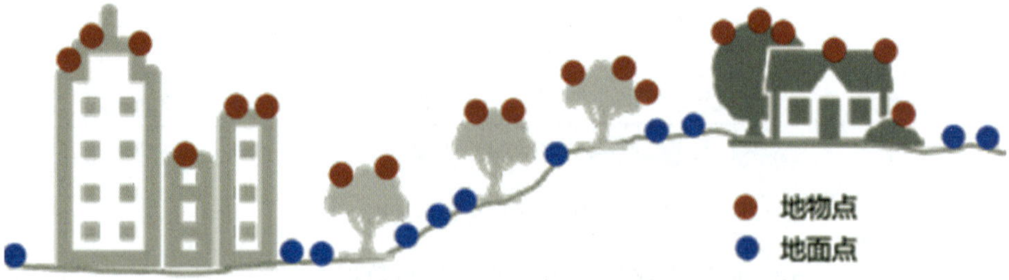

图 6-16　地面点、地物点示意

地面类型一般分为平地、缓坡和陡坡三种。平地适用于建筑物密集场景或者平原；缓坡适用于常见的山地、丘陵等场景；陡坡适用于高山地、河谷等高程变化大的场景。

大疆智图(DJI Terra)的地面点分类算法，根据设置的建筑物尺寸，在测区内均匀选择地面点的种子点，利用种子点构建一个初始三角网，如图 6-17 所示。

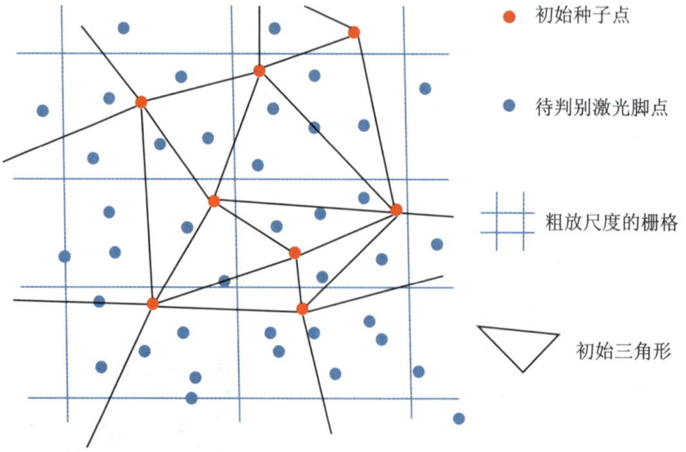

图 6-17　地面点分类示意

通过计算待判别激光点，与所在三角形顶点之间形成的夹角和到三角形所在面的距离，判别其是否为地面点。

如果夹角和距离小于设置的迭代角度与迭代距离参数值，则把该点分为地面点，并更新三角网，如此循环直到分出所有的地面点。

大疆智图还提供了检查功能，把 RTK 或全站仪观测的检查点导入智图进行精度质检。

(2)点云数据后处理

激光雷达点云数据后处理的内容主要包括精细化分类、特征提取、三维建模和可视化。

常见点云数据后处理软件有数字绿土 LiDAR360、点云智慧、GlobalMapper、CloudCompare、TerraSolid 和 Leica Cyclone 3DR 等软件。本书重点介绍数字绿土 LiDAR360 软件自动化分类和手动分类，如图 6-18 所示。LiDAR360 是自主研发的点云后处理及行业应用软件。软件提供了多种分类功能，包括地面点分类、模型关键点分类和机器学习模型分类，以区分不同的地物类型。地面点自动分类方法分为非监督学习和监督学习两大类。非监督学习方法不需要训练样本，通过系列算法分析数据本身的特征和结构，自主发现数据中的模式、关联或聚类，常见的算法有 K-means 聚类算法、主成分分析(PCA)和自编码器(Autoencoders)降维算法、Apriori 和 FP-Growth 关联算法及异常检测算法等；而监督学习方法则需要利用训练样本中的点云先验信息进行分类。

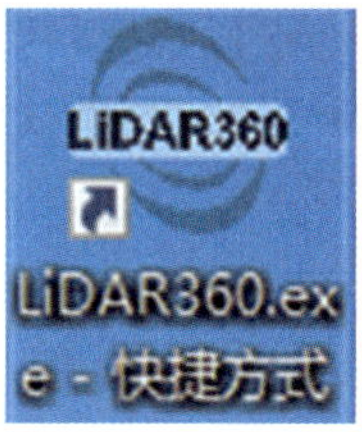

图 6-18　软件图标

①地面点分类

地面点分类是激光雷达数据处理和分析的重要工作，例如植被分类、生成 DEM、计算土方量和绘制断面图都需要从点云中分离地面点。LiDAR360 采用改进的渐进加密三角网滤波算法进行地面点分类，具体操作步骤如下：

运行 LiDAR360 软件并加载 CityRGB. LiData，该数据包含 RGB 信息，可以按 RGB 显示，如图 6-19 所示。

在菜单栏点击分类，选择地面点分类，如图 6-20 所示。

图 6-19　RGB 点云数据

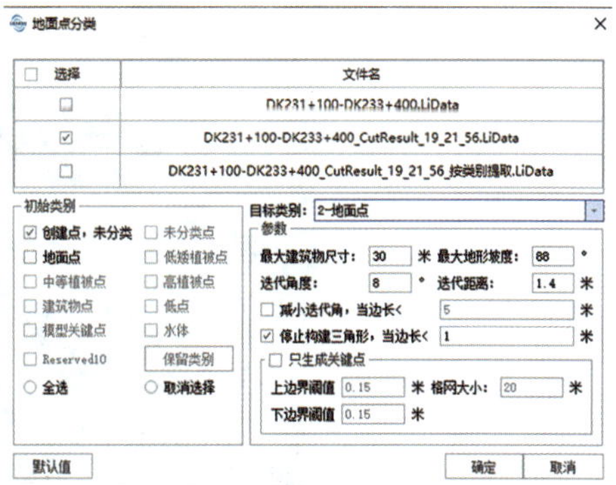

图 6-20　地面点分类参数设置

默认参数设置可适用于大部分情况，如果对待处理数据没有任何先验知识，可接受默认参数获取初步分类结果，根据分类结果调整参数值。

②参数设置

输入数据：输入文件可以是单个点云数据文件，也可以是点云数据集，待处理数据必须在 LiDAR360 软件中打开。

初始类别：待分类类别。

目标类别：分类目标类别。

最大建筑物尺寸：指扫描点云中存在的建筑物边缘最大长度。此参数设置过小，建筑物的平顶可能被误认为地形，建筑物屋顶点会被判定为种子点。当点云数据中有建筑物时，可测量最大建筑物尺寸，该参数的值应大于测量得到的最大建筑物尺寸值。对于不含建筑物的点云数据，此参数设置成默认值 20 m。对于没有建筑物的地势起伏大的山区，可适当调小此值以适应坡度较陡的地面。

最大地形坡度：指点云中显示的地形最大坡度。该参数是确定已被识别的地面点的相邻点是属于地形还是其他地物。一般情况下，此参数选择默认值 88°。

迭代角度：待分类点与已知地面点间允许的角度范围。对地形起伏较大的区域可适当设置大一些，与迭代距离同步设置，一般设置为 10°～30°。

迭代距离：待分类点与三角网对应的三角形之间的距离阈值。地形起伏较大时可适当调大，与迭代角度同步设置，一般设置为 1～2 m。

减小迭代角，当边长＜：表示当待分类点对应于三角网中三角形边长小于该阈值时，相应减小迭代角。当需要得到较稀疏地面点时，可相应增大此阈值，反之，则减小此阈值。

停止构建三角形，当边长＜：表示待分类点对应三角形边长小于该阈值时，则停止加密三角网，该值可防止局部生成地面点过密。增大此值时，地面点会相应稀疏，反之，则加密。

只生成关键点：在地面点过滤完的基础上进一步提取模型关键点作为地面点类别，该功能可保留地形上的关键点而相对抽稀平缓地面区域的点，该功能具体使用方法见模型关键点分类说明书。

使用默认参数，地表的房屋、植被基本被过滤完了，如图 6-21 所示。如果过滤效果不满足要求，可以根据地形调整相应参数值，重新分类，直到满足要求。

图 6-21　分类后地面点

使用参数分类完，往往存在错分类点或漏分类点，为了获取高精度地形点云数据，需要手动分类，在分类菜单里选择剖面编辑，如图 6-22 所示。设置剖面缓冲区宽度，一般设置 1～2 m。从点云区域某一边界开始，移动剖面编辑线，查看漏分类点，发现漏分类点；看该点在地面上还是地面下，相应选择“折线上选择”或“折线下选择”进行手动分类，采用该方法把测区过一遍，得到精细化地面点数据。

精细化的地面点云数据获取需要自动分类和手动分类结合进行。基于分类后的地面点再进行植被、房屋和树木的分类。

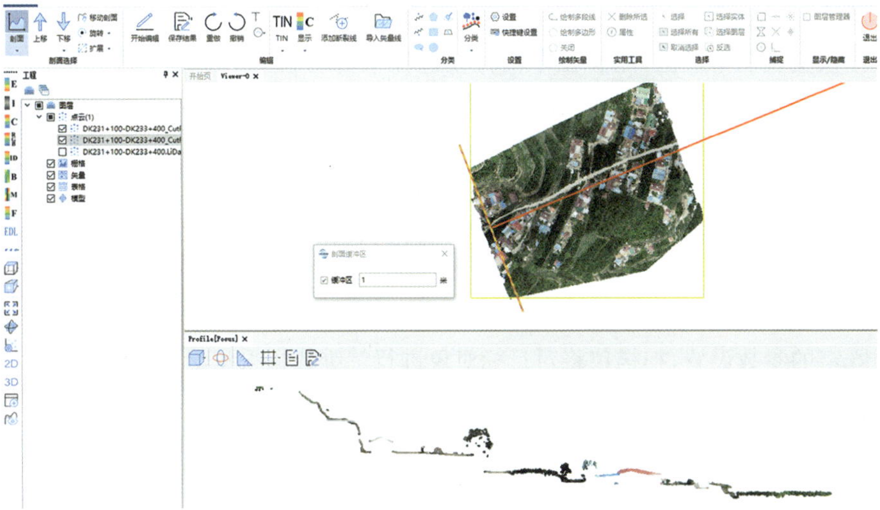

图 6-22　点云数据手动分类

任务 6.2　三维激光扫描数据获取与处理

6.2.1　任务目标

通过本任务，理解三维激光扫描仪的分类、数据获取流程与处理应用。掌握数据获取流程所涉及的现场勘察、扫描测站规划、标靶布设、设站、扫描和数据检查等内容。掌握预处理阶段的去噪、去除冗余数据和坐标变换，拼接阶段的手动或自动拼接方法；改变点云数据量和分布结构的重采样方法；根据点云属性进行地面点、建筑物和植被等的分类。

6.2.2　相关配套知识

1. 三维激光扫描数据获取

三维激光扫描技术是一种利用激光测距原理，通过高速激光扫描测量方法，大面积、高分辨率的快速获取物体表面各个点的三维坐标、反射率和颜色等信息的技术。这些密集的点信息可以快速构建出被测目标的三维模型及线、面、体等各种图件数据，从而实现对物体表面的三维重建。该技术在测绘工程、文物保护、建筑规划、土木工程等多个领域得到了广泛应用。

(1)三维激光扫描仪按平台分类

①架站式扫描仪

这类扫描仪通常需要固定在三脚架上使用，适用于高精度(毫米级)测量任务。它们具备较远的扫描距离和较高的测量精度，适合执行静态、高精度的测量工作，例如建筑、工程结构和文物的详细三维扫描。

②手持式扫描仪

具有较高的便携性，测量精度一般在厘米级。用户可以手持设备进行扫描，适用于快速获取物体的三维数据，常用于建筑立面测量和室内装饰扫描等场景。

③背包式扫描仪

集成了激光扫描仪和全景相机，用户背负设备进行扫描，测量精度在厘米级。适合于大范围或难以到达的区域的扫描工作，如城市街景、大型建筑和复杂地形的三维建模。

④车载式扫描仪

将扫描仪安装在车辆上，能够在车辆行驶过程中自动收集道路和周围环境的三维数据。主要应用于道路测量、城市建模和交通规划等领域。

(2)三维激光扫描仪参数设置与数据获取

①参数设置

在进行测量前，需要根据测量目标和环境条件设置扫描仪的相关参数，包括测量范围、分辨率、扫描密度等。

②数据获取

按照既定的参数设置，扫描仪将对目标对象进行三维数据采集，生成点云数据。点云数据经过后期处理，可用于构建精确的三维模型或进行进一步的分析和应用。

(3)基础知识

有效扫描距离：受设备自身局限，空气密度、杂质等尘埃物质和目标物体的特性影响，设备在保证一定精度和性能的前提下，能够进行有效检测或测量的最大距离。

标靶：在弱纹理(特征点不明显)区域为保证不同测站的点云数据能正确拼接，形成一个完整的测区点云模型，在相邻扫描测站重叠区域放置标靶，标靶种类有标靶球(图 6-23)和标靶牌(图 6-24)两种。

图 6-23　标靶球

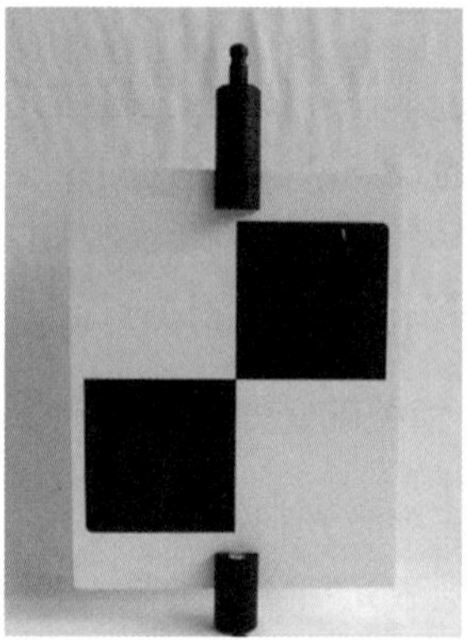

图 6-24　标靶牌

重叠率：为了保证不同扫描站的点云数据拼接，相邻测站点云数据要有一定的重叠区域，重叠区域占扫描区域的比例称为重叠率。一般架站式三维激光扫描仪的重叠率不低于 30%。遇到弱纹理区域，需要在重叠区域放置标靶球或标靶牌，通过标靶球或标靶牌进行拼接。如果不同测站使用控制点进行拼接，重叠率可以进一步降低至 10%左右，提高测站扫描效率。

扫描角度：水平扫描角度和垂直扫描角度。水平扫描角度是指扫描仪在水平方向上能够覆盖的角度范围。一般扫描仪水平扫描范围是 0～360°。垂直扫描角度是指扫描仪在竖直方向上能够覆盖的角度范围。一般扫描仪竖直扫描范围是 0～270°。

三维坐标：扫描仪最终得到被扫描物体的三维坐标。

反射率：它是一个物理量，用来描述一个物体表面反射光线的能力，是指反射回来的光通量与入射光通量比值。反射率的高低取决于物体表面的粗糙度、颜色和材质等，根据反射率辨别不同物体。

数码相机：为获取被扫描物的高清纹理信息，将扫描仪和数码相机有机结合，把数码相机采集的照片纹理信息赋色到点云上，使点云具有真彩色。

2. 外业数据采集

三维激光扫描外业数据采集流程包括现场勘察、扫描测站或扫描路径规划、标靶布设、设站、扫描、数据质检。

(1)现场勘察

为了明确扫描对象和扫描环境必须现场踏勘，根据现场环境及被扫描对象的特征和精度要求确定扫描方法。现场主要踏勘以下内容：

①被扫描对象特征分布及周围环境。

②被扫描对象周围遮挡情况。

③被扫描对象周围是否有较大的振动干扰源。

④被扫描对象周围人员、车辆流动情况。

⑤如果需要布设控制点，控制点位置及通视情况。

(2)扫描测站规划

扫描测站位置及数量规划主要取决于扫描对象自身特征分布、扫描精度、扫描对象尺寸、扫描密度、扫描仪有效扫描距离和扫描对象周围环境现状。

扫描对象为单体建筑，要注意轮廓特征点信息的采集，扫描仪距离建筑物的距离主要取决于建筑的高度和扫描仪测距精度及密度要求。较高建筑物，为了保证精度，扫描仪仰角不宜过大，以免影响精度，因此适当扩大扫描仪与被扫描建筑物之间的距离；但是扫描仪也不能距离建筑物太远，要确保在扫描仪有效距离范围内，同时还要兼顾扫描密度，距离建筑物越远，扫描点密度越稀，会导致一些细节信息丢失。

地形图测绘，根据成图比例尺确定精度，大比例尺地形图测绘，要注意房屋轮廓特征及附属物特征信息的采集，还要做好控制点的布设，注意数量和分布；设站方式尽量不采用控制点上设站，选用标靶，进行内业配准，这样确保外业扫描高效率。

古建筑测绘，古建筑表面结构一般较为复杂，细节信息较多，因此扫描站数较多，而且还要提高扫描密度，确保获取更多细节。

竣工运营隧道，竣工测量以及现场调查通常需要配准地理坐标，须要提前布设控制网或利用隧道内控制点，控制误差累积；单纯做管片的净空测量，错台分析，直接使用标靶拼接即可，注意设站密度与扫描密度。

道路及带状图，控制点要均匀分布在道路两侧，注意扫描仪激光入射角度，无论扫描仪扫描距离多远，在地面上最远的扫描距离不超过 100 m。

构件检测，关注构件表面点云密度是否能满足检测对细节的要求，根据构件到设站距离反推扫描密度，注意标靶的布设位置。

露天矿或山体地形，尽可能使用控制点方式设站，保证远距离扫描精度，如内业使用扫描的标靶做地理坐标配准，标靶离扫描仪尽可能远一些，避免出现“短边控制长边”带来的精度影响。

变电站，要加密设站，适当调低扫描分辨率，如内业使用扫描的标靶做地理坐标配准，标靶离扫描仪尽量远一些，同样避免“短边控制长边”带来的精度影响。

林业调查，同样加密设站，适当调低扫描密度，有规律的扫描路线，标靶拼接，同时注意标靶的布设。

上述是架站式扫描仪针对不同扫描对象的扫描测站路径规划。如果是手持扫描仪、背包式扫描仪或车载式扫描仪，根据扫描仪特点和被扫描对象及周围环境特征规划扫描测站路径。

(3)标靶布设

在弱纹理区域，为了确保不同扫描站的点云数据能正确拼接，需要布设标靶；将扫描数据配准到地理坐标系下，标靶布设要满足以下要求：

①圆球、越大越好。

②确保两站都可通视、尽量散开。

③重叠区域至少需要 3 个标靶。

④禁止布设成一条直线、一个平面或挤成一堆。

(4)设站

参数设置：设站位置和路径规划好，安置扫描仪，设置扫描仪参数，主要包括扫描范围、扫描密度、扫描最大距离和最小距离。天宝 SX12 扫描仪参数设置界面如图 6-25 所示。

取景：确定扫描范围，有矩形、多边形和全部范围等方式选择。

扫描密度：有粗略、标准、精细和超精细四种。由粗略到超精细，点间距越来越小，密度越来越大；而且点间距和扫描仪至扫描对象距离有关，距离越远点间距越大。

参数设置完，点击“开始”采集点云数据。在某隧道采集的点云数据如图 6-26 所示。

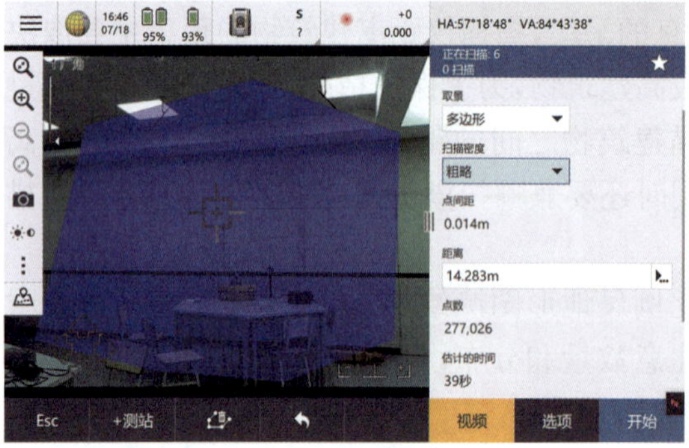

图 6-25　扫描仪参数设置界面

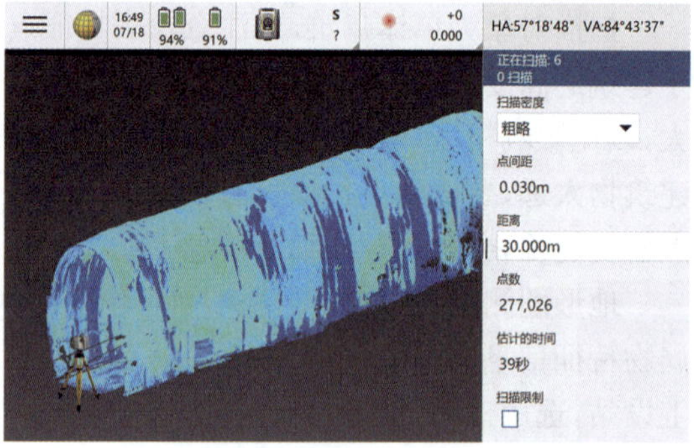

图 6-26　隧道点云数据

(5)扫描

扫描仪在采集数据过程中，关注扫描仪电池电量和工作状态，出现异常及时解决，确保采集的数据能满足精度要求，扫描期间需注意以下事项：

①设站周围不能有干扰源，以免影响扫描仪稳定性，导致数据精度不满足要求。

②扫描仪与被扫描对象之间不能出现移动的人或车等，避免产生遮挡，导致采集数据不完整。

③扫描期间时刻关注仪器状态和电池电量，出现低电量报警或异常情况，立即停止扫描，处理异常或换电池，本站重新扫描。

④扫描仪在隧道或巷道里扫描，仪器必须在洞内放置一段时间，适应洞内温度后再开箱使用。

⑤点云数据扫描完，现场检查点云数据质量，主要检查完整性，确保被扫描对象点云数据采集全。

(6)数据质检

一测站扫描数据采集完，现场就可以查看采集的点云数据，主要检查点云数据是否扫描记录上，有无漏洞，获取的点云数据能否正确表达被扫描对象轮廓。如果点云出现大面积漏扫或遮挡严重导致被扫描对象有效点云数据量很少，需要设站重新扫描。

3. 三维激光扫描数据处理

三维激光扫描点云数据处理包括预处理、配准、重采样、分类和三维重建。

(1)预处理

预处理的主要目的是去除噪声、冗余数据,简化数据量,统一坐标系统。

通过滤波、平滑等技术方法去除扫描数据中的噪声和异常值。这些噪声可能来源于环境因素(如天气、光照)、设备误差或扫描过程中的振动等。常用的去噪方法包括移动最小二乘法、统计学方法和中值滤波等。在 LiDAR360 软件里,加载原始点云数据,如图 6-27 所示,在点云上方漂浮的点就是噪点;设置 LiDAR360 里去噪参数值,如图 6-28 所示,一般先选择默认参数,去噪后看效果。根据去噪效果调整参数值,直到满足要求。去噪后应看到点云数据上方噪点已删除干净,如图 6-29 所示。

图 6-27　原始点云数据

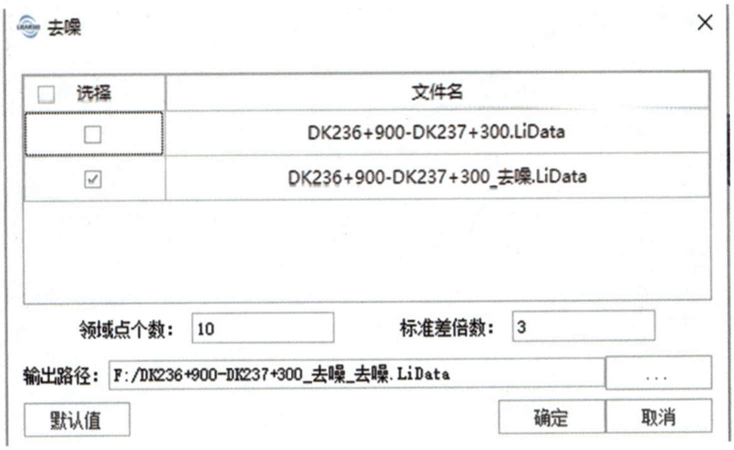

图 6-28　去噪参数界面

图 6-29　去噪后点云数据

去除冗余数据：删除重复的点云数据或无关紧要的点，以减少数据量，提高处理效率。

坐标变换：对扫描数据进行坐标变换，这通常涉及将不同扫描位置或不同扫描设备获取的点云数据统一到同一坐标系下。

(2)配准

点云数据配准的主要目的是消除由于扫描位置、视角或时间差异导致的点云数据之间的错位、旋转或平移等问题，使得这些数据能够无缝地拼接在一起，形成一个完整、统一的三维场景。

点云数据配准的方法分为手动配准、仪器配准和自动配准三大类，其中自动配准是目前研究和应用最为广泛的方法。自动配准技术通过一定的算法或统计学规律，利用计算机自动计算两块点云之间的错位，并找到最佳的坐标变换参数(如旋转矩阵和平移向量)，使得两块点云能够精确对齐。

目前支持三维激光扫描仪采集的点云数据进行配准软件有天宝 RealWorks，TerraSolid 和徕卡 3DReshape 软件；图 6-30 是徕卡 3DReshape 软件根据特征点手动配准的误差情况，3 个特征点配准误差均在毫米级别，配准精度很高。

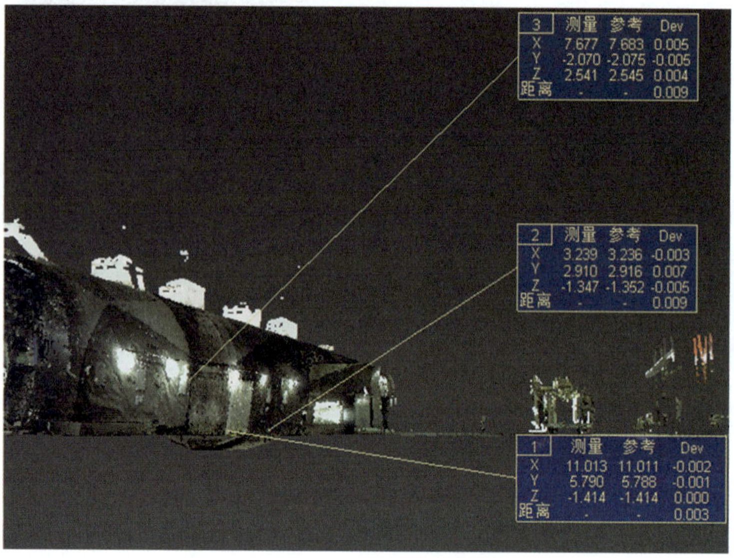

图 6-30 特征点配准误差

(3)重采样

点云数据重采样是一种处理点云数据的重要方法，旨在通过重新采样点云数据，以达到减少数据冗余、提高数据处理效率或改变数据分布等目的。重采样方法通常包括下采样、上采样和均匀采样等。

①下采样

下采样是通过减少点云中点的数量来降低数据的冗余度。常见的下采样方法包括体素网格滤波(Voxel Grid Filter)等。这种方法通过构造一个三维体素栅格，然后在每个体素内选择一个代表点(如体素内所有点的重心)来近似表示该体素内的所有点。这样，体素内的大量点就被一个代表点所替代，减少了数据量。下采样在配准、曲面重建等任务中作为预处理步骤，可以显著提高程序的运行速度。

②上采样

与下采样相反，上采样是通过增加点云中点的数量来提高数据的密度。上采样通常用于需要更高分辨率点云数据的场景，如三维打印、虚拟现实等。然而，由于点云数据的稀疏性和不规则性，上采样往往比下采样更加复杂。常见的上采样方法包括基于插值的方法和基于深度学习的方法等。

③均匀采样

均匀采样是一种使点云数据分布更加均匀的重采样方法。它通过一定的算法或规则，在点云空间中均匀地选择点，使得采样后的点云数据在空间中的分布更加均匀。均匀采样有助于减少数据中的噪声和异常值，提高后续处理步骤的准确性和稳定性。然而，均匀采样也可能导致某些重要特征（如边缘、角点等）的丢失，因此在实际应用中需要根据具体情况进行选择。

在 LiDAR360 软件里提供了三种采样方法，即最小点间距、采样率和八叉树，如图 6-31 所示；最小点间距和采样率是下采样，主要抽稀点云数据；八叉树是均匀采样。

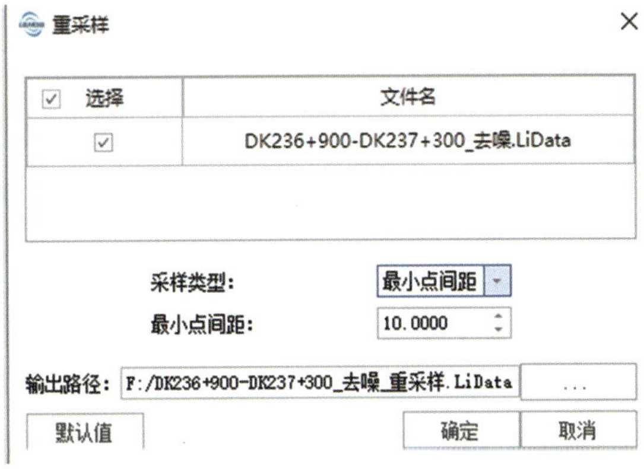

图 6-31　LiDAR360 点云重采样

(4)分类

点云数据分类是指将三维点云数据中的每个点或整个点云按照其特性或属性进行分类的任务。点云数据通常由大量三维点构成，每个点包含空间坐标（X，Y，Z），有时还包含其他信息如颜色、反射强度等。点云分类在自动驾驶、机器人导航、3D 重建和地理信息系统（GIS）等领域有广泛应用。

点云数据分类的方法主要分为传统方法和深度学习方法两种。

①传统方法

传统方法通常依赖于参数设计的特征和分类器。这些参数特征可能包括点的几何特征（如曲率、法线等）、纹理特征（如颜色、反射强度等）以及上下文信息（如点与周围点的关系）。然后，使用这些特征训练分类器（如支持向量机、决策树等）来对点云进行分类。然而，传统方法在处理复杂场景和大规模数据时存在局限性。

②深度学习方法

近年来，随着深度学习技术的快速发展，深度学习方法在点云数据分类中取得了显著进展。深度学习方法通过训练神经网络模型，能够自动从大量标注数据中学习到复杂的分类模式。这些方法通常包括直接对点云数据进行操作的网络架构（如 PointNet、PointNet＋＋、PointCNN 等），这些网络能够处理点云数据的无序性、稀疏性和高维性挑战。

点云数据去噪、重采样完成后，一般按照属性进行点云精细分类；点云精细分类基本流程是：先分类地面点，然后基于地面点在分类建筑物、植被和树木等其他点。因此地面点分类的准确性和完整性是至关重要的一步，必须掌握地面点分类。LiDAR360 地面点分类参数设置对话框如图 6-32 所示。

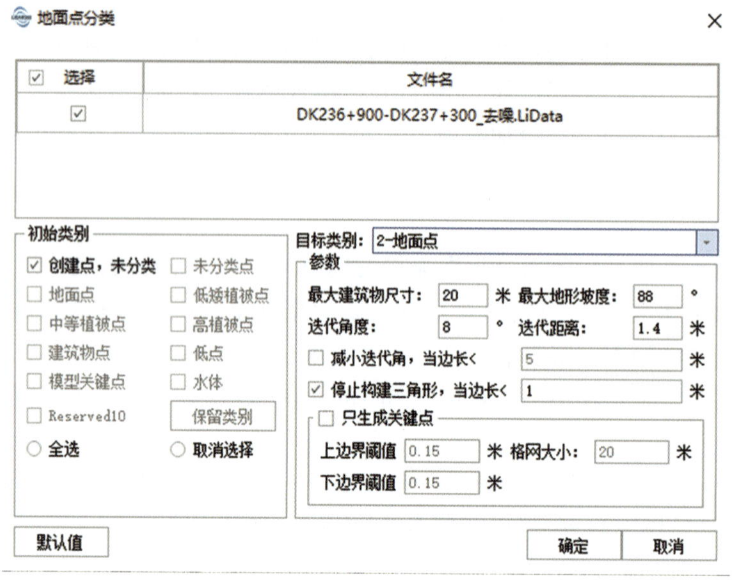

图 6-32　地面点分类参数设置对话框

具体参数设置值,可以参考机载激光雷达点云数据处理。

(5)三维重建

点云数据三维重建的基本原理是利用点云数据之间的几何关系和拓扑结构,通过一系列算法和技术手段,将其映射到一个三维空间中的表面,从而生成具有表面结构的三维模型。

点云数据三维重建的流程通常包括以下几个步骤:

①数据预处理

对输入的点云数据进行预处理,包括去除噪声、填充缺失值、数据归一化等操作,以提高数据质量。

②特征提取

通过对点云数据进行特征提取,找到点云数据之间的几何特征和结构信息,为后续的模型重建提供重要的信息。

③拓扑分析

根据点云数据的拓扑结构和几何关系,确定点与点之间的连接关系和约束条件。

④三维重建

利用不同的重建算法和技术,将点云数据转换为具有表面结构的三维模型。常用的重建算法包括基于表面的重建算法(如 Marching Cubes、Poisson 重建等)和基于体素的重建算法(如八叉树、Voxel Grid 等)。

⑤优化调整

对重建的三维模型进行优化调整,以提高模型的精度和真实感。优化调整可能包括模型的平滑处理、孔洞修复、细节增强等操作。

三维重建软件目前使用较多的是天宝 RealWorks 和 3D Studio Max 建模等软件。

任务 6.3　三维激光扫描技术应用

6.3.1　任务目标

通过本任务，理解三维激光扫描技术在测绘领域的具体应用，如地形图测绘、数字高程模型(DEM)制作、土方量计算和道路纵横断面图测绘等。掌握使用南方测绘 CASS 和 LiDAR360等软件通过点云数据提取地面高程点、生成 DEM、绘制等高线和土方量计算等工程应用。

6.3.2　相关配套知识

1. 地形图测绘

三维激光扫描技术和机载雷达技术给地形图测绘带来巨变，已经成为地形测绘中不可或缺的工具。这种技术通过发射激光脉冲并接收反射回来的信号，能够快速、高效地获取地面的三维坐标信息。三维激光扫描技术改变了传统的单点数据采集模式，实现了自动持续收集密集的点云数据，有效提高了地形测绘的工作效率。在城市建筑密集区，使用三维激光扫描技术可以快速获取建筑物立面信息和建筑物轮廓信息。

机载雷达技术集成了 GNSS(全球导航卫星系统)、IMU(惯性测量单元)、激光扫描仪和数码相机等设备，能够提供高精度的三维地形数据。利用多次回波特性和仿地航飞功能及先进的雷达和视觉避障技术可以轻松获取复杂环境下的地形数据和植被树木覆盖区域下的地形数据。由于点云数据具有真彩色，肉眼能轻松辨别地物属性和轮廓线，可以直接用于地形图测绘。

南方测绘 CASS 软件提供了基于点云绘制地形图功能，可以加载 ilas 格式的点云数据，使用 CASS 自带的点云数据转换工具，把 LAS 格式转为 ilas 格式，如图 6-33 所示。加载到 CASS 进行地形图绘制，如图 6-34 所示。

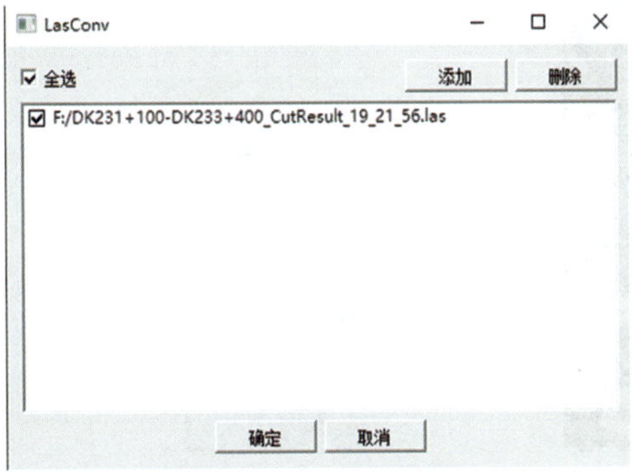

图 6-33　LAS 格式转换

图 6-34　基于点云数据采集地形图

地物采集要求依据《地形图图式》的规定和具体项目要求执行。

2. 基于点云数据应用

基于分类后点云数据可以提取地面高程点，在依据地面高程点构建 DEM、生等高线、计算土方量和线路纵横断面图绘制，为工程设计、规划、建设和运营提供基础数据。

（1）基于点云提取高程点

地面点分类完，按照一定间距提取一些地面特征点作为高程点；把分类好的地面点云数据可以导入 CASS、GlobalMapper、LiDAR360 和 Leica Cyclone 3DR 等软件中，按照一定算法提取高程点。以常用的南方测绘 CASS 软件为例，阐述操作流程，其他软件可参考其说明书操作。

CASS 加载分类后的地面点的方式一般是将其转化为 dat 格式，导入南方测绘 CASS 软件，通过高程点过滤，如图 6-35 所示，得到地面高程点；采用该方法得到的地面高程点具有以下特点：

①高程点分布较均匀。

②一些反应地形起伏变化的位置可能没有高程点，比如陡坎的坎顶或坎低位置。

③一些特殊地物位置处没有高程点，如道路交叉位置。

为了满足测图要求，需要手动内插一些高程点。

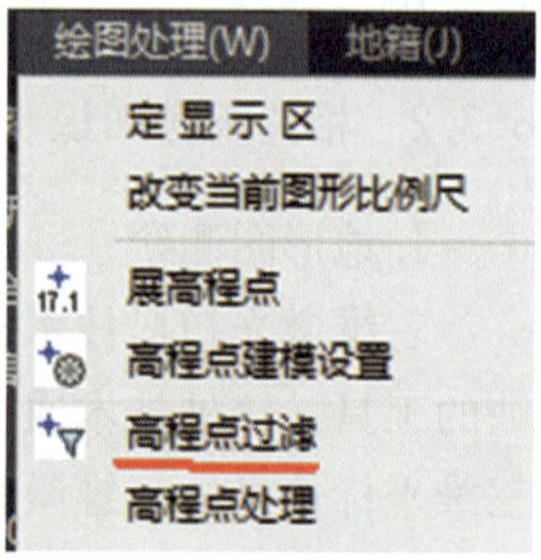

图 6-35　CASS 高程点过滤

（2）基于点云生成 DEM 模型

将分类后的地面点云数据，使用 LiDAR360、GlobalMapper 和 Leica Cyclone 3DR 等软件构建 DEM 模型，以数字绿土软件 LiDAR360 为例，介绍 DEM 构建过程。

地面点分类后（图 6-36），在“地形”菜单选择“基于点云”生成 TIN，如图 6-37 所示，将地面点构成不规则三角网（TIN），弹出参数设置对话框，如图 6-38 所示，只勾选分类后的地面点云文件，在“初始类别”框勾选“地面点”，确保只有地面点参与 TIN 网构建，生成 TIN 参数一般先选择默认参数进行处理，再通过处理结果调整参数值，具体参数值设置主要依据项目精度要求、数据成果质量和管理。

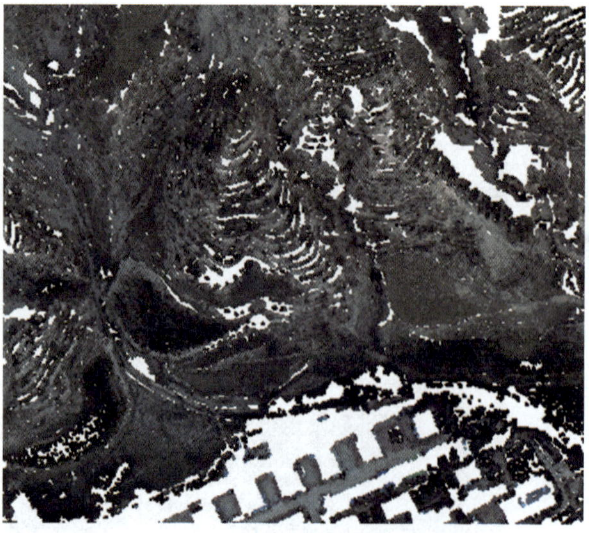

图 6-36　分类后地面点云数据

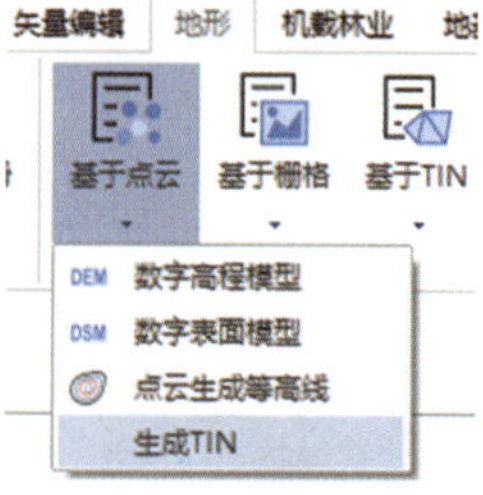

图 6-37　点云生成 TIN

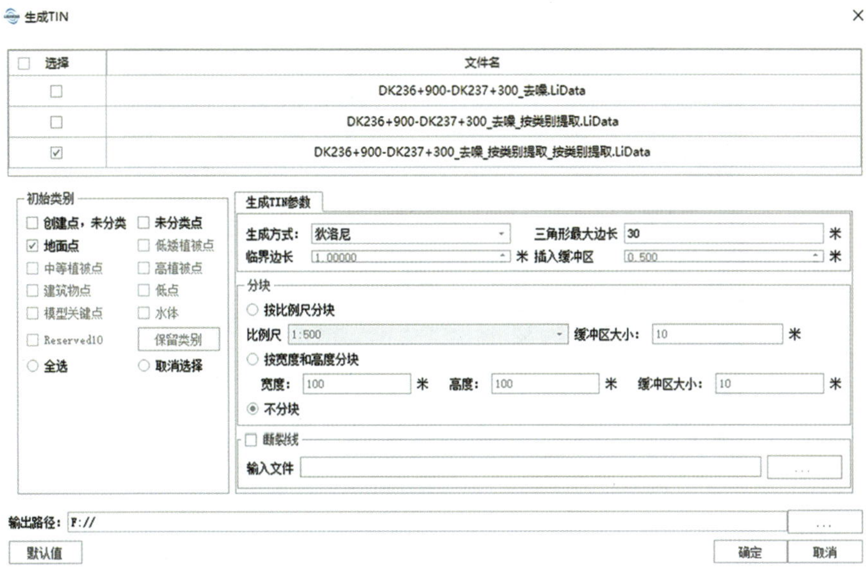

图 6-38　TIN 参数设置对话框

不规则三角网生成完，再基于 TIN 生成 DEM，在“地形”菜单选择“基于 TIN”生成 DEM，如图 6-39 所示，弹出 DEM 参数设置对话框，如图 6-40 所示；添加生成好的 TIN 文件，XSize 和 YSize 值越小生成的 DEM 越精细，细节纹理越详细，同时生成的 DEM 文件也越大，但生成效率较低；同样先选择默认参数生成 DEM，通过查看 DEM 质量再调整这两个参数值，直至满足项目要求。如果有断裂线文件，导入断裂线文件。

图 6-39　基于 TIN 生成 DEM

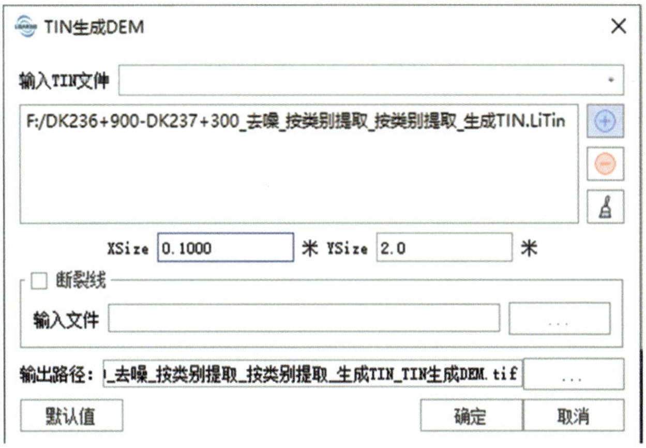

图 6-40　TIN 转 DEM 参数设置对话框

基于 TIN 生成的 DEM 如图 6-41 所示，不同颜色描述地形高低变化，一目了然。基于 DEM 数据就可以进行高程点提取、等高线生成、陡坎自动提取、土方量计算和断面线提取等地形产品生产。

(3)基于点云绘制等高线

基于点云数据绘制等高线是目前生成等高线精度和效率最佳的方式，等高线主要用来表达地面的起伏和坡度变化，等高线在地形分析与测绘、城市规划与农业布局、军事测绘与自然灾害、工程选址与设计、数字地面模型与三维地图构建等领域应用非常广泛。

图 6-41　数字高程模型(DEM)

基于点云数据绘制等高线，是将分类好的地面点云数据构建 DEM 模型，根据 DEM 模型生成等高线。生成的等高线效果和精度主要取决于地面点过滤效果和原始点云数据采集精度。高精度 DEM 必须要精细化分类点云数据，采用软件参数分类后，必须手动再分类一遍，将错分和漏分的点云处理干净，得到高精度 DEM 数据，这样得到的等高线精度较高。

有的软件也可以直接根据分类好的地面点云数据直接生成等高线。比如 LiDAR360 和 TerraSolid 软件。以 LiDAR360 为例介绍基于点云数据直接绘制等高线。

根据地面点生成 TIN，基于 TIN 直接生成等高线，这样效率高。在“地形”菜单选择“基于 TIN”生成等高线，如图 6-42 所示，弹出等高线参数设置对话框，如图 6-43 所示，一般主要设置比例尺，勾选“首曲线和计曲线”，如果需要高程点，再勾选“生成用于地形出图的高程点”。优化选项框的参数一般保持默认设置；选择等高线生成格式和输出路径，点击“确定”，生成的等高线如图 6-44 所示。检查生成等高线质量和精度，不满足要求，分析原因调整参数值，重新生成等高线，直至满足精度要求。将生成的等高线与采集的地物叠加，进行地形图绘制。

图6-42　基于 TIN 生成等高线

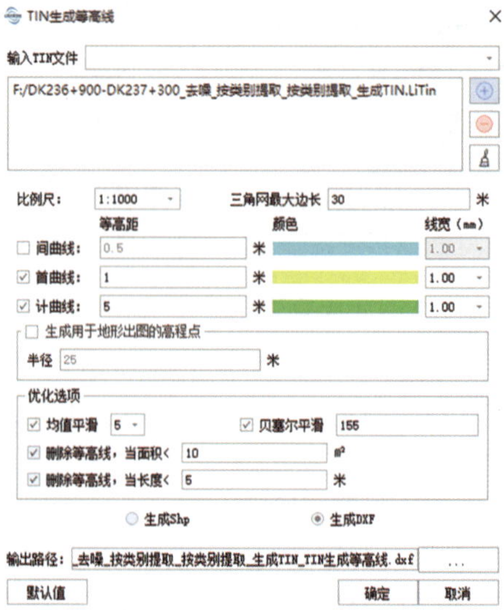

图 6-43　TIN 生等高线参数设置对话框

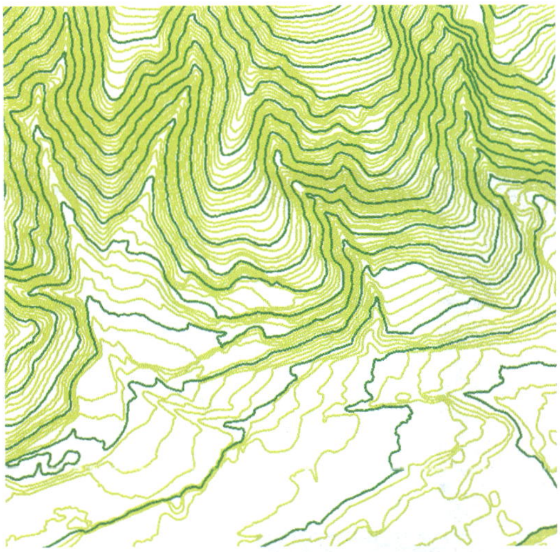

图 6-44　点云数据绘制等高线

(4)基于点云计算土方量

土方量计算的基本原理是确定挖方和填方的体积，通常以立方米为单位。填、挖土方量的总和，是组织劳动力或计算机械台班和工期的依据。因此准确的土方量估算有助于项目管理人制定合理的预算，避免成本超支，确保施工计划的可行性和效率。计算土方量常用的方法有三角网法、方格网法、断面法、等高线法和三维模型法等方法。在实际生产中，选择哪种方法取决于具体项目的需求、可用的高程点数据和计算软件的精度。通常，三角网法、方格网法和断面法在实际工程中应用最为广泛。在进行土方量计算时，还需要考虑地形复杂度、精度要求、计算效率和成本等因素。

基于点云数据计算土方量，是根据分类好的地面点云数据和设计标高选择合适的方法计算土方量。常用的土方量计算软件有南方测绘 CASS、EPS 和飞时达等软件，以南方测绘 CASS 软件为例介绍点云数据计算土方量。

将过滤后的地面点云数据转化为 CASS 识别的 dat 格式，导入南方测绘 CASS 软件，如图 6-45 所示，点越多，计算的土方量精度越高，如果点太密集，在不影响精度情况下，可以适当抽稀，减少点数据量，能够提高处理效率。

图 6-45　导入 CASS 点云数据

在 CASS 里用多段线绘制土方量计算范围线，在“工程应用”菜单选择“三角网法土方计算”，再选择“根据图上高程点”，选择范围线，弹出土方计算参数设置对话框，如图 6-46 所示，输入“平场标高”就是输入设计标高，即场地平整参考水平面。该值确定后，在范围线内高于该值的地方需要开挖，低于该值的地方需要填充，如果开挖量等于填充量是最佳的，如果不等于，就需要往外或往内运输土方。该值一般来源于业主方设计。“边界采样间距”选择默认设置。如果涉及边坡,需要知道坡向和具体坡度值,选择好输出 Excel 路径,点击“确定”选项,生成一个土方量计算信息(图 6-47)和详细的 Excel 文件。根据 Excel 文件估算土方填挖和运输成本及工期。

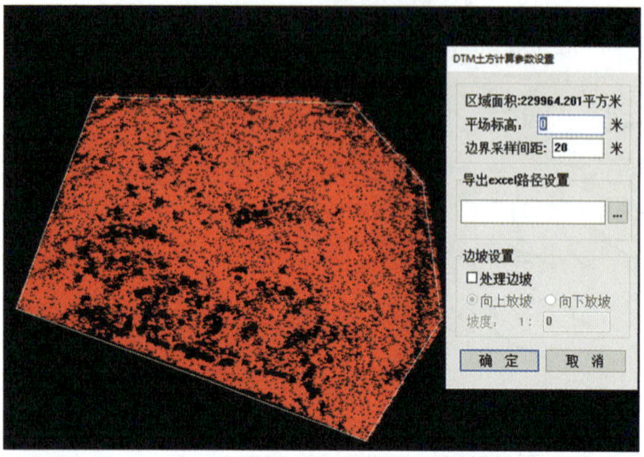

图 6-46　土方计算参数设置

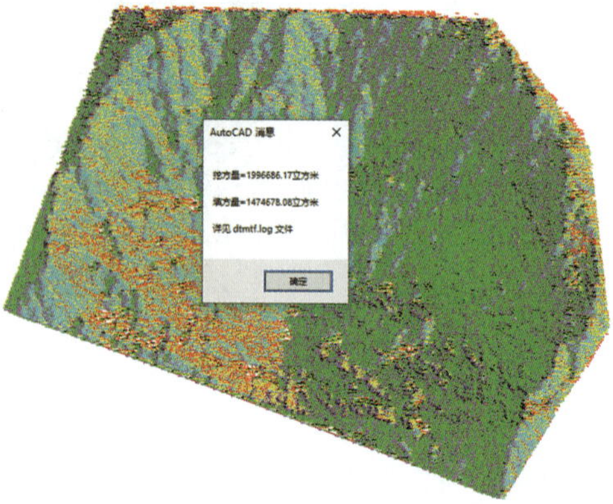

图 6-47　土方计算结果

拓展知识

激光雷达技术自问世以来,凭借其高精度、高效率和非接触测量的优势,迅速在多个领域得到广泛应用。随着技术的不断进步,激光雷达的应用场景和功能也在不断拓展。在自动驾驶领域,激光雷达技术得到了迅猛式发展。激光雷达是自动驾驶汽车的核心传感器之一,能够实时生成高精度的三维环境地图,帮助车辆识别道路、障碍物和行人。随着自动驾驶技术的快速发展,激光雷达的需求将持续增长。未来,激光雷达将更加小型化、低成本化,并具备更高的分辨率和更远的探测距离,以满足自动驾驶汽车对环境的精确感知需求。在工业制造领域,激光雷达可以用于精密测量和质量控制。例如,在汽车制造中,激光雷达可以用于检测车身的尺寸精度和表面质量。未来,激光雷达将与人工智能技术结合,实现智能制造和自动化生产,提高生产效率和产品质量。

思政小故事

“中国雷达之父”束星北

束星北(1907—1983 年)是中国雷达技术的奠基者之一,在雷达技术领域做出了卓越贡献,被誉为“中国雷达之父”。他早年自费出国深造,就读英国爱丁堡大学、麻省理工学院等高等学府,获理学硕士学位,并在柏林大学威廉皇帝物理研究所担任研究助手。

束星北先生无论身处何方,始终不忘祖国。1931 年,他投笔从戎,担任物理教官,后从教于浙江大学、暨南大学等,培养了诺贝尔奖获得者李政道等优秀的物理学家。1945 年春,束星北领导并参与了中国第一代雷达的研发工作,在当时极为艰苦的条件下,他通过深入研究电磁波的频率、速度和波长之间的关系,提出了通过控制电磁波频率来提高雷达探测距离的方法,带领团队克服了重重困难,成功研制出了中国首部雷达。这部雷达的诞生极大地增强了中国军队的防空能力，能够探测到敌机的飞行轨迹，从而进行预警和应对部署。这不仅为战争的胜利做出了重要贡献，也标志着中国在雷达技术领域迈出了重要的一步。对于这项成就，束星北本人表现得非常淡然。束星北先生淡泊名利、心系国家的这种态度赢得了人们的尊敬和赞誉。

项目小结

本项目介绍了无人机机载雷达和三维激光扫描基本概念、原理、测图作业流程及其应用，测图作业流程重点介绍外业点云数据获取流程及注意事项，内业点云数据处理及地形图测绘。

复习思考题

1. 简述激光雷达的分类。
2. 三维激光扫描具有哪些特点？
3. 如果购置一台机载激光雷达，请问需要考虑哪些因素？
4. 以扫描仪 SX12 为例，阐述架站式三维激光扫描一测站需要设置哪些参数？
5. 架站式三维激光扫描仪相邻测站扫描的点云数据怎么拼接？
6. 点云数据过滤主要过滤哪些地物？
7. 基于点云数据生成的高程点、DEM 和等高线等产品，怎么质检这些产品精度满足要求？
8. 除本教材介绍的点云数据应用领域外，还有哪些应用领域？

项目7　数字测图产品的检查验收

项目描述

测绘成果质量是项目成功的基础。测绘项目进入检查验收阶段时，检查一般可分为三部分：一是对测绘生产单位各级检查工作的检查；二是直接对测绘成果按照相应比例进行抽查；三是督促生产单位对存在质量问题的成果进行修改完善。测绘生产单位必须建立内部质量审核制度。经室、车间过程检查的测绘成果，必须通过生产单位质量检查部门的质量检查，评定质量等级，编写最终质量检查报告。数字测图产品的检查验收分为检查和验收两个阶段，其中检查又分为过程检查和最终检查。

在测绘实施阶段进行技术总结是指对测量工作进行全方位的总结，列举测量方法，得出测量成果，分析测量过程中存在的问题及解决措施。对数字测图产品进行检查验收是数字测图不可或缺的一道工序，检查验收就是对前面工作得出的数字地形图进行质量评价，是保证测图产品满足国家规范和用户需求的重要保证。

学习目标

1.知识目标

(1)掌握大比例尺测图产品过程检查的方法；

(2)掌握大比例尺测图产品最终检查的方法；

(3)掌握大比例尺测图产品验收的方法；

(4)掌握大比例尺测图产品等级评定的方法；

(5)掌握撰写大比例尺测图技术总结的方法。

2.能力目标

(1)能开展数字产品的检查验收；

(2)能进行测绘产品的质量评定；

(3)能撰写大比例尺测图技术总结。

3.素质目标

(1)具有团队协作精神；

(2)具有诚实守信、爱岗敬业的职业素养。

(3)具有质量意识。

相关案例——某项目测绘成果最终检验报告

编号：

测绘成果质量

检 验 报 告

成果名称：
生产单位 ：
检查单位(盖章)

年　月　日

成　　果	名　　称	
	比 例 尺	
	生产单位	
报告撰写人(签名)：		年　月　日

检查部门结论：

经检查，××地形测绘成果采用的技术标准正确；地形地物表示正确，图面表示合理；数学精度满足相关规范中相应条款的要求；数据质量良好。根据《测绘成果质量检查与验收》(GB/T 24356—2023)，判定该成果质量为合格。

职务：　　　　　签章：　　　　　　　　　年　月　日

技术负责人意见：

职务：　　　　　签章：　　　　　　　　　年　月　日

行政领导意见：

职务：　　　　　签章：　　　　　　　　　年　月　日

备注：

1. 检查工作概况

××单位于2025年6月20日—25日对××地形测绘成果进行了检查。

(1)检查人员情况：高级工程师3名，工程师2名。

(2)检查使用的设备：

①Trimble R8 GNSS GPS接收机1台(仪器号：5152479613；检定有效期2025年05月22日—2025年03月21日)。

②徕卡TC1102全站仪1台(仪器号：620916；检定有效期2025年05月05日—2025年05月04日)。

(3)检查使用的软件：

AutoCAD2010、G2010基础地理信息采集系统软件。

2. 受检成果概况

概述：作业单位于2025年2月—2025年3月完成了地形测绘任务，此项目投入工作人员12人，全站仪、GPS等设备8台(套)。

平面坐标系统：采用 CGCS2000 坐标系。高程系统：2008 年高程。

3. 检查依据

(1)《城市测量规范》(CJJ/T 8—2011)

(2)《国家基本比例尺地形图图式 第一部分：1∶500 1∶1 000 1∶2 000 地形图图式》(GB/T 20257.1—2017)

(3)《测绘成果质量检查与验收》(GB/T 24356—2023)

4. 抽样情况

(1)内业检查

对图面及数据质量进行 100%内业检查。

(2)外业检查

对上交的 20%进行外业检查。

5. 检查内容及方法

(1)检查内容

①检查图式的正确性、各地物要素相互关系的合理性。

②各项精度指标的符合性。

③检查图式的正确性、各要素相互关系的合理性。

④数据的完整性、规范性、逻辑一致性等。

(2)检查方法

通过外业巡视检查地形图的现势性。

6. 主要质量问题及处理

(1)排水连接错误 2 处。

(2)进院污水支管 1 段未表示。

(3)部分电信管线电缆或光缆条数错误。

(4)个别管线材质错误。

以上内外业问题均由作业单位改正并复查完毕。

7. 质量统计及质量综述

(1)质量统计

地形图测量平面中误差为±9.441 cm，符合不大于±25 cm 的规定；超限差 50 cm 的比例为 0%，符合不大于 5%的规定。

(2)质量综述

经对××地形测绘成果的检查，可知其采用的技术标准正确；地形地物表示正确，图面表示合理；数学精度满足相关技术文件对应条款的要求；数据质量良好。

视频

数字测图成果检查验收方法

任务 7.1　数字测图成果检查、验收的方法

7.1.1　任务目标

通过本任务，掌握对数字地形图进行过程检查，采取逐单位成果详查的方法，分别从文件名及数据格式检查、数学基础的检查、平面和高程精度的检查、接边精度的检测、属性精度的检

测、逻辑一致性检测、完备性及现势性的检测、整饰质量检查、附件质量检查九个方面入手开展检查工作，为最终检查提供数据支撑。

7.1.2 相关配套知识

1. 术语及概念

单位成果：为实施检查与验收而划分的基本单位。大地测量成果中以“点”或“测段”为单位的各级三角点、导线点、GPS 点、重力点和水准测段等；地形测量、地图编制、地籍测绘等测绘成果中以“幅”为单位的各种比例尺地形图或影像平面图；房产面积测算以“幢”为单位等。

批成果：同一技术设计要求下生产的同一测区的、同一比例尺(或等级)单位成果集合。

批量：批成果中单位成果的数量。

样本：从批成果中抽取的用于评定批成果质量的单位成果集合。

样本量：样本中单位成果的数量。

全数检查：对批成果中全部单位成果逐一进行的详查。

抽样检查：从批成果中抽取一定数量样本进行的检查。

详查：对单位成果质量要求的全部检查项进行的检查。

概查：对单位成果质量要求中的部分检查项进行的检查。

简单随机抽样：从批成果中抽取样本时，使每一个单位成果都以相同概率构成样本，可采用抽签、掷骰子、查随机数表等方法。

分层随机抽样：将批成果按作业工序或生产时间段、地形类别、作业方法等分层后，根据样本量分别从各层中随机抽取 1 个或若干个单位成果组成样本。

质量元素：说明质量的定量、定性组成部分，即成果满足规定要求和使用目的的基本特性。

质量子元素：质量元素的组成部分，描述质量元素的一个特定方面。

检查项：质量子元素的检查内容。说明质量的最小单位，质量检查和评定的最小实施对象。

错漏：检查项的检查结果与要求存在的差异。根据差异的程度，将其分为 A、B、C、D 四类。A 类：极重要检查项的错漏，或检查项的极严重错漏；B 类：重要检查项的错漏，或检查项的严重错漏；C 类：较重要检查项的错漏，或检查项的较重错漏；D 类：一般检查项的轻微错漏。

高精度检测：检测技术等级高于检测对象的生产技术等级。

同精度检测：检测技术等级与检测对象的生产技术等级相同。

2. 二级检查一级验收制度

测绘成果检查验收通过二级检查一级验收制来实现，即过程检查、最终检查和验收制度。过程检查由作业单位质检人员承担，最终检查由生产单位专门的质检部门实施。验收由项目管理单位组织验收或委托具有资质的质量检验机构进行验收。各级检查验收工作应独立、按顺序进行、不得省略或代替。

测绘生产单位负责过程检查和最终检查。过程检查采用全数检查，最终检查一般采用全数检查，涉及野外检查项的可采用抽样检查(样本量见表 7-1)。过程检查应逐单位成果详查，检查出的问题、错误要记录在检查记录中，并让相关部门对照问题和错误进行修正。对于检查出的错误修改后应进行复查，直至最后一次检查无误后，方可提交最终检查。过程检查不作为单位成果质量评定，其目的是预防和及时消除数字测绘产品各生产过程中不合格品的发生。一旦发现问题应及时合理地处置，确保数字测图成果的质量。

验收一般采用抽样检查(样本量见表 7-1)。质检机构应对样本进行详查,必要时可对样本以外的单位成果的重要检查项进行概查。

表 7-1 批量与样本量对照

批量/个	样本量/个
≤20	3
21～40	5
41～60	7
61～80	9
81～100	10
101～120	11
121～140	12
141～160	13
161～180	14
181～200	15
≥201	分批次提交,批次数应最小,各批次的批量应均匀

注:当批量小于或等于 3 时,样本量等于批量,为全数检查。

3. 检查、验收的依据、内容及方法

测绘产品检查、验收的依据包括:测绘任务书、合同书或委托检查验收文件;有关法规和技术标准;技术设计和有关技术规定等。检查验收过程中提交的成果资料必须齐全,凡资料不全或数据不完整者,检查或验收单位有权拒绝检查验收。提交成果:项目设计书、技术设计书、技术总结等;数据文件,包括图廓内外整饰信息文件、元数据文件等;图形或影像输出检查图。提交验收时,还应包括检查报告。

(1)数字地形图质量元素

数字测图成果的质量是通过若干质量元素或子元素来描述的。数字测绘成果种类不同,其质量元素组成也不同。数字地形图质量元素见表 7-2。

表 7-2 数字地形图质量元素

数字地形图质量元素	数字地形图质量子元素	数字地形图质量元素	数字地形图质量子元素
空间参考系	大地基准	时间准确度	数据更新
	高程基准		数据采集
	地图投影	元数据质量	元数据完整性
位置精度	平面精度		元数据准确性
	高程精度	表征质量	几何表达
属性精度	分类正确性		符号正确性
	属性正确性		地理表达
完整性	要素完整性		注记正确性
逻辑一致性	概念一致性		图廓整饰准确性
	格式一致性	附件质量	图历簿质量
	拓扑一致性		附属文档质量

(2)数学基础的检查

①检查采纳的空间定位系统正确性。

②将图廓点、首末公里网、经纬网交点、控制点等的坐标按检索条件在屏幕上显示,并与理论值和控制点的已知坐标值核对。

(3)平面和高程精度的检查

①选择检测点的一般规定

数字地形图平面检测点应是均匀分布、随机选取的明显地物点。平面和高程检测点的数量视地物复杂程度、比例尺等具体情况确定,每幅图一般各选取 20～50 个点。

②检测方法

a. 野外测量采集数据的数字地形图,当比例尺大于 1∶5 000 时,检测点的平面坐标和高程采用外业散点法按测站点精度施测。用钢尺或测距仪量测相邻地物点间距离时,量测边数 t 每幅一般不少于 20 处。

b. 摄影测量采集数据的数字地形图应按成图比例尺选择不同的检测方法。比例尺大于 1∶5 000时,检测点的平面坐标和高程采用外业散点法按测站点精度施测,若用内业加密能达到控制点平面与高程精度,也可用加密点来检测,而不必进行外业检测;比例尺小于 1∶5 000 (包括 1∶5 000)且有不低于成图精度的控制资料时,可采用内业加密保密点的方法检测,也用高精度资料进行对照或高精度仪器进行检测。

c. 手扶跟踪数字化仪采集的数字地形图,其平面精度的检测可将数字地形图由绘图机回放到薄膜上,并按图廓点、公里网与数字化原图套合后,量测被检测的点状目标和线状目标位移误差,分别统计、计算两种目标的位移中误差。

d. 扫描生成的数字地形图,其平面精度利用计算机在屏幕上套合检查。

e. 两种情况高程精度的检测是对照数字化原图检查高程点和等高线高程赋值的正确性。

③检查数据的处理

分析检测数据,检查各项误差是否符合正态分布。高精度检测时按式(7-1)计算。

$$M=\pm\sqrt{\frac{\sum_{i=1}^{n}\Delta_i^2}{n}} \tag{7-1}$$

式中　M——成果中误差;

Δ_i——较差;

n——检测点数。

当采用同精度检测时,中误差计算按式(7-2)计算。

$$M=\pm\sqrt{\frac{\sum_{i=1}^{n}\Delta_i^2}{2n}} \tag{7-2}$$

式中符号同式(7-1)。

(4)接边精度的检测

通过量取两相邻图幅接边处要素端点的距离 Δd 是否等于 0,从而检查接边精度,未连接的记录其偏差值;检查接边要素几何上自然连接的情况,避免生硬,检查面域属性、线划属性的一致情况,记录属性不一致的要素实体个数。

(5)属性精度的检测

①检查各个层的名称是否正确、是否有漏层。

②逐层检查各属性表中的属性项类型、长度、顺序等是否正确,有无遗漏。

③按照地理实体的分类、分级等语义属性检索,在屏幕上将检测要素逐一显示或绘出,将全要素图(或分要素图)与地图要素分类代码表,和数字化原图对照,目视检查各要素分层、代码、属性值是否正确或遗漏。

④检查公共边的属性值是否正确。

⑤对照调绘片、原图等检查注记的正确性。

(6)逻辑一致性检测

①用相应软件检查各层是否建立了拓扑关系及拓扑关系的正确性。

②检查各层是否有重复的要素。

③检查有向符号、有向线状要素的方向是否正确。

④检查多边形的闭合情况,标识码是否正确。

⑤检查线状要素的结点匹配情况。

⑥检查各要素的关系表示是否合理,有无地理适应性矛盾,是否能正确反映各要素的分布特点和密度特征。

⑦检查双线表示的要素(如双线铁路、公路)是否沿中心线数字化。

⑧检查水系、道路等要素数字化是否连续。

对于用于制作地图的数字产品,其⑤与⑥中的检测项可根据需要做相应调整。

(7)完备性及现势性的检测

①检查数据源生产日期是否满足要求,检查数据采集时是否使用了最新的资料。

②利用调绘片、原图、回放图,必要时通过立体模型观察检查各要素及注记是否有遗漏。

(8)整饰质量检查

对于地图制图产品,应检查以下内容:

①检查各要素符号是否正确,尺寸是否符合图式规定。

②检查图形线是否连续光滑、清晰,粗细是否符合规定。

③检查各要素关系是否合理,是否有重叠、压盖现象。

④检查各名称注记是否正确、位置是否合理、指向是否明确,字体、字大、字向是否符合规定。

⑤检查注记是否压盖重要地物或点状符号。

⑥检查图面配置、图廓内外整饰是否符合规定。

视频

数字测图质量要求

视频

数字测图成果检查

(9)附件质量检查

①检查所上交的文档资料填写是否正确、完整。

②逐项检查元数据文件内容是否正确、完整。

4. 检查过程的注意事项

判定为合格产品时，应对存在的问题由作业人员进行修改，做好检查质量记录，明确结论并签名予以标识；并向相关管理部门提出测绘产品最终检查申请。当发现不合格品时，按不合格品的控制程序进行评价、评审及处置，并做好检验质量记录，产品不予签名，并隔离存放。

拓展知识

野外数据检查的难点分析

野外检查时需将图纸与实地进行比较，进行现场踏勘和设站检查点位精度。在野外设站采集检查数据，然后与地形测图成果进行对比分析，其中统计数学精度是检查验收的重要内容之一。将检查数据导入计算机并附着到地形图上，逐点地进行误差量测并记录，最后进行点位误差分析、精度统计。提取野外检查点对应的地形图上点位数据，再进行野外检查数据与提取地形图数据的自动计算、分析比较、统计制表，是相对简单有效的精度检查方法。一般情况下，在过程检查中，控制测量观测、平差计算资料、点位说明等应 100%的检查；各类控制点的埋石、点位说明实地检查不小于 20%；大比例尺成图室内外 100%检查；中、小比例尺成图室内全面检查，实地检查每幅图面不少于 30%。检查出的问题、错误，以及复查的结果应在检查记录中记录，填写检查记录表。如：填写"地物点间距误差测定记录表""地物点高程误差检查统计表""地物点平面误差检查统计表"等，或地图数字化采用计算机屏幕对照和回放图套合检查。过程检查需要进行野外检查和内业检查。

在过程检查中，要把生产的关键环节、重点工序等作为平时的质量监控点，严密组织生产、加强生产技术指导。对测量标志的选、埋情况进行检查时，观测其是否满足测量标志的埋设质量和规定；控制测量观测各项限差和条件检验是否满足规定要求、平差计算是否合理、计算方法是否正确、结果是否可靠等。地形图产品检查除采用室内检查和实地核对外，还应采用布测高程路线测定高程注记点、量取地物点间距、测定地物点坐标等检查方法，取得衡量精度的数据。

任务 7.2　数字测图成果检查、验收的实施

7.2.1　任务目标

通过本任务，掌握在过程检查和最终检查的基础上，对前面测量完成的数字地形图进行验收工作，依据相关规定的有关要求按比例实行抽样验收，并评定等级。

7.2.2　相关配套知识

1. 验收须知

验收必须在测绘成果进行完最终检查并全部合格之后才能进行。在验收时应对样本内的单位成果进行逐一详查，样本外的单位成果应根据需要进行概查。检查出的问题、错误，以及复查的结果应在检查记录中记录。验收应审核最终检查记录，验收不合格的批成果退回处理，并重新提交验收，重新验收时应重新抽样。验收合格的批成果，应对检查出的错误进行修改，

并通过复查核实。验收工作完成后，应编写检验报告。

视频

数字测图
成果验收

2. 验收的工作程序

(1)组成批成果

批成果应由同一技术设计书指导下生产的同等级、同规格单位成果汇集而成。生产量较大时，可根据生产时间不同、作业方法不同或作业单位不同等条件分别组成批成果，实施分批检验。

(2)确定样本量

按表 7-1 的规定确定样本量。

(3)抽取样本

采用分层按比例随机抽样的方法从批成果中抽取样本，即将批成果按不同班组、设备、环境、困难类别、地形类别等因素分成不同的层。根据样本量在各层内分别按其在批成果中所占比例确定应抽取的单位成果数量；并使用简单随机抽样法抽取样本。提取批成果的有关资料，如技术设计书、技术总结、检查报告、结合表、图幅清单等。

(4)检查

详查应根据单位成果的质量元素及相应的检查项，按项目技术要求逐一检查样本内的单位成果，并统计存在的各类错漏数量、错误率、中误差等。

根据需要，对样本外单位成果的重要检查项或重要要素以及详查中发现的普遍性、倾向性的问题应进行检查；并统计存在的各类错漏数量、错误率、中误差等。

(5)成果质量评定

根据详查和概查的结果，当全部单位成果合格后，根据单位成果的质量得分，按算术平均方式计算样本质量得分并评定其质量等级。质量等级可划分为优级品、良级品、合格品、不合格品四级。概查只确定合格品、不合格品两级，详查评定分为四级。单位质量成果用百分制表征，其标准如下。

①优级品：$N=90\sim100$ 分。

②良级品：$N=75\sim89$ 分。

③合格品：$N=60\sim74$ 分。

④不合格品：$N=0\sim59$ 分。

大比例尺地形图采用加权平均法计算单位成果质量得分，见式(7-3)。

$$S=\sum_{i=1}^{n}(S_{1i}\times p_i) \tag{7-3}$$

式中　S,S_{1i}——单位成果质量、质量元素得分；

p_i——相应质量元素的权值；

n——单位成果中包含的质量元素个数。

质量元素的评分方法采用加权平均法，见式(7-4)。

$$S_1=\sum_{i=1}^{n}(S_{2i}\times p_i) \tag{7-4}$$

式中　S_1,S_{2i}——质量元素、相应质量子元素得分；

p_i——相应质量子元素的权值；

n——质量元素中包含的质量子元素个数，大比例尺测绘成果质量元素、质量子元素权值见表 7-3。

表 7-3 大比例尺成果质量元素及权重表

质量元素	权	质量子元素	权
数学精度	0.20	数学基础	0.20
		平面精度	0.40
		高程精度	0.40
数据及结构正确性	0.20		
地理精度	0.30		
整饰质量	0.20		
附件质量	0.10		

数学精度按表 7-4 采用分段直线内插的方法计算质量分数;多项数学精度评分时,单项数学精度得分均大于 60 分时,取其平均值或加权平均。

表 7-4 数学精度评分标准

数学精度值	质量分数
$0 \leqslant M \leqslant 1/3 \times M_0$	$S=100$ 分
$M_0 = \pm\sqrt{m_1^2 + m_2^2}$	90 分$\leqslant S < 100$ 分
$1/2 \times M_0 \leqslant M \leqslant 3/4 \times M_0$	60 分$\leqslant S < 75$ 分
$3/4 \times M_0 \leqslant M \leqslant M_0$	60 分$\leqslant S < 75$ 分

表 7-4 中,M_0 为允许中误差的绝对值,$M_0 = \pm\sqrt{m_1^2 + m_2^2}$;$m_1$ 为规范或相应技术文件要求的成果中误差;m_2 为检测中误差(高精度检测时 $m_2=0$);M 为成果中误差的绝对值;S 为质量分数。

在计算质量子元素得分时,首先将质量子元素预置为 100 分,根据表 7-3 的要求对相应质量子元素出现的错漏逐个扣分,见式(7-5)。

$$S_2 = 100 - \{a_1 \times (12/t) + a_2 \times (4/t) + a_3 \times (1/t)\} \tag{7-5}$$

式中 S_2——质量子元素得分;

a_1, a_2, a_3——相应质量子元素相应的 B 类错漏、C 类错漏、D 类错漏;

t——扣分调整系数。

成果错漏扣分标准见表 7-5,对于 4 种错漏类型具体规定见《测绘成果检查与验收》(GB/T 24356—2023)。

表 7-5 成果质量错漏扣分标准

差错类型	扣分值
A 类	42 分
B 类	$12/t$ 分
C 类	$4/t$ 分
D 类	$1/t$ 分

任务7.3 数字测图技术总结编写

7.3.1 任务目标

通过本任务,可对地形图测量过程进行全方位的总结,列举测量方法、得出测量成果、分析测量过程中存在的问题及解决措施,形成技术总结报告并上交。

7.3.2 相关配套知识

1.技术总结书涉及的内容

测绘技术总结分为项目总结和专业技术总结。专业技术总结是测绘项目中所包含的各测绘专业活动在成果检查合格后,分别总结撰写的技术文档。项目总结是一个测绘项目在其最终成果检查合格后,在各专业技术总结的基础上,对整个项目所作的技术总结,工作量较小的项目,可将技术总结和项目总结合并为项目总结。

数字测图技术总结由承担本次测绘专业任务的法人单位负责编写,通常由单位的技术人员进行具体的编写工作。技术总结编写完成后,单位总工程师或技术负责人应对技术总结编写的客观性、完整性等进行审核并签字,并对技术总结编写的质量负责。技术总结经审核、签字后,随测绘成果(或产品)、测绘技术设计文件和成果(或产品)检查报告一并上交和归档。

数字测图技术总结是指在测图工作完成后,针对测图中的重点事件以及在测图过程中遇到的问题和解决方法进行全面总结,形成书面材料。一般包括任务概述、作业情况、控制测量、地形图测绘、检查验收、结论、提交成果资料、附件等方面构成。

(1)测区概述

主要包括任务来源、目的和工作量等,任务安排与完成情况,测区经济、地理状况和已有资料利用情况。

(2)技术设计执行情况

作业情况需要描述本次数字测图项目的作业依据、生产过程中出现的主要技术问题和处理方法,特殊情况的处理及其达到的效果,新技术、新方法、新材料等应用情况,经验、教训、遗留问题、改进意见和建议等。

(3)成果质量说明和评价的主要内容

简要说明、评价测绘成果(或产品)的质量情况(包括必要的精度设计)、产品达到的技术质量指标,并说明其质量检查报告的名称和编号。

(4)上交和归档的成果(或产品)及其资料清单的主要内容

分别说明上交和归档成果的形式、数量等,以及上交资料文档的清单。

2.大比例尺地形图测量技术总结参考大纲

(1)测区概述

①任务来源和目的。

②测区概况。

③成图比例尺、坐标系及高程基准。

④作业与检查的技术依据。

⑤生产组织与完成工作量：

a. 生产组织情况。

b. 完成工作量。

⑥已有资料利用情况：

a. 控制资料利用情况。

b. 地形图资料利用情况。

(2)作业方法、质量和有关的技术依据

①首级控制测量。

②图根控制测量：

a. 使用的仪器和设备。

b. 图根控制精度汇总。

③地形图测绘。

(3)成果的质量检查与问题处理说明

(4)技术结论

(5)经验与体会

(6)附图及附表

(7)上交的资料清单

相关规范、规程与标准

《测绘成果质量检查与验收》(GB/T 24356—2023)。

思政小故事

2020 珠峰测量

2020年4月30日，自然资源部第一大地测量队(简称“国测一大队”)正式启动2020珠峰高程测量！这是时隔15年后，我国再次重返珠峰之巅测高，也是中华人民共和国建立以来开展的第七次大规模的测绘和科考工作。

在这次珠峰高程测量中，国产装备“大显身手”，大量设备在可靠性和精度上都比之前的几次有了质的提高。据国测一大队工程师介绍：2005年时，GNSS卫星测量主要依赖GPS系统。这次测量是以我国北斗系统的数据为主、其他定位系统的数据作为参考。除了北斗系统外，冰雪探测雷达、天顶仪、重力仪、峰顶觇标、用于三角交会测量的超长距离测距仪等均为国产仪器。

此外，此次珠峰测量首次将重力测量推至珠峰峰顶，刷新了由中国保持的重力测量海拔纪录；首次在珠峰地区开展大规模航空重力测量，填补该地区重力网建设空白；首次在媒体信号传输中应用5G技术，5G信号登上世界之巅。

此次测量在技术手段上更加丰富和全面，获得了历史最高精度的珠峰高程测量结果。这体现了国家综合实力和科技发展水平，具有重大的国际影响和社会效益。

项目小结

数字测图技术总结是指对本次测量工作进行全方位的总结，列举测量方法、得出测量成果、分析测量过程中存在的问题及解决措施。对数字测图产品进行检查验收是数字测图不可或缺的一道工序，检查验收就是对前面工作得出的数字地形图进行质量评价，是保证测图产品满足国家规范和用户需求的重要保证。数字测图产品的检查验收分为检查和验收两个阶段，其中检查又分为过程检查和最终检查。

视频

技术总结编写

复习思考题

1. 评定数字地形图的质量元素包括哪些？
2. 某项质量元素不合格，数字地形图是否还能评为合格品，为什么？

项目 8　地形图原图数字化

项目描述

全野外数字化测图(地面数字测图)是获取数字地形图的主要方法之一;除此之外,还可以利用已有的纸质或聚酯薄膜地形图,通过地形图数字化方法获得数字地形图。目前国土、规划、勘察及建设等各部门还拥有大量各种比例尺的纸质地形图,这些都是非常宝贵的基础地理信息资源。为了充分利用这些资源,在生产实际中要把大量的纸质地形图通过数字化仪或扫描仪等设备输入到计算机,再用专业软件进行编辑和处理,将其转换成计算机能存储和处理的数字地形图,这一过程称为地形图原图数字化,或原图矢量化。

学习目标

1. 知识目标

(1)理解栅格数据、矢量数据等概念;

(2)掌握地形图矢量化坐标纠正的原理;

(3)掌握地形图原图数字化的一般流程;

(4)掌握 CASS11 成图软件进行屏幕矢量化的步骤、方法和技术要求。

2. 能力目标

(1)能够利用 CASS11 软件进行地形图的坐标纠正;

(2)能够利用 CASS11 软件进行地形图的矢量化。

3. 素质目标

(1)具有诚实守信和爱岗敬业的职业道德;

(2)具有踏实的工作作风:

(3)具有吃苦耐劳的工作精神。

相关案例——××单位 1∶1 000 地形图数字化

××院数字化测绘队承担了某地区约 4 km^2 的数字化测图任务。该测区范围:东至京广铁路,西至县城西二环线中线,南至××河北岸北河堤,北至县中学北边界。整个测区内涉及工厂、医院、商业、铁路、公路、山丘等,交通不太便利、地形较为复杂、测量工作难度较大。为充分利用现有的纸质地形图资料,减少外业数据采集工作量,故采用原图数字化的方法将满足精度要求的已有纸质图纸矢量化为数字地图。

设备配置如下。

硬件设备:

(1)扫描仪;
(2)计算机。
软件设备:
(1)Adobe photoshop 软件;
(2)成图系统软件 CASS11。
要求利用本项目所学内容选择合适的方法进行纸质地形图的数字化。

任务 8.1　地形图扫描及预处理

8.1.1　任务目标

通过本任务,掌握地形图数字化的相关知识要点。了解地形图扫描的基本原理及图像预处理需要解决的问题,掌握利用南方测绘 CASS11 软件进行图像纠正的步骤。

8.1.2　相关配套知识

1. 地形图数字化

地形图原图数字化的方法主要有两种:手扶跟踪数字化和扫描屏幕数字化。

(1)手扶跟踪数字化

手扶跟踪数字化是利用数字化仪(图 8-1)和相应的图形处理软件进行的;其主要作业步骤:首先将数字化板与计算机正确连接,把工作底图(纸质地形图)放置于数字化板上固定,用手持定标设备(鼠标)对地形图进行定向并确定图幅范围;然后跟踪图上的每一个地形点,用数字化仪和相应的数字化软件在图上进行数据采集,经软件编辑后获得最终的矢量化数据,即数字地形图。

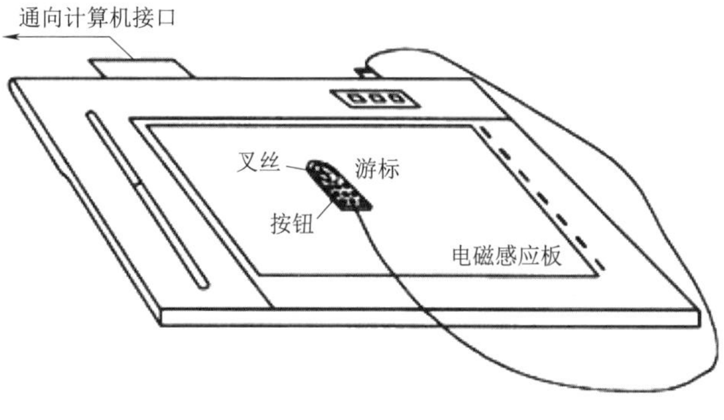

图 8-1　手扶跟踪数字化仪示意

利用手扶跟踪数字化仪进行地形图数字化,数字化仪输出到计算机的坐标数据是数字化仪坐标系的坐标,然后由计算机程序将数字化仪的坐标换算成地形图坐标系的坐标(图 8-2)。

对于某已知点 P 的地形图坐标(X,Y)和数字化坐标(x,y)有以下关系式:

$$\left.\begin{aligned} X-X_0&=\lambda\cdot(x-u)\cdot\cos\alpha+\lambda(y-v)\cdot\sin\alpha \\ Y-Y_0&=\lambda\cdot(-x+u)\cdot\sin\alpha+\lambda(y-v)\cdot\cos\alpha \end{aligned}\right\} \tag{8-1}$$

式中　λ——长度比;

视 频

地形图
数字化概述

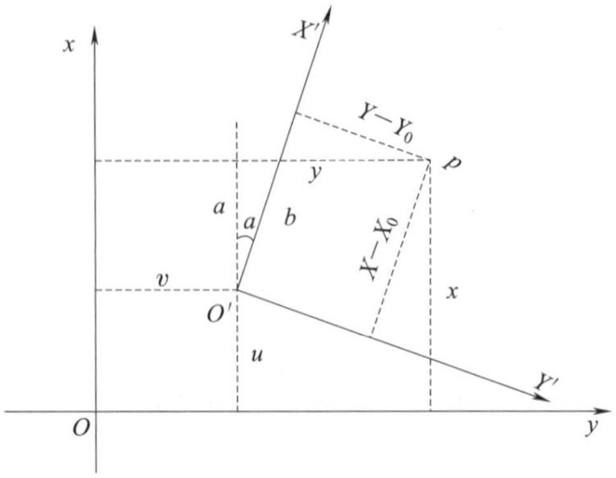

图 8-2 数字化仪坐标与地形图测量坐标关系

u,v ——地形图西南角图廓点 O' 的数字化坐标;

α ——坐标轴转角。

经变换后为

$$\left.\begin{aligned} X&=ax+by+Q_x \\ Y&=-bx+ay+Q_y \end{aligned}\right\} \tag{8-2}$$

式中,Q_x,Q_y,a 和 b 为待定换算系数。

手扶跟踪地形图数字化方法步骤如下。

步骤 1:地形图定位。

进行地形图定位,计算坐标转换系数。

步骤 2:菜单定位。

菜单定位完成后,菜单区内某一位置的行号和列号都可由数字化仪坐标换算出来。在地形图数字化系统程序中,每一对行号和列号都和方格所对应的代码或程序功能联系起来。因此,只要在数字化地形图要素之前或之后,将数字化仪游标移到菜单区相应的地形图图式符号的小方格内,这样就把该地形图要素的代码和图形的坐标(几何位置)连在一起,形成一个规定格式的数据串储存在计算机内。数字化菜单除用于输入图形要素代码外,还可输入程序执行命令,进行数字化数据的处理和屏幕图形的编辑,作为人机交互系统中的一个输入设备。

步骤 3:数据采集。

在地形图定位和菜单定位完成之后,即可开始对大比例尺地形图进行数字化。地形图数字化时要将地形图和菜单固定好,以防数字化过程中图纸移动。如果在数字化过程中发现图纸有移动,必须对地形图重新定位。

地形图数字化的数据采集与野外数据采集类似,只要把地形的特征点进行数字化仪采集,即可得到每一特征点的点位坐标,同时还输入它们的属性编码和连接信息。

由于手扶跟踪数字化需要大量的人工操作,使得它成为以数字为主体的应用项目的瓶颈,而扫描技术的出现成为空间数据录入的有力工具。

(2)扫描屏幕数字化

扫描屏幕数字化时用扫描仪将纸质地形图转换为图像数据,然后基于图像数据进行矢量化,其过程为:首先将纸质的地形图通过扫描仪等设备转化到计算机中,然后使用专业软件进行处理和编辑,将其转化成为计算机能存储和处理的数字地形图。

地形图扫描数字化,是利用扫描仪将纸质地形图进行扫描后,生成一定分辨率并按行和列规则划分的栅格数据，其文件格式为 GIF、BMP、TGA、PCX、TIF 等，应用扫描矢量化软件进行栅格数据化后，采用人机交互与自动跟踪相结合的方法来完成地形图矢量化。扫描数字化只需要计算机、矢量化软件或数字化测图软件就可以进行。扫描数字化将需要数字化的地形图图像格式文件引入矢量化软件，对引入的图像进行定位和纠正，操作员使用鼠标在计算机显示屏幕上跟踪地图位图上的特征点，将工作底图上的图形、符号、位置转换成坐标数据，并输入矢量化软件或数字化测图软件定义的相应代码，生成数字化采集的数据文件，经人机交互编辑，形成数字地形图。与手扶跟踪数字化方法比较，因受扫描仪分辨率和屏幕分辨率的影响，则会比数字化仪录入图形的精度低，但也具有成本低、速度快、效率高的特点，其作业流程如图 8-3所示。

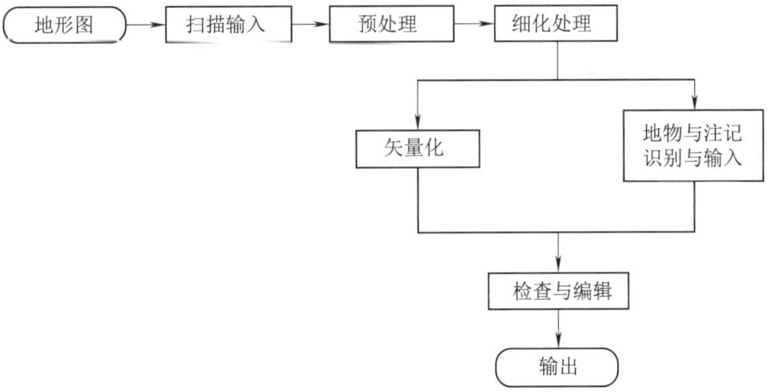

图 8-3　地形图扫描矢量化作业流程

2. 栅格图形和矢量图形

计算机中图形数据按获取和成图方法的不同，可以区分为栅格数据和矢量数据两种格式，对应的图形通常称为栅格图形和矢量图形。

栅格数据是图形像元值按矩阵形式的集合。由航空摄影、遥感、无人机和扫描仪等（包括一般的相机）获得的数据是栅格数据。

栅格图形是指用格网点绘出的图形，格网又称为栅格。形成图形的方法是在平面上先设定一个格网，每个小格可以由不同的颜色填充，称为一个像元（或像素），由于每个像元的不同颜色可使此平面显示出某种图形。

矢量数据是图形的离散点坐标(x,y)的有序集合。由野外采集获得的数据和手扶跟踪数字化采集的数据是矢量数据。

矢量图形是用直角坐标值(x,y)绘出的图形。矢量图形的特点：图形上的每个点均是用坐标表示的，这样就便于用函数来计算，对于图形的放大、缩小、旋转等变化都不会使图形产生变形；栅格图形的特点：图形的存储较为简单，只需要按行、列顺序记下各像元的值；但是要使图形作放大、缩小、旋转等变化则较为复杂。如果将图中的栅格看成是坐标格网，那么栅格图形的像元亦可以用坐标来表示；同样，如果将矢量图形的坐标线看成栅格格网，那么矢量图形亦可用栅格图形来表示，这就是说，栅格图形和矢量图形的数据可以通过某种方法（如编程）进行相互转换，以便于在图形处理中发挥各自的长处。

据估计，一幅 1∶1 000 比例尺一般密度的平面图只有几千个点的坐标对，而一幅 1∶10 000比例尺的地形图，其矢量数据拥有多则几十万甚至上百万个点的坐标对，矢量数据量与比例尺、地物密度有关。一幅标准图幅的大比例尺地形图的栅格数据，随栅格单元（像元）边长的不同(一般小于0.02 mm)而不同,通常达上亿个像元点;故一幅地形图或图形的栅格数据量一般情况下比矢量数据量大得多。

通常直接扫描生成的图像文件是栅格图形,即由栅格像素组成的位图。这种位图只有用相应的软件才能被打开和浏览。形象地说,栅格图形中的一条直线是由许多栅格点构成的,这些栅格点没有任何的位置信息、属性,相互间没有联系、编辑起来比较困难,如果要编辑栅格线就是要编辑一个个光栅点,常用的软件有 Adobe Photoshop 等;而常用的 CAD 软件中绘制的图形是矢量文件。矢量图形中的线由起点、终点坐标和线宽、颜色、层等属性组成,对它的操作是按对线的操作进行的,编辑很方便,如果要改变一条线的宽度只要改变它的宽度属性即可,要移动它只需要改变它的坐标。

相对来说,光栅图和矢量图有如下区别:

①光栅图没有矢量图的编辑修改方便、快捷、无法给实体赋予属性。

②一般光栅图的存储空间比矢量图大。

③光栅图没有矢量图的质量好,例如光栅线没有矢量线光滑。

④有些操作,如提取信息,对光栅图是根本不可能进行的,只有从矢量图中才能提取、查询信息。

⑤光栅图对输出要求高。

3. 地形图扫描及预处理

(1)地形图扫描

扫描仪是利用光电技术和数字处理技术,以扫描方式将图形或图像信息转换为数字信号的装置,常被用作计算机外部仪器设备。

目前的扫描仪按工作原理可分为电荷耦合器件(CCD)扫描仪及接触式感光器件(CIS 或 UDE)扫描仪两种;其接口形式主要分为 SEEP、SCSI 及 USB 三种扫描仪;其中 CCD 扫描仪因其技术发展较为成熟,具有扫描清晰度高、景深表现力好、寿命长等优点,因而得到广泛使用,但因其采用了包含光学透镜在内的精密光学系统,使得其架构较为脆弱。在日常使用中,除了要防尘以外,更要防止剧烈的撞击和频繁的移动,以免损坏光学组件。

对于幅面比较大(大于 A3)的图纸,可以用大幅面扫描仪来实现图纸的计算机输入,常用的大幅面扫描仪一般分为平板式扫描仪、馈纸式扫描仪;其中平板式扫描仪(图 8-4)和家用(商用)扫描仪一样,将介质平放于扫描仪图像采集的大面积光学玻璃上,图纸处于静止状态,采集图像的 CCD(或 CIS)在固定的轨道内进行移动,采集必要的数据信息。这种走纸方式的最大优点是对介质不会造成任何损伤。馈纸式扫描仪(图 8-5)即扫描仪成像机构处于静止状态,传动机构带动扫描介质向前移动,进行图像数据的采集。绝大多数大幅面扫描仪,基本上都是采用这种扫描方式,其最大的特点是具有很高的扫描速度同时还能获得满意的图像质量。

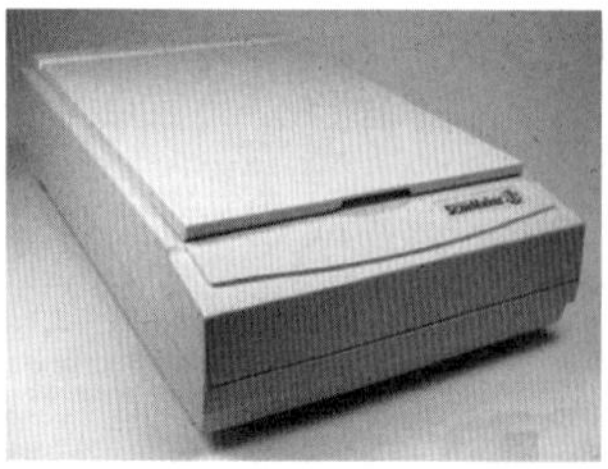

图 8-4　平板式扫描仪

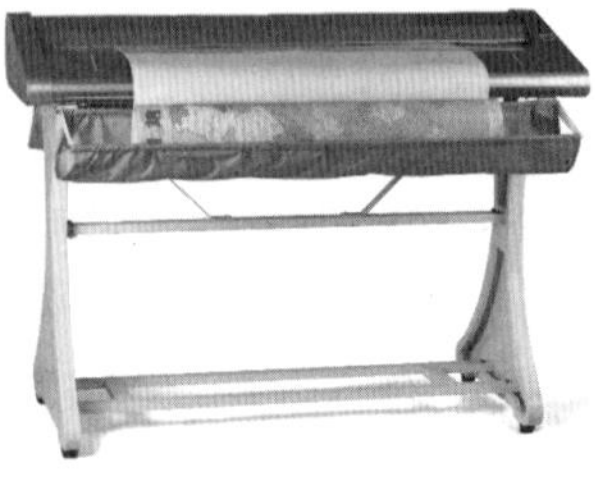

图 8-5　馈纸式扫描仪

为了使扫描成果图达到最好的效果,在可能的情况下,应当首先选择质量最好的底图。所谓底图的质量好，主要指以下方面。

①底图平整：准备进行扫描的底图如果已经被使用过，往往会留下不同程度的折叠痕迹，在折叠的区域，由于纸张的拉伸，会造成一定程度的变形，使得局部区域的空间相对位置失准，因此建议尽量使用新的或很少使用的底图。如果没有，最好在扫描之前将地图在平整的台面上用玻璃等压平一段时间。如果变形比较严重，则需要将变形区域进行局部的几何矫正。

②印刷清晰无污点：地图经过一定时间的使用后，会对原先的印刷线条造成一定程度的磨损。扫描后，磨损或有污点的区域可能会难于识别，从而对后续的数字化工作带来不便。因此，如果有选择的可能性，就应当选择印刷版本最清晰、最干净的地图。

当扫描仪的幅面小于地图的幅面，即扫描仪的有效扫描面积不足以覆盖整幅地图。因此同一幅图需要扫描多次，如图 8-6 所示。

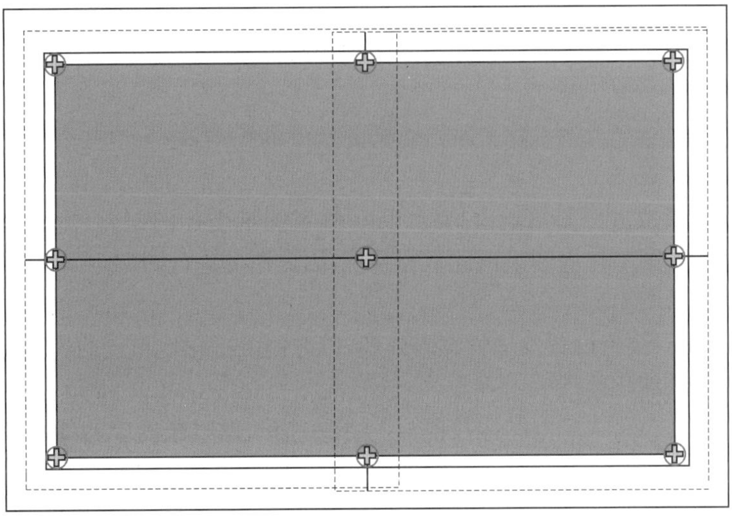

图 8-6　分块扫描地形

视 频

地形图扫描及预处理

在扫描的过程中，有两个比较重要的参数：图像大小和分辨率。这两个参数决定了扫描出的图像的大小；图像越大或分辨率越高，目标图像就越大。目前，我们常用的组合为“图像大小”为 100%，分辨率为 300 DPI。

扫描出的图像可以以不同的格式来存储，如存储为 TIF、BMP、JPG 等常用的格式。JPG 格式的文件是经过压缩的图像，文件大小要比 TIF 或 BMP 格式的文件小得多；然而其在压缩的过程中会丢失一些数据。因此如果对扫描图像的真实性要求很高，建议采用 TIF 或 BMP 的格式存储。如果以节省存储空间为优先考虑，那么可以考虑以 JPG 的格式来存储。图像格式之间的转换是处理图像的软件的基本功能，可以用多种多样的软件来实现。

一般来讲，比较旧的图纸，或多或少总会存在污点、折痕、断线、模糊不清或图纸撕裂等问题。扫描仪是真实地反映原图的，只不过带消蓝去污功能的扫描仪能自动将蓝底色和小的污点去掉。如果我们需要得到清晰干净、不失真的图纸，就需要用相应的软件对计算机里的图像文件作净化处理。经过净化处理的图像文件可以按照需要打印、输出、保存或插到别的文件里。如果需要在原图的基础上做些修改，如更改、删除或增加某些内容，则需要使用能对电子图像文件做上述修改的软件。对图像文件做修改的软件有两类：一类叫光栅编辑软件，一类叫矢量化软件。

(2)图像预处理

图像经过扫描处理后，得到光栅图像，在进行扫描光栅图像矢量化之前，需要对光栅图像进行预处理、细化处理和纠正工作。

①原始光栅图像预处理

纸质地形图经扫描后，由于图纸不干净、线不光滑以及受扫描、摄像系统分辨率的限制，使扫描出来的图像带有黑色斑点、孔洞、凹陷和毛刺等噪声，甚至有错误的光栅结构。因此，扫描地形图工作底图得到的原始光栅图像必须经过多项处理后才能完成矢量化，这就要用到光栅编辑软件。不同的光栅编辑软件提供的光栅编辑功能不同。目前较好的光栅编辑软件是挪威的 RxAuto Image，能实现如下功能：智能光栅选择、边缘切除、旋转、比例缩放、倾斜校正、复制、变形、图像校准、去斑点、孔洞填充、平滑、细化、剪切、复制、粘贴、删除、合并、劈开等。对于仅仅是将图纸存档或做不多修改就打印输出的用户来说，更多的是选择 Adobe Photoshop 之类的软件，因为基本上可满足上述要求，同时可以节省进行矢量化所消耗的人力和时间。对原始光栅图像的预处理实质上是对原始光栅图像进行修正，经修正后得到正式光栅图像，其内容主要有以下几个方面：

a. 采用消声和边缘平滑技术除去原始光栅图像中的噪声，减小这些因素对后续细化工作的影响和防止图像失真。

b. 对原始光栅图像进行图幅定位坐标纠正，修正图纸坐标的偏差；由于数字化图最终采用的坐标系是原地形图工作底图采用的坐标系统，因此还要进行图幅定向，将扫描后的栅格图像坐标转换到原地形图坐标系中。

c. 进行图层、图层颜色设置及地物编码处理，以方便矢量化地形图的后续应用。

②正式光栅图像细化处理

细化处理过程是在正式光栅图像数据中，寻找扫描图像线条的中心线的过程。衡量细化质量的指标有：细化处理所需内存容量、处理精度、细化畸变、处理速度等。细化处理时要保证图像中的线段连贯性，但由于原图和扫描的因素，在图像上总会存在一些毛刺和断点，因此要进行必要的毛刺剔除和人工补断，细化的结果应为原线条的中心线。

③正式光栅图像纠正

地形图在扫描过程中，由于印刷、扫描的过程会产生误差，存放过程中纸张会有变形，导致扫描到电脑中的地图实际值和理论值不相符，即光栅图像图幅坐标格网西南角点坐标、图幅坐标格网、图幅大小及图幅的方向与相对应的标准地形图的图幅坐标格网西南角点坐标、坐标格网、图幅大小及图幅方向不一致。因此，需要对正式光栅图像进行纠正处理。目前，对光栅图像进行纠正的软件非常多，本书以南方测绘 CASS11 为例介绍其纠正扫描地形图的过程。

a. 运行南方测绘 CASS11 地形地籍软件，点击“工具—光栅图像—插入图像”菜单。

b. 在弹出的图像管理器对话框中点击“附着 DWG”按钮。

c. 在弹出的选择图像文件对话框中选择一幅扫描的栅格地形图，单击“打开”按钮。

d. 在弹出的图像对话框中单击“确定”按钮。

e. 在南方测绘 CASS11 绘图区任意位置点击鼠标左键并拖放出适当大小的区域后，再松开鼠标左键，则在 CASS11 绘图区中插入了一幅扫描栅格地形图。

f. 点击“工具—光栅图像—图像纠正”子菜单。

g. 根据 CASS11 命令行的提示，选取需要纠正处理的栅格地形图(务必选择图像的边界线)，弹出“图像纠正”对话框。

h. 在“图像纠正”对话框中点击“图面”所在行的“拾取”按钮，拾取扫描栅格地形图上图幅内图廓西南角的图面坐标，然后在“实际”所在行输入图廓西南角的实际坐标值，其中东方向为 Y 坐标，北方向为 X 坐标，最后点击“添加”按钮，将“拾取”的图幅西南角的图面坐标和实际坐标添加到“控制点采集区”。

i. 按照上一步的方法，依次采集图幅东南角、东北角、西北角的内图廓图面坐标与实际坐标，然后单击“纠正”按钮。

j. 经过前面几步，扫描的栅格地形图就纠正好了，可绘制一幅 50 cm×50 cm 的标准图幅，与纠正好的扫描栅格地形图进行比较，检查纠正的精度是否满足要求。

上述即为“线性变换”纠正扫描栅格地形图的过程，如果纠正精度较高，也可采用“逐格网法”，即将扫描栅格地形图的每个坐标格网的坐标信息都按照上述方法采集到“控制采集区”，再进行纠正。

任务 8.2　地形图矢量化

8.2.1　任务目标

通过本任务，掌握地形图矢量化的基本含义，了解不同矢量化方式的特点，掌握用南方测绘 CASS 软件进行地形图矢量化的过程。

8.2.2　相关配套知识

1. 矢量化方式及矢量化软件选择

根据需要将光栅图转换成矢量图的过程叫作矢量化，经过处理后的光栅图像可导入矢量化软件中进行矢量化工作。矢量化的实质是从用像素点数据描述的位图文件中识别出点、线、圆、弧、字符、各种地形符号等基本几何图形的一个过程。一般矢量化的方式有三种：手工矢量化、半自动矢量化和全自动矢量化。

手工矢量化是完全采用人工方式用软件提供的工具将扫描光栅图像转化为矢量图。例如在 AutoCAD 中，要将栅格图像矢量化，就需要人工利用 CAD 软件提供的点、线、面工具将栅格图像描一遍，虽然这种方式比较费时费力，但其后期编辑工作量较小。这种方式在测绘单位早期地形图矢量化中使用较多。

半自动矢量化又称为交互式跟踪矢量化，是用人工干预的方式将光栅图像转化为矢量化集合图形。交互式跟踪矢量化由两部分组成：栅格捕捉和栅格跟踪。

常用的数字化测图软件（如 CASS11），具有捕捉栅格单元的功能，它可以帮助精确的创建地物特征。在使用图形编辑工具创建地物特征时，用户可以捕捉栅格中心线、交叉点、拐点、端点和立体元素。栅格跟踪功能允许用户对矢量单元和创建矢量特征进行手工跟踪。使用跟踪工具时，用户只需简单地把光标指向准备矢量化的方向，然后点击即可。每次点击后，地物特征都将在矢量单元的中心线附近生成，通过图形编辑工具，用户可以选择产生线状和（或）多边形地物特征。

全自动矢量化软件能对全图或某部分光栅图一次性自动识别，并转化成相应的几何图形。较好的全自动矢量化软件（如德国的 VP 系列），能识别直线、圆、弧、多义线、样条曲线、剖面线、轮廓线、箭头、各种符号、数字、英文字符等，还能识别线的宽度、线形、文字高度等，它能跳过窄的断点，还能对不同类型的图纸采用不同的识别参数。

转化成矢量的实体并不是100%正确的，因此需要对矢量化的结果进行编辑修改，这就要用后处理软件。矢量化的准确程度直接影响后处理的工作量，矢量化后的图形越准确，后处理的工作量越小。有效实用、易于操作的矢量编辑工具，更可节省后处理的时间。

目前矢量化软件非常多，如 AarMap、R2V、MapInfo、CASScan、CASS 等。不同的软件可能对每个过程采用不同的实现方式，用户可以根据自己的具体要求选用上述相应的软件，而有些软件又分多个模块和版本。

此外，选用软件还应考虑的因素有：

(1)输入文件格式，能输入的最大光栅文件大小。

(2)输出格式，与其他软件特别是用户 CAD 软件的兼容性。

(3)是否有批处理功能。

(4)它可运行在何种操作平台上。

(5)因为部分软件是国外开发的，还应考虑它是否为中文版或中文界面，能否接受汉字等。

目前，利用 CASS11 进行矢量化的方法在测绘市场的占有率较高，本书重点讲述利用 CASS11 进行矢量化工作的方法和步骤。

2. 利用 CASS11 矢量化地形图

(1)运行南方测绘 CASS11 地形地籍软件，点击“工具/光栅图像插入图像”菜单，如图 8-7 所示。

(2)在弹出的对话框中点击左上角附着管理器按钮，并在下拉菜单中点击“附着图像(Ⅰ)”选项，如图 8-8 所示。

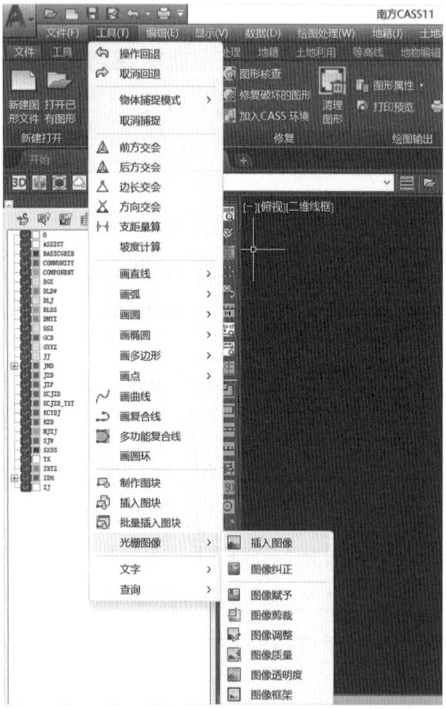

图 8-7　“工具/光栅图像插入图像”菜单

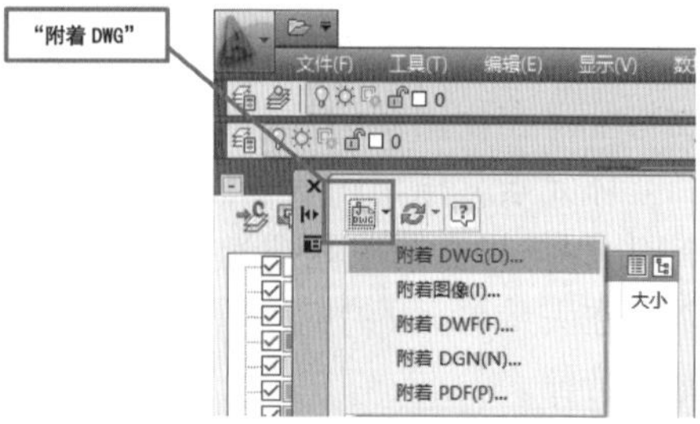

图 8-8　“附着图像(Ⅰ)”选项

(3)在弹出的选择图像文件对话框中选择一幅扫描的栅格地形图，单击“打开”按钮，如图 8-9所示。

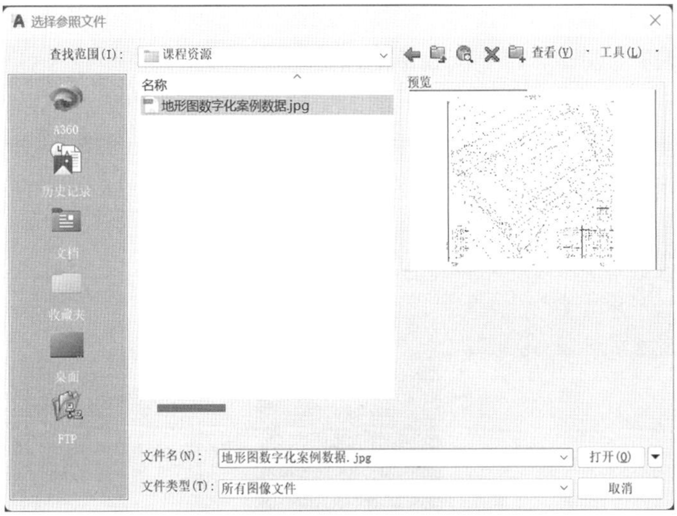

图 8-9　选择图形文件对话框

(4)在弹出的图像对话框中设置好路径类型、插入点、缩放比例等选项后单击“确定”按钮，也可以保持默认设置直接点击“确定”按钮，如图 8-10 所示。

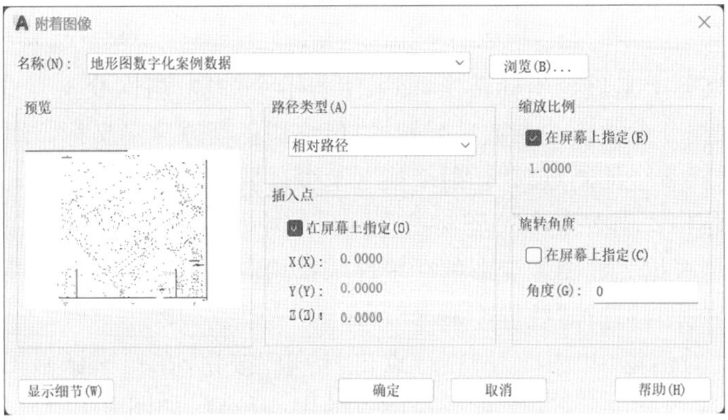

图 8-10　设置路径类型、插入点、缩放比例等

(5)在 CASS11 绘图区任意位置点击鼠标左键并拖放出适当大小的区域后，再松开鼠标左键，便在 CASS11 窗口中插入光栅图像，如图 8-11 所示。

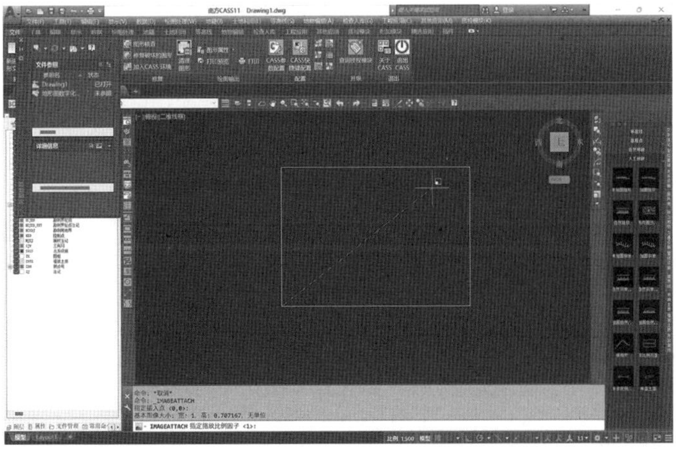

图 8-11　在屏幕上确定栅格图像大小

(6)图像插入后(图 8-12),可通过“工具/光栅图像/图像调整(图像质量、图像透明度)”等对图像的显示效果进行调整。因光栅图像图幅坐标格网西南角点坐标、图幅坐标格网、图幅大小及图幅的方向与相对应比例的标准地形图的图幅坐标格网西南角点坐标、坐标格网、图幅大小及图幅方向不一致,需要对图像进行纠正,点击“工具/光栅图像/图像纠正”选项,根据 CASS11 命令行提示,选取需要纠正处理的图像边缘,弹出如图 8-13 所示的对话框。

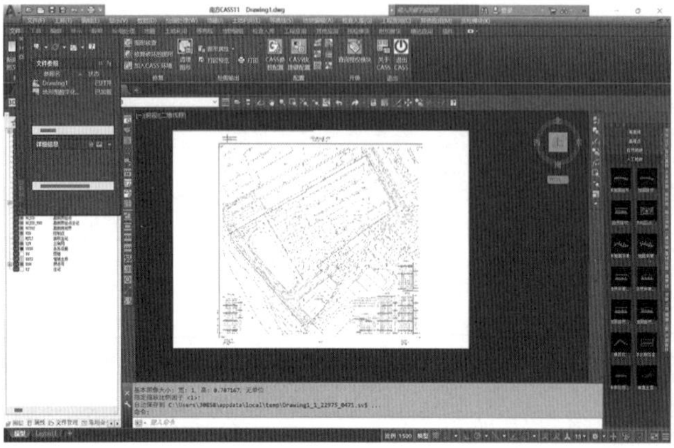

图 8-12 插入后的图像

图 8-13 图像纠正对话框

(7)图像纠正实际上是进行坐标转换,即采用若干个图廓、格网交叉点或控制点的图面坐标和其测量坐标根据 3 参数或 7 参数进行转换,最终纠正至原测量坐标。纠正的方法有“赫尔默特”(至少需要选择 2 个控制点)、“仿射变换”(至少需要选择 3 个控制点)、“线性变换”(至少需要选择 4 个控制点)、“二次变换”(至少需选择 6 个控制点)、“三次变换”(至少需要选择 10 个控制点)。用户可根据光栅图像变形的严重性选择相应的方法(在纠正方法列表中可进行选择),一般变形较小的图像选择“线性变换”即可。

在“图像纠正”对话框中“图面”所在行点击“拾取”按钮,在扫描栅格图上将图幅适量放大,用鼠标点击拾取图廓、格网交叉点或控制点的中心位置,如图 8-14 所示。然后在实际所在行的“北”和“东”中分别输入 x 和 y 坐标值,即图面拾取点的实际坐标值。然后点击“添加”按钮,将“拾取”的图廓、格网交叉点或控制点的图面坐标与实际坐标添加到“已采集控制点”区。

(8)按照上一步的方法,依次按照一定的顺序采集图幅东南角、东北角、西北角的控制点图面坐标与实际坐标,然后单击“纠正”按钮,如图 8-15 所示。

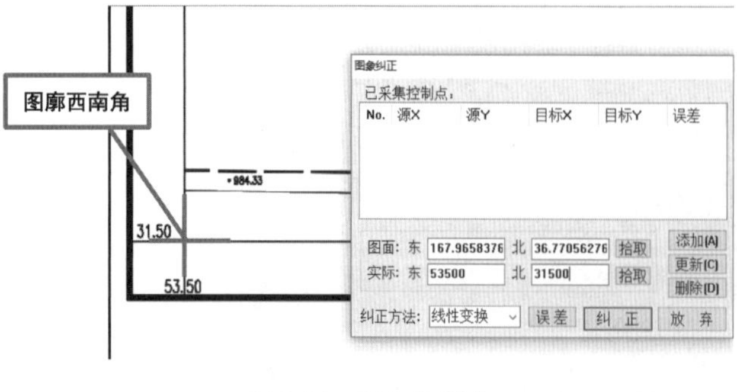

图 8-14 采集控制点

图 8-15 采集四个控制点

(9)经过上述几步,栅格图像就纠正好了,这时应检查纠正的精度是否满足要求,可查询相应控制点的坐标,或量取相关边长与已知值进行比对。如果要求纠正的精度较高,则可采用“逐格网法”,即将扫描栅格图图幅的每个坐标格网的坐标信息按照上述方法采集到“控制采集区”,再进行纠正。

视频

图像导入及纠正

经过纠正后,栅格图像应该能达到数字化所需的精度。纠正完成后,需要点击“全图”按钮,显示纠正后的图形,如图 8-16 所示。需要特别注意的是,纠正过程中将会对栅格图像进行重写,覆盖原图,自动保存为纠正后的图形,所以在纠正之前需备份原图。

(10)为避免在操作过程中占用太多内存,可通过“工具/光栅图像/图像裁剪”将图廓外侧部分裁掉。另外矢量化过程中可能导致光栅图像移位或扭曲,应新建一个图层,将光栅图像置于其中并进行锁定。

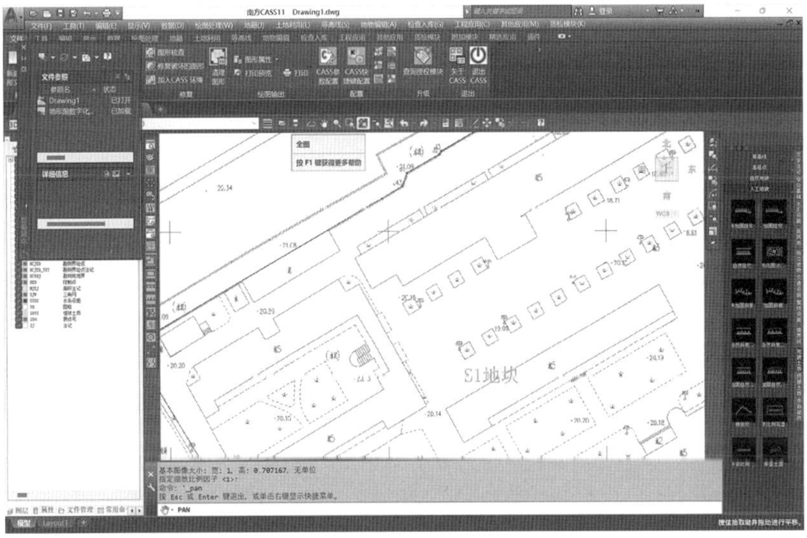

图 8-16　纠正后图像

(11)点状符号矢量化。

根据地形图图式的要求,每个点状符号都有自己的定位点和特定的表示符号。因此点状符号的矢量化仅需要将定制好的标准符号插入到相应的位置即可。以控制点为例来说明,根据扫描地形图上控制点的类型,在 CASS11 屏幕菜单上选择相应的控制点类型,然后根据 CASS11 命令行提示进行操作。

点击屏幕菜单的“控制点/平面控制点/图根控制点”,命令行出现“指定点”(初次操作还会出现“1∶500”,用户需根据需要选择或输入所需的新比例尺),用鼠标在栅格图像的“图根控制点”的定位点上单击,命令行出现“高程(*m*):”,输入该控制点的高程值后回车;命令行出现“等级—点名:”,输入控制点的点名后回车,则完成了控制点的矢量化,如图 8-17 所示。

(12)线状符号的矢量化。

线状符号一般是由一系列的坐标对和相应的线形构成,其矢量化主要是用特定的线形将扫描的线形地形描绘出来,下面以道路边线为例。在 CASS11 屏幕菜单上选择“交通设施/乡村道路”,在弹出的对话框中选择“机耕路虚线边”后点确定按钮,命令行出现“第一点:<跟踪

T/区间跟踪 N>”，鼠标左键点击需要矢量化的道路边线起点，命令行出现“指定点”，鼠标左键点击小路的下一特征点。如此重复，直到该道路边线的终点，然后回车或单击鼠标右键，命令行出现“拟合<N>？”，该线状符号若需拟合，则输入“Y”后回车，否则直接回车或点击鼠标右键即可。图 8-18 所示为一段矢量化的道路边线。

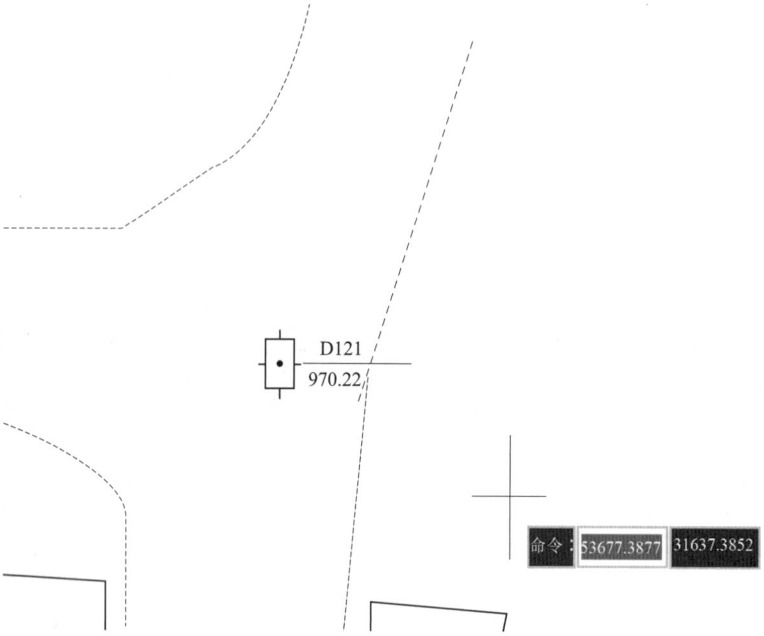

图 8-17　点状符号矢量化

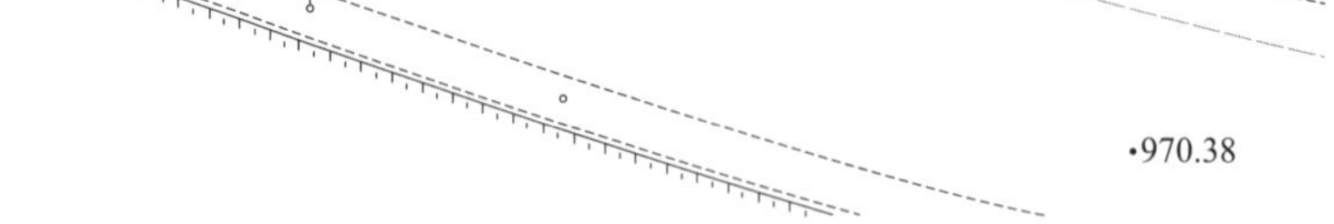

图 8-18　道路边线矢量化

(13)面状符号的矢量化。

面状符号的矢量化本质上与线状符号的矢量化相似，所不同的是面状符号首尾坐标是相同的，这里以房屋为例来说明。

在 CASS11 屏幕菜单上选择“居民地/一般房屋”，在弹出的对话框中选择“四点房屋”后点击确定按钮，命令行出现“1. 已知三点/2. 已知两点及宽度/3. 已知两点及对面一点/4. 已知四点<3>”。输入“4”后回车，用鼠标左键在栅格图上点取需要矢量化的房屋的 4 个特征点后回车，则完成了该房屋的矢量化，如图 8-19 所示。

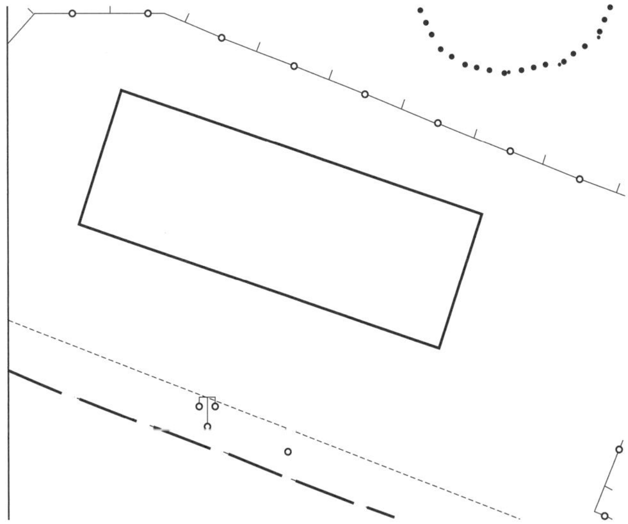

图 8-19　四点房屋矢量化

(14)用 CASS11 软件矢量化图廓比较简单，方法同图幅整饰，如选择“绘图处理/标准图幅(50 cm×50 cm)”菜单。

(15)在弹出的图幅整饰窗口中完善相应的图名、图廓西南角坐标等内容，点击“确定”按钮。系统自动按要求在指定的位置插入一幅标准的 50 cm×50 cm 的地形图图框。

视频

数字化地形图绘制

按照上述方法将所有的地形符号矢量化完成后，将光栅图像所在图层关闭，则得到一幅完整的、标准的矢量地形图。

地形图矢量化的实质就是将图形转化为数据，转化的精度取决于纸质地形图的固定误差、数字化过程中的误差、数字化的设备误差以及数字化软件等多方面，因此，通过地形图数字化得到的地形图，其地形要素的位置精度不会高于原地形图的精度。

思政小故事

基线丈量中的“工匠精神”

基线丈量是精确测定长度基线场基线的距离，基线是距离测量的基准。通过对全国的比长基线场的定期复测，使得全国比长基线场的长度量值得到统一。其精度直接影响全站仪、测距仪及 GNSS 接收机等测量仪器的检定(或校准)精度，继而影响全国各类工程项目的每一个环节。因此，基线丈量工作需要测绘工作人员严谨细致、精益求精、持续创新的精神，而这正是工匠精神的内涵。

众所周知，要取得合格的测绘数据成果要求测绘工作人员具备扎实的基本功，严格按照操作流程。而对于基线丈量工作的作业过程更是要求稳健细致，需要测量员操作熟练，读数记录严谨认真，队员之间配合默契，不管是野外数据采集还是内业数据处理，必须严格按照作业流程进行，才能实现又快又好。

基线丈量是一项需要日复一日，反复操作的工作，但这一过程绝非简单的测量工作，而是对精度有着极致追求的精细作业。每一次的测量，测量人员都需要全神贯注、一丝不苟。因为哪怕是极其细微的误差，在后续工作中都可能如同滚雪球般被无限放大，引发严重后果。因此，在基线丈量工作中，从仪器的精准调校，到现场测量，再到数据的多次验算，都要专注、精益求精。

基线丈量工作作为一种传统工作，因瓦基线尺是国家野外大长度量值传递的法定标准器，但借助新设备辅助测量的工艺却在持续发展更新，尤其是基线测量数据处理中的计算手段更是推陈出新，如计算每根因瓦基线尺的尺长改正、倾斜改正、分划尺改正悬链线不对称改正、重力改正及评定各项精度指标的综合数据处理软件每年都在更新、完善，使得计算更准确、速度更快、操作更便捷。

项目小结

本项目以数字成图软件 CASS11 为例，讲述了地形图数字化的操作流程。地形图数字化过程都是以计算机为工具、以软件为平台实现的，所以，学习过程中必须在计算机上进行操作，才能够达到练习和掌握地形图数字化原理与方法的教学目标。

复习思考题

1. 栅格数据和矢量数据各有什么特点？
2. 栅格图形转换为矢量图形的实质是什么？
3. 图像纠正的实质是什么？
4. CASS11 图像矢量化的一般流程是什么？

项目 9　数字地形图的应用

项目描述

数字地形图以数字形式存储在计算机存储介质上，详细、真实地反映了地球表面上各种地物的形状、大小、位置、属性以及地面的起伏形态，包含丰富的信息。随着计算机技术的迅速发展，数字地形图在土木工程建设中的应用越来越广泛，而且数字地形图的所有信息都可以应用于地理信息系统(GIS)。本项目以数字成图软件 CASS11 为例，主要介绍数字地形图在土木工程建设中的应用。

学习目标

1. 知识目标

(1)掌握利用数字地形图进行几何查询的方法；

(2)掌握利用数字地形图进行断面绘制的方法；

(3)掌握利用数字地形图进行工程量计算的方法。

2. 能力目标

(1)能利用数字地形图进行几何查询；

(2)能利用数字地形图进行断面绘制；

(3)能利用数字地形图进行工程量计算。

3. 素质目标

(1)具有诚实守信和爱岗敬业的职业道德；

(2)具有质量意识；

(3)具有具备新时代测绘职业素养。

相关案例——××公路修复工程七号路 C 标段技术设计

1. 工程概况

××公路七号路是××寨和××之间的重要通道。C 标段位于××镇和××镇之间，里程 PK225～PK240，全长 15 km，落差 80 多米。沿途经过两个村庄；其中有 2 km 左右两侧是橡胶林，5 km 左右两侧是水田，其余两侧为灌木林。

该工程平面位置和纵向坡度由施工单位自行设计，报监理批准即可。要求修复后的公路中线必须在既有公路的路面范围内，按原路面的高程和填料要求适当设计坡度。

2. 初测

(1)控制测量

目测定出原公路中线，在原公路两侧适当位置布设平面控制网和高程控制网并施测，平差后得到控制测量数据。

(2)测绘带状地形图

测量范围为原公路中线两侧各 50 m。

3. 纸上定线

在带状地形图上按要求设计线路中线平面位置，并计算线路中桩测设数据。要求直线每 20 m 取一点，曲线每 10 m 取一点。

4. 定测

(1)测设新线中线。

(2)测量新线纵、横断面，并绘制纵、横断面图。横断面测量宽度为中线两侧各 30 m。

(3)利用纵断面图设计线路纵向坡度，然后计算线路中桩设计高程。

(4)利用原地面横断面图和新线设计横断面图计算土方量。

任务 9.1　数字地形图几何查询

9.1.1　任务目标

数字地形图是以数字形式存储在计算机存储介质上，用以表示地物、地貌特征点的空间集合形态。通过本任务，会利用软件在数字地形图上查询到工程建设中需要的几何信息，以南方测绘 CASS11 为例介绍查询指定点坐标、查询两点距离及方位、查询线长、查询实体面积的方法。

9.1.2　相关配套知识

1. 求图上任一点坐标

用鼠标点取“工程应用”菜单中的“查询指定点坐标”(图 9-1)，而后用鼠标点取所要查询的点即可；也可以先进入点号定位方式，再输入要查询的点号；也可以在命令行输入“CXZB”快捷命令来查询指定点坐标。

说明：系统左下角状态栏显示的坐标是笛卡尔坐标系中的坐标，与测量坐标系的 X 和 Y 的顺序相反。用此功能查询时，系统在命令行给出的 X、Y 是测量坐标系的值，如图 9-2 所示。

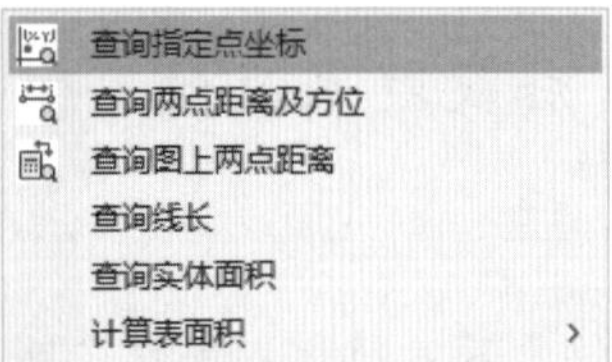

图 9-1　查询指定点坐标

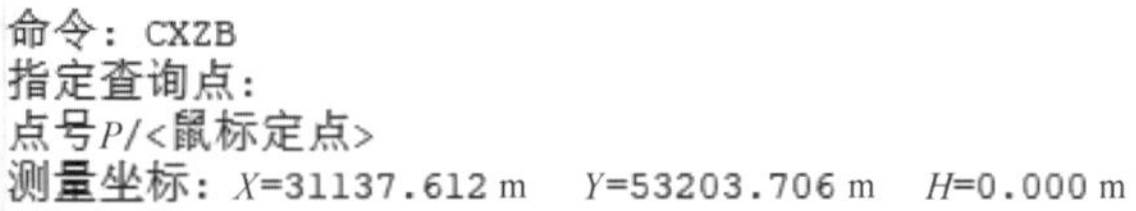

图 9-2　测量坐标系坐标查询

也可以利用右侧屏幕菜单注记某一点的坐标。具体操作过程：点击屏幕菜单“文字注记”下“特殊注记”选项，如图 9-3(a)所示，在“坐标坪高”对话框中选择“注记坐标”，点击确定按钮，如图 9-3(b)所示，指定要注记的点，捕捉到要注记的点后，鼠标移动到坐标要标记的合适位置单击鼠标左键，如图 9-3(c)所示，即可以确定和注记该点的坐标；也可以在命令行直接输入“ZJZB”后，指定要注记的点进行坐标注记。

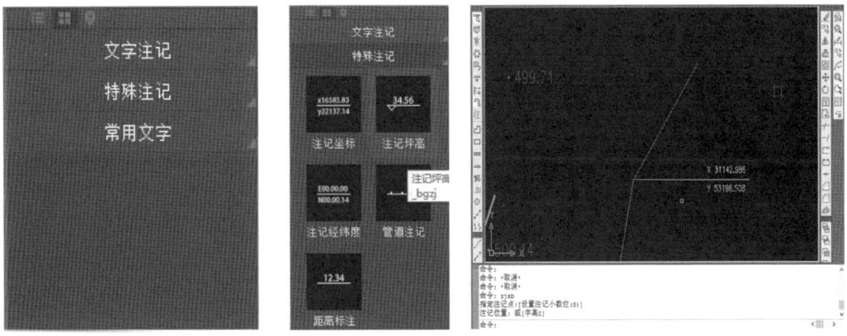

(a)注记选择　　(b)特殊注记　　(c)坐标注记

图 9-3　注记指定点的坐标

视 频

数字地形图的几何查询

2. 查询两点距离及方位

点击“工程应用”菜单下的“查询两点距离及方位”。用鼠标分别点取所要查询的两点即可，也可以先进入点号定位方式，再输入两点的点号，如图 9-4 所示。

计算两个指定点之间的实地距离和两点连线的方位角：用鼠标点取“工程应用(C)”菜单下的“查询两点距离及方位”选项，如图 9-4 所示。

图 9-4　查询两点间距离及方位

3. 计算线状实体的长度

点击“工程应用(C)”菜单下的“查询线长”选项，命令区提示：“选择对象：”。用拾取框在地形图上点取要查询长度的曲线，然后回车。

系统弹出查询结果信息框，如图 9-5 所示。同时命令区给出查询结果。

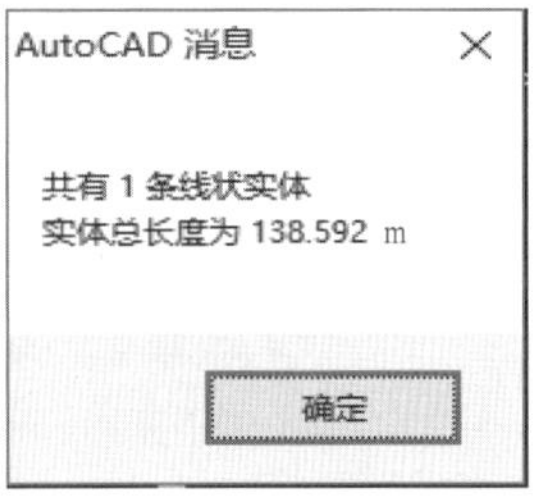

图 9-5　查询线长

4. 计算实体面积

点击“工程应用”菜单下的“查询实体面积”选项，再点击闭合的边界线即可查询面积，要注意实体需用复合线闭合。

5. 计算表面积

在工程建设中，对于地面起伏较大的地面，用常规方法难以计算表面积。此时可以利用数字地形图的高程信息，通过 DTM 建模，在三维空间内将高程点连接为带坡度的三角形，然后计算每个三角形的面积，再将所有三角形的面积累加即得到整个范围内不规则地貌的表面积。图 9-6 为计算图中选定表面积计算区域。

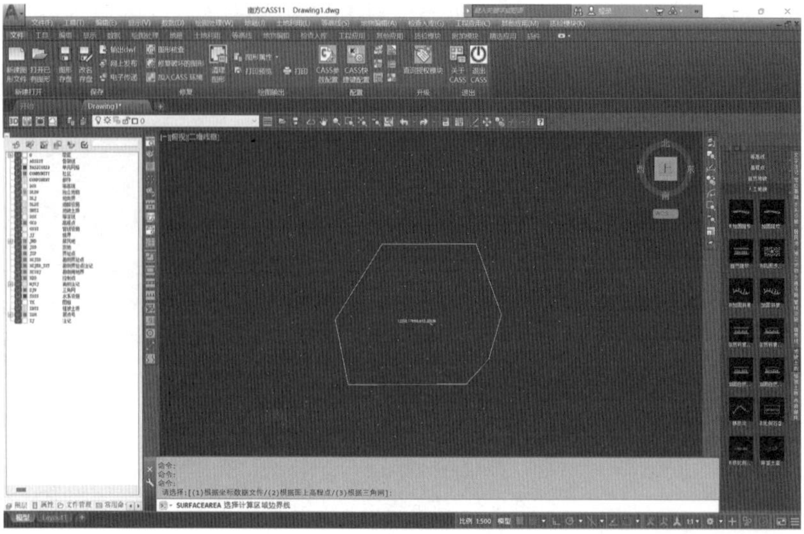

图 9-6　选定表面积计算区域

在 CASS11 中用鼠标点取“工程应用(C)”菜单下的“计算表面积\根据坐标文件”选项，命令区提示：“选择计算区域边界线”。

(1)用拾取框选择图上的复合线边界。

系统弹出“输入高程点数据文件名”对话框。

(2)选择该地形图的数据文件，然后点击“打开”按钮(或双击该文件名)。

命令区提示：“请输入边界插值间隔(m)：<20>”。

(3)输入一个合适的数值，回车。(若直接回车，则边界插值间隔为 20 m。)

系统自动建立 DTM 模型并给出三角形编号，如图 9-7 所示。

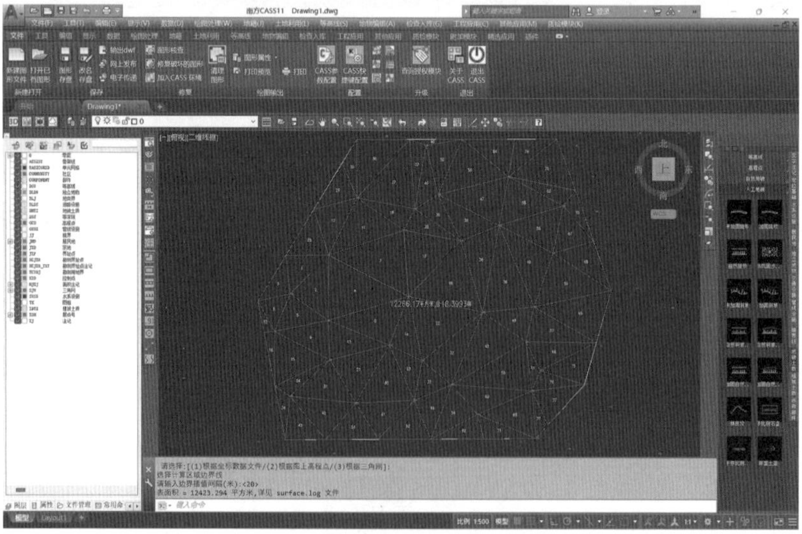

图 9-7　表面积计算结果

命令区显示选定区域表面积计算结果。每一个三角形的面积计算结果保存在位于“CASS11\SYTEM”目录下的 surface. log 文件里。

任务 9.2　断面图绘制

9.2.1　任务目标

通过本任务，可利用南方测绘 CASS11 分别通过已知坐标文件、里程文件、等高线、图上高程点四种情况绘制纵断面、横断面。

9.2.2　相关配套知识

1. 根据已知坐标绘制纵断面图

根据已知坐标绘制纵断面图有根据坐标文件和根据图上高程点两种方法。两种方法的步骤基本一致，区别在于采用根据图上高程点绘制断面图的方法时，需先在显示区展出测量高程点。现以根据坐标文件为例说明绘制纵断面的方法，本节的所有数据均采用软件案例数据（其路径为“D:\ CASS11 For AutoCAD2018\DEMO\dgx. dat”）。

（1）点击“绘图处理(W)/展野外测点点号/输入坐标数据文件名”选项，根据提示选择案例数据。

（2）用复合线（pline）在图上绘制连续的纵断面线，如图 9-8 所示。

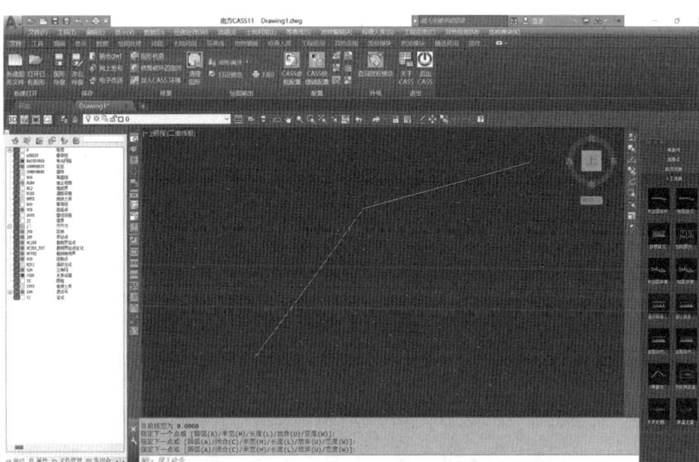

图 9-8　用复合线绘制纵断面线

点击“工程应用/绘断面图/根据已知坐标”选项，命令行提示：“选择断面线”，用拾取框选择图上的断面线，屏幕弹出“断面线上拾取”对话框，选择案例，如图 9-9 所示。

输入采样点间距，如 20(m)，如果复合线两端点间距大于设置的采样点间距，则每隔此间距内插一个点，系统的默认值是 20 m，可根据实际情况进行调整。设置起始里程为 0(m)，则系统默认为 0 m，可依据实际情况进行调整。

点击确定按钮，屏幕弹出“绘制纵断面图”对话框，如图 9-10 所示。各项内容设置方法如下。

断面图比例：系统默认横向 1 ∶ 500、纵向 1 ∶ 100。如地势较平坦，可以适当增大纵向比例，以便更直观地显示地势起伏情况，反之可适当减小纵向比例。

断面图位置：通常是点击右侧拾取按钮，利用鼠标在屏幕上适合绘制断面图的位置点击鼠标左键拾取坐标，也可在横坐标和纵坐标输入框中输入绘制断面图位置的坐标。

平面图：如选择绘制，则在断面图下方显示纵断面线转折角及相应宽度带状地形图信息，默认不绘制。

图 9-9　断面线上取值对话框

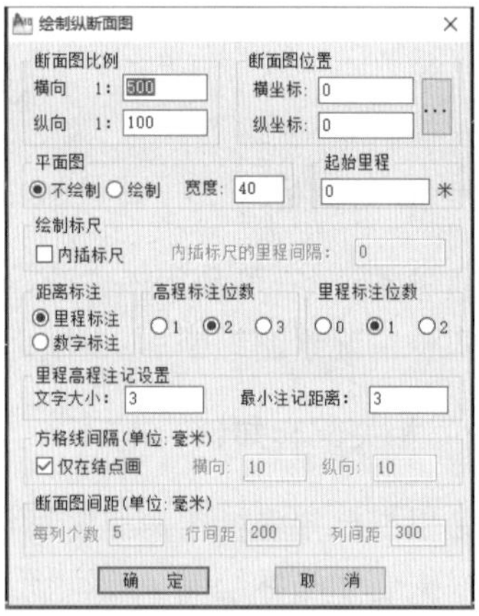

图 9-10　绘制纵断面图对话框

起始里程:与"断面线上拾取"对话框设置的里程一致。

绘制标尺:在断面较长时,可以设置间隔里程内插一个标尺,默认不内插,只在两端绘制标尺。

距离注记、高程标注位数、里程标注位数、里程高程注记设置:根据情况设置,一般保持默认值即可。

设置完成后,点击确定按钮,屏幕上就会出现所选断面线的断面图,如图 9-11 所示。

视 频

纵断面图绘制

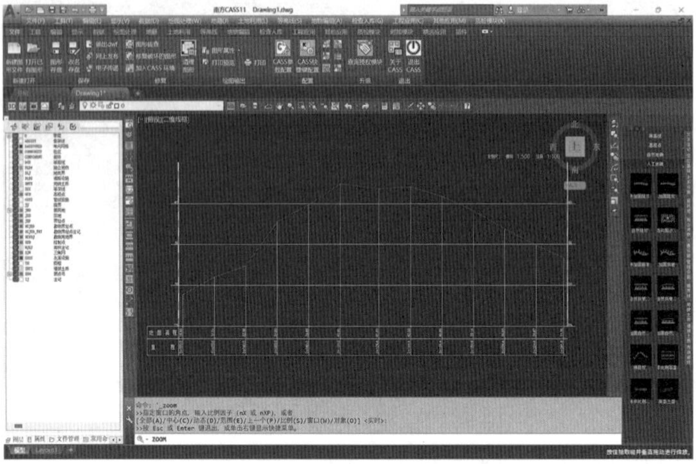

图 9-11　绘制完成的断面

2. 根据里程文件生成横断面

根据里程文件绘制断面图主要应用于公路、沟渠等多个连续断面的绘制。一个里程文件可以包含多个断面的信息,此时绘制断面图就可以一次绘制出多个断面。里程文件的一个断面信息内可以有该断面不同时期的断面数据,这样绘制这个断面时就可以同时绘出实际断面线和设计断面线,具体方法如下。

(1)绘制纵断面和生成里程文件

①绘制横断面线

点击"工程应用/生成里程文件/由断面线生成/新建"选项,命令行提示:选择纵断面线。用拾取框选择图上的纵断面线,屏幕弹出"由纵断面生成里程文件"对话框,如图 9-12 所示。

点击确定后,系统自动在纵断面线上按 20 m 间距,左右各 25 m 长绘制出所有横断面线,这里要注意的是横断面左右长度的确定要在断面设计图纸里查询，输入长度要大于图示尺寸，必须保证原地面线和设计断面形成闭合图形，才能在后续的计算中准确计算出土方量，如图 9-13所示。

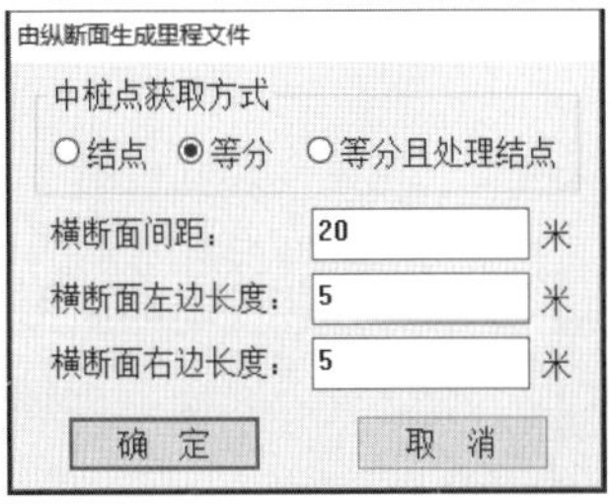

图 9-12　设置横断面参数

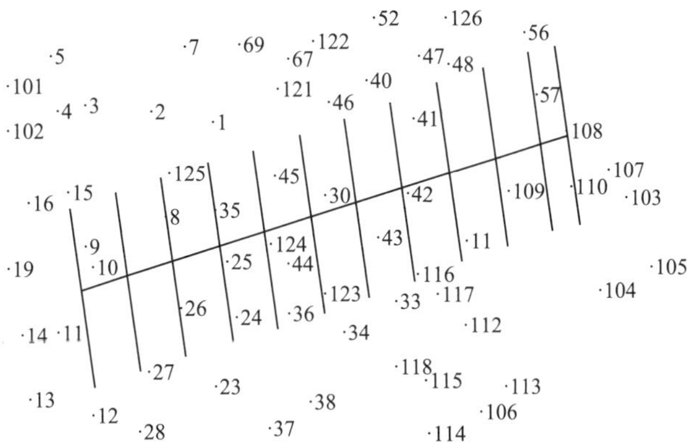

图 9-13　纵断面图上绘制横断面线

②生成里程文件

点击“工程应用/生成里程文件/由断面线生成/生成”选项，根据提示选择纵断面线，弹出如图 9-14所示的“生成里程文件”对话框，图 9-14 中“数据文件名”是已测量的外业数据，本例中采用案例数据；“生成的里程文件名”是由软件自动生成的里程文件，需要操作人员命名，其后缀为“＊. hdm”；“里程文件对应的数据文件名”是软件自动选取生成里程文件需要的原始数据，其后缀为“＊. dat”，命名时应注意和里程文件名相对应。

图 9-14　生成里程文件对话框

完成后点击确定按钮，系统自动在横断面线上标注该断面的里程和中桩高程，如图 9-15 所示。

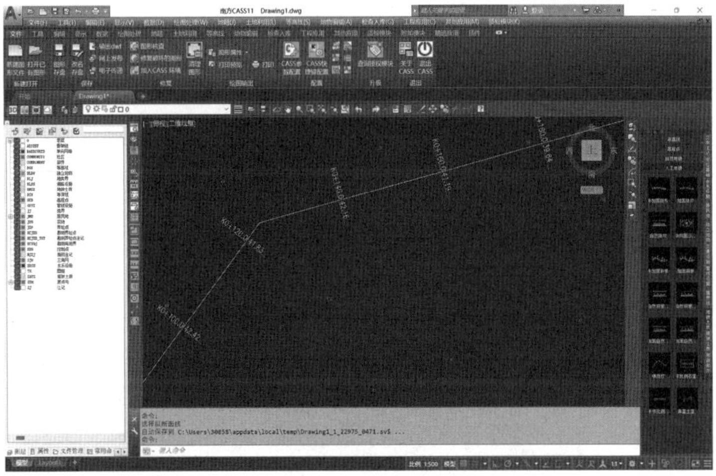

图 9-15　断面的里程和中桩高程

(2)绘制横断面图

生成里程文件以后，点击“工程应用/绘断面图/根据里程文件”选项，在弹出的“输入断面

● 视 频

横断面图绘制

里程数据文件名”对话框中选择上步骤生成的里程文件“Dgx 里程文件. hdm”，点击“打开”按钮，根据情况设置好相应的参数，得到如图 9-16 所示的横断面。

3. 根据等高线生成纵、横断面

（1）点击“绘图处理（W）/展野外测点点号/输入坐标数据文件名”选项，根据提示选择案例数据。

（2）点击“等高线/建立 DTM/选择建立 DTM 方式”选项，根据提示选择案例数据，如图 9-17 所示。

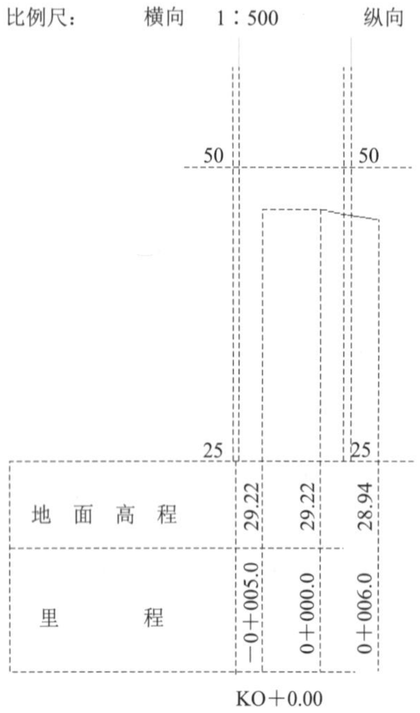

图 9-16 生成的横断面

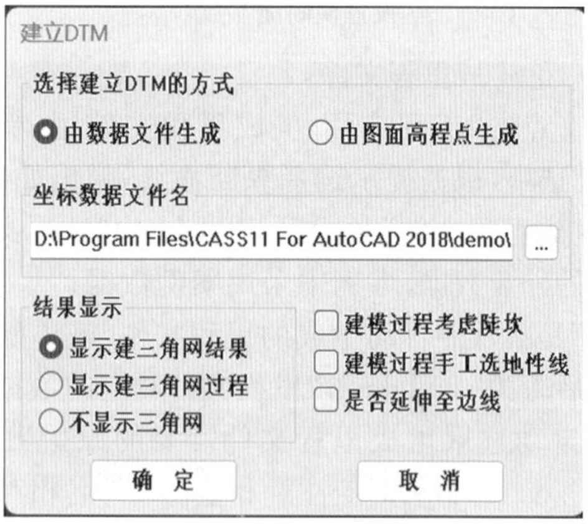

图 9-17 建立 DTM

（3）点击“等高线/绘制等高线”选项，弹出“绘制等值线”对话框，修改“等高距”为 0.5 m；“拟合方式”中单选“三次 B 样条拟合”；单击“确定”完成等高线的绘制（图 9-18），最后再点击“等高线/删三角网”。

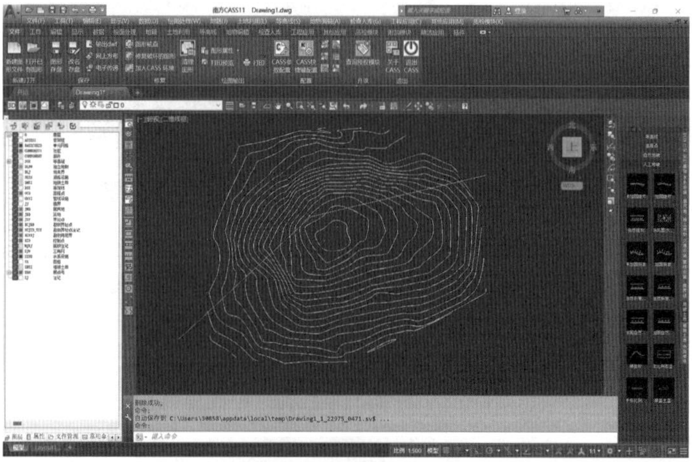

图 9-18 等高线绘制

(4)用复合线绘制线路纵断面线，点击“工程应用/绘纵断面图/根据等高线”，根据软件提示，结合上述内容可以快速绘制纵断面(图 9-19)。

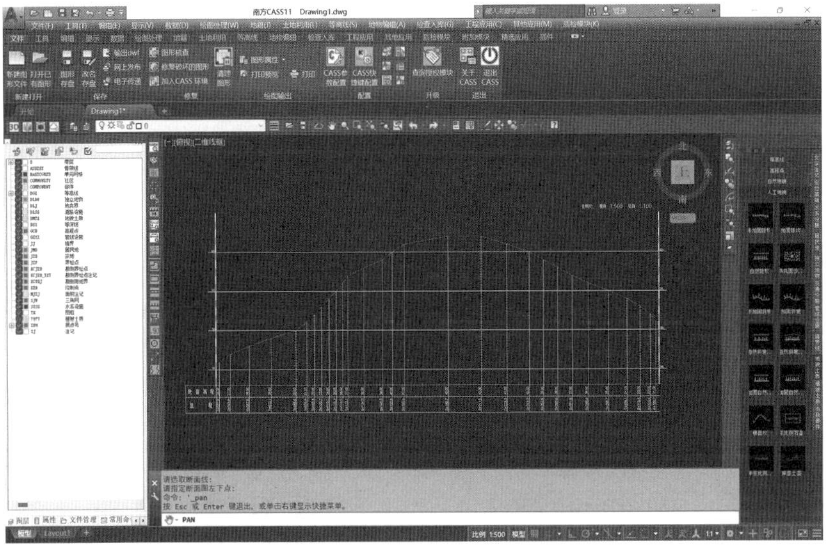

图 9-19　等高线生成纵断面线

任务 9.3　土方量计算

9.3.1　任务目标

通过本任务，可利用数字地形图，结合原地面线、设计图纸，利用 DTM 法、断面法、方格网法和等高线法等方法，计算工程土方量。

9.3.2　相关配套知识

1. DTM 法土方计算

通过 DTM 模型来计算土方量是根据实地测定的地面点三维坐标和设计高程，通过生成三角网来计算每一个三棱锥的填挖方量，最后累计得到指定范围内填方和挖方的土方量，并绘出填挖方分界线。

DTM 法土方计算共有三种方法，第一种是由坐标数据文件计算，第二种是依照图上高程点进行计算，第三种是依照图上的三角网进行计算。前两种算法包含重新建立三角网的过程，第三种方法直接采用图上已有的三角形，不再重建三角网。下面以“根据坐标文件”为例进行说明，具体操作步骤如下：

(1)用复合线画出所要计算土方的区域，绘制时必须闭合，但不要拟合。因为拟合过的曲线在进行土方计算时会用曲线替代，影响计算结果的精度。

(2)用鼠标点取“工程应用\DTM 法土方计算\根据坐标文件”。

(3)根据提示：“选择边界线”，用鼠标拾取所画的闭合区域，弹出如图 9-20 所示的土方计算参数设置对话框。根据情况设置平场标高(设计目标高程)、边界采样间隔(默认为 20)和边坡设置，选中处理边坡复选框后，则坡度设置功能变为可选，选中放坡的方式（向上或向下：指平场高程相对于实际地面高程的高低，平场高程高于地面高程则设置为向下放坡）。然后输入坡度值，计算结果如图 9-21 所示。

图 9-20　DTM 土方计算参数设置

图 9-21　DTM 土方计算结果

视 频
土方量计算（一）

视 频
土方量计算（二）

2. 断面法计算土方量

断面法土方计算主要用在公路土方计算和区域土方计算，对于特别复杂的地方可以用任意断面设计方法。断面法土方计算主要有道路断面、场地断面和任意断面三种计算土方量的方法。下面通过以坐标文件生成里程文件、道路断面设计文件，最后由软件自动计算土方量。

（1）点击“工程应用\生成里程文件\由坐标文件生成”。屏幕上弹出“输入简码数据文件名”的对话框，来选择简码数据文件。这个文件的编码必须按以下方法定义；其格式如下：

点号，M_1，X 坐标，Y 坐标，高程（M_i 表示道路中心点）

点号，1，X 坐标，Y 坐标，高程（该点是对应 M_i 的道路横断面上的点）

……

点号，M_2，X 坐标，Y 坐标，高程

点号，2，X 坐标，Y 坐标，高程

……

点号，M_i，X 坐标，Y 坐标，高程

点号，i，X 坐标，Y 坐标，高程

……

注意：M_1、M_2、M_3 各点应按实际的道路中线点顺序，而同一横断面的各点可不按顺序，以下为摘自案例的数据。

1，M_1，708.522，411.099，90.173

2，1，721.786，410.908，90.242

3,1,719.69,405.228,90.284

……

12,M_2,708.408,403.871,90.106

13,2,715.911,402.768,90.219

……

屏幕上弹出"输入断面里程数据文件名"的对话框,来选择断面里程数据文件;这个文件将保存要生成的里程数据。

(2)横断面文件设计,横断面的设计参数可以事先写入一个文件中,点击:"工程应用\断面法土方计算\道路设计参数文件",弹出如图 9-22 所示的道路设计参数输入界面。横断面设计参数可从设计图纸上查找。图中坡度是指路基边坡的坡度。路宽是指路面宽度,如果道路左侧宽度和右侧宽度相等,则在路宽栏内输入路宽值,横坡率是指路面横向坡度。输入完成以后保存。

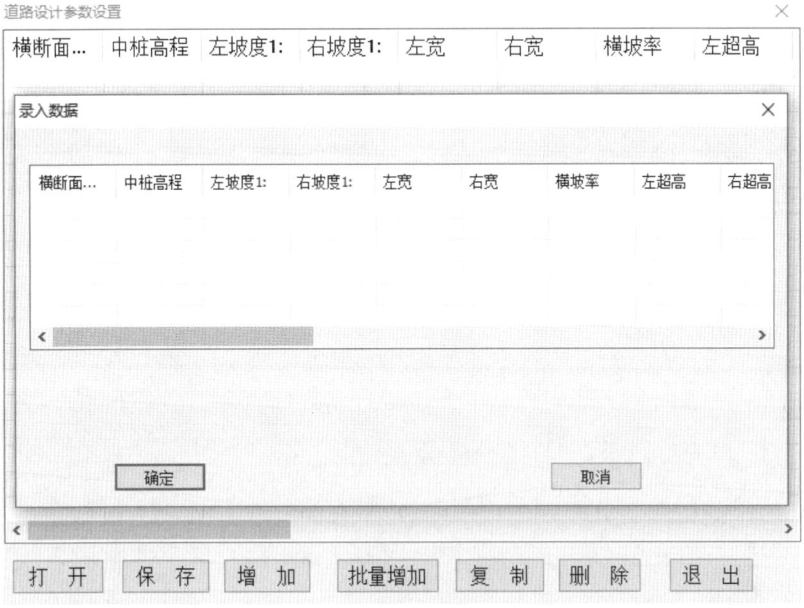

图 9-22　道路设计参数输入

道路设计文件也可以按软件格式要求,自定义输入 H、I、W、A、WG 及 HG;其中,H 表示道路横断断面设计高程,I 表示横断面左右侧的横坡比,W 表示道路设计宽度,A 表示道路设计横坡率,WG 表示道路两侧的沟宽,HG 表示道路两侧的沟高,文件最后以 END 标记文件结束,保存为 *.dat 格式,其格式如下:

1,H=35.0,I=1∶1,W=5,A=0.02,WG=1.5,HG=0.5

2,H=35.7,I=1∶1,W=5,A=0.02,WG=1.5,HG=0.5

……

10,H=40.0,I=1∶1,W=5,A=0.02,WG=1.5,HG=0.5

END

(3)点击"工程应用\断面法土方计算\道路断面"。后弹出对话框,道路断面的初始参数都可以在这个对话框中进行设置的，按图 9-23、图 9-24 的参数进行相应设置，即可绘制、统计出道路各横断面填、挖方量，如图 9-25 所示。

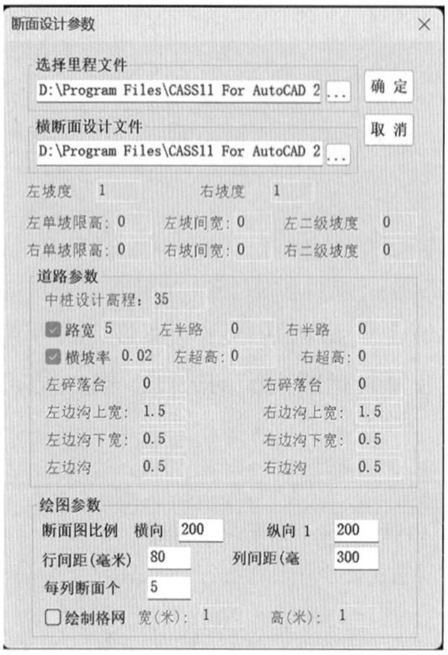

图 9-23　断面设计参数

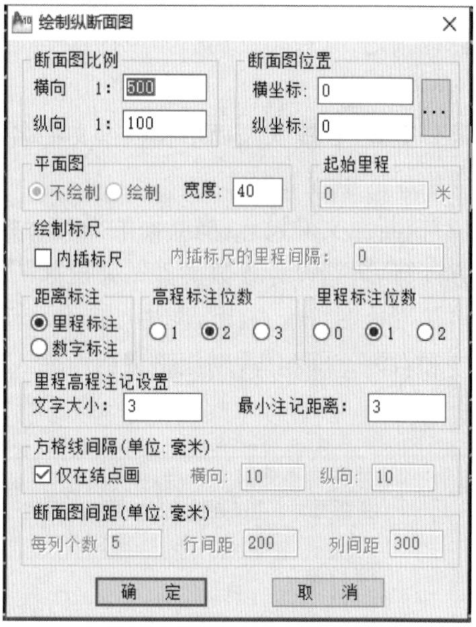

图 9-24　绘制纵断面图参数设置

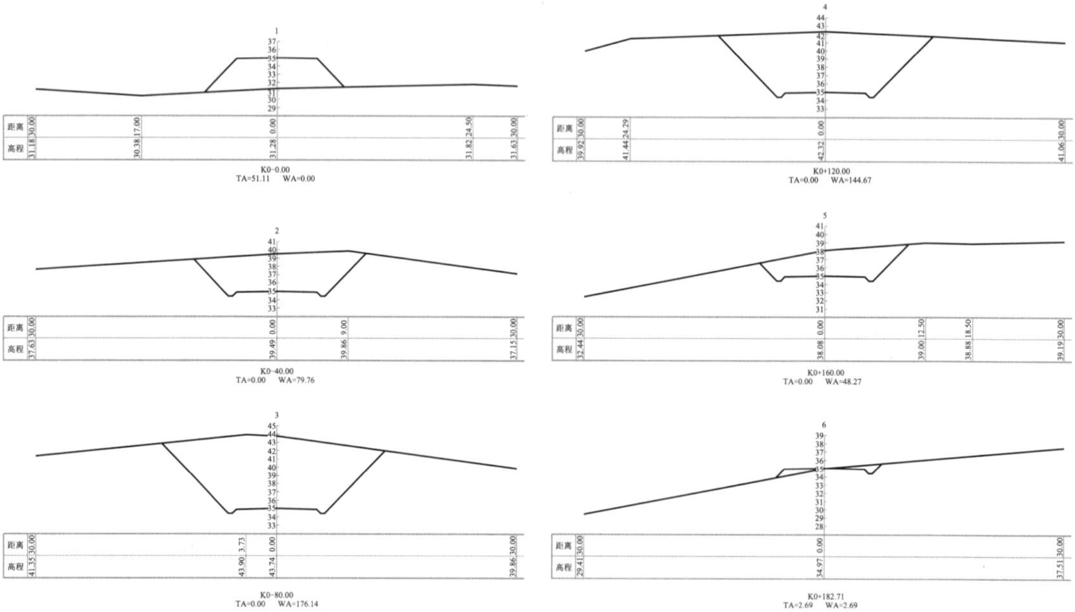

图 9-25　道路各设计断面填、挖方量

(4)点击“工程应用(C)\断面法土方计算\图面土方计算”选项。命令区提示：“选择对象”；框选所有参与计算的道路横断面图，然后回车；命令区提示：“指定土石方计算表左上角位置”；用鼠标左键单击图上适当位置。系统在命令区显示计算结果，同时在图上绘出土石方计算表，见表 9-1。

表 9-1　土石方数量计算表

里程	中心高/m		横断面积/m²		平均面积/m²		距离/m	总数量/m³	
	填	挖	填	挖	填	挖		填	挖
K0 +0.00	5.78		64.33	0.00					
					52.04	0.00	25.00	1 301.04	0.00
K0 +25.00	4.29		39.75	0.00					
					21.00	0.23	25.00	525.10	5.72
K0 +50.00	0.42		2.25	0.46					
					1.13	10.98	25.00	28.18	274.43
K0+75.00		1.89	0.00	21.50					
					0.00	19.77	25.00	0.00	494.16
K0 +100.00		1.64	0.00	18.04					
					0.00	11.36	25.00	0.00	283.89
K0 +125.00		0.37	0.00	4.67					
					0.67	2.77	25.00	16.83	69.28
K0 +150.00	0.21		1.35	0.87					
					5.01	0.43	25.00	125.23	10.84
K0 +175.00	1.30		8.67	0.00					
					16.20	0.00	25.00	405.04	0.00
K0 +200.00	2.92		23.73	0.00					
					28.68	0.00	25.00	314.22	0.00
K0 +210.96	3.70		33.64	0.00					
合　计								2 715.6	1 138.3

3. 方格网法土方计算

由方格网来计算土方量是根据实地测定的地面点坐标(X,Y,Z)和设计高程，通过生成方格网来计算每一个方格内的填挖方量，最后累计得到指定范围内填方和挖方的土方量，并绘出填挖方分界线。系统首先将方格的四个角上的高程相加(如果角上没有高程点，通过周围高程点内插得出其高程)，取平均值与设计高程相减。然后通过指定的方格边长得到每个方格的面积，再用长方体的体积计算公式得到填挖方量。用复合线将所要计算土方的区域闭合圈起来，然后进行如下操作。

点击“工程应用\方格网法土方计算”选项，命令行提示：“选择计算区域边界线”。点取所画的复合线，弹出“方格网土方计算”对话框，如图 9-26 所示，高程点数据文件选择 Dgx. dat。

图 9-26　方格网土方量计算

设计面的设置如下。

(1)平面

在目标高程处输入设计高程值，在方格宽度输入方格宽度值。由原理可知，方格的宽度越小、计算精度越高；但如果给的值太小，超过了野外采集的点的密度也是没有实际意义的。

(2)斜面

设计面是斜面时，操作步骤与平面时基本相同，区别在于在方格网土方计算对话框中“设计面”栏中，应选择“斜面基准点”或“斜面基准线”。

①如果设计的面是斜面基准点，需要确定坡度、基准点和向下方向上一点的坐标，以及基准点的设计高程。点击“拾取”，命令行提示：

“点取设计面基准点：确定设计面的基准点”；

“指定斜坡设计面向下的方向:点取斜坡设计面向下的方向”。

②如果设计的面是斜面基准线,需要输入坡度并点取基准线上的两个点以及基准线向下方向上的一点,最后输入基准线上两个点的设计高程即可进行计算。

点击“拾取”,命令行提示:

“点取基准线第一点:点取基准线的一点”;

“点取基准线第二点:点取基准线的另一点”;

“指定设计高程低于基准线方向上的一点:指定基准线方向两侧低的一边”。

计算结果显示在命令栏,如图 9-27 所示。

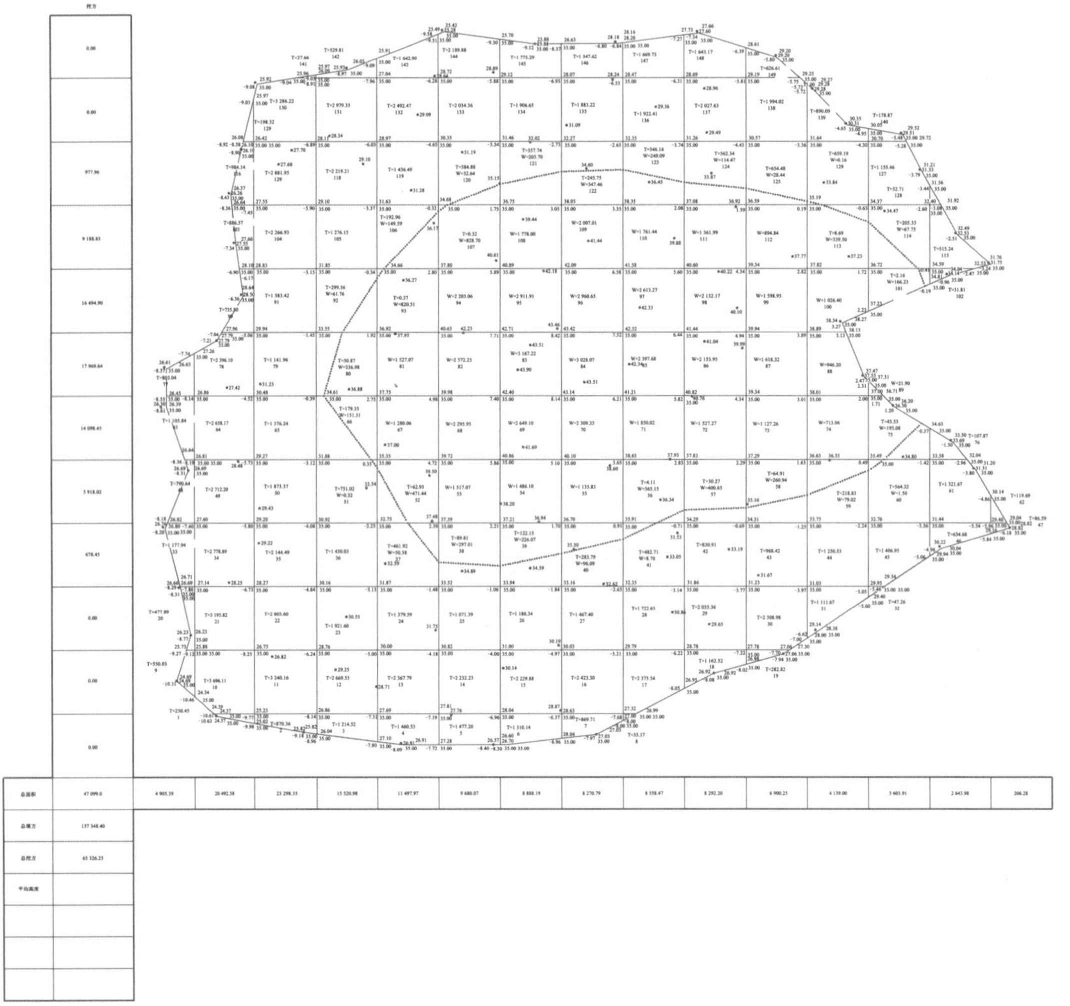

图 9-27　方格网法计算结果

拓展知识

土方量计算分析

在露天煤矿开采、大型基础开挖等工程中,经常需要计算某一段时间内的土石方工程量,以便进行计量工作。此类工程的特点是测量区域的表面是不规则的。此时，可用绘图软件 CASS 中的“两期土方计算”功能计算土石方工程量。

用“两期土方计算”功能计算土石方量，必须进行两期外业测量，即在两个不同的时期（如月初和月末）对同一区域进行测量，得到不同时期同一区域的高程数据。

“两期土方计算”是利用两次观测得到的高程数据分别建模，然后叠加，进而计算这一区域在这个时间段内所发生的土石方工程量。

两期土方计算之前，要先对该区域分别进行建模，即生成 DTM 模型，并将生成的 DTM 模型保存起来；其操作过程：定显示区 → 展高程点 → 建立 DTM → 三角网存取\写入文件。操作完成后，系统在指定位置生成扩展名为“. sjw”的文件。

（1）用鼠标点取“工程应用（C）”菜单下“DTM 法土方计算\计算两期土方量”选项。

命令区提示：“第一期三角网：①图面选择；②三角网文件 ＜2＞ ”。

“图面选择”是指用当前屏幕上显示的 DTM 模型进行计算。“三角网文件”是指用保存在文件中的 DTM 模型进行计算。

因为外业测量完成后必须尽快处理测量数据，所以第一期三角网应该是保存在文件中的 DTM 模型。因此，选择第一期三角网时，软件 CASS 将“三角网文件”设计为默认。

（2）直接回车。

系统弹出“输入三角网文件名”对话框。

（3）选择存储 DTM 模型的文件，点击“打开”按钮。

命令区提示：“第二期三角网：（1）图面选择（2）三角网文件 ＜1＞”。

第二期外业测量完成后，不必保存 DTM 模型，即可计算两期土方，所以，选择第二期三角网时，软件 CASS 将“图面选择”设计为默认。

（4）直接回车。

命令区提示：“选择对象”。

（5）用拾取框框选图面上的三角网，然后回车。

系统弹出计算结果信息框，如图 9-28 所示。

（6）单击信息框的“确定”按钮。

屏幕出现两期三角网叠加的效果，挖方量表示此处的高程已经发生变化，填方量表示没有变化。

图 9-28　土方量计算结果

思政小故事

国产导航地图的技术创新

导航地图是现代智能交通与位置服务核心基础，伴随智能设备普及与出行需求增长，其重要性愈发凸显。国产导航地图在经历早期国外专利壁垒，技术垄断之后，在我国科技工作者的不断努力下，经过多年发展，不断创新，取得了显著进步，在国内市场占据重要地位，并逐步拓展海外。

配合北斗高精度定位技术的国产导航地图精度已达厘米级，能详细标注道路坡度、曲率、车道线类型等信息，为自动驾驶提供关键支持。另外，地图数据采集技术不断更新迭代，如在传统采集车基础上,融合无人机、众包等多元采集方式。

国产导航地图的功能也不断创新,如个性化导航功能:依据用户出行习惯、偏好与实时路况,提供个性化路线规划。可根据用户对拥堵、距离、时间等偏好,智能推荐最优路线,还能结合用户常去地点,提供通勤路况预测与智能提醒。更为可喜的是,国产导航地图的功能已不再局限于导航,还可集成丰富的生活服务,在将第三方数据接入导航地图后,用户在导航同时还可查找周边餐厅、酒店、景点,查看评价与预订,实现一站式出行生活服务。

国产导航地图在应用场景方面不断创新。比如在智能城市交通管理中,导航地图结合大数据分析,为交通规划部门提供流量预测、拥堵分析等决策支持,辅助优化交通信号灯设置与道路规划,利用地图数据优化城市交通,提升通行效率。

最后就是国产导航地图在新兴领域应用创新:如共享单车、共享汽车领域,导航地图助力车辆定位、借还点查找与行程规划。在物流配送中,实现车辆实时跟踪、路径优化,提高配送效率。

项目小结

本项目以数字成图软件 CASS11 为例,讲述了数字地形图在工程建设和地理信息系统(GIS)中的应用。数字地形图的应用都是以计算机为工具、以软件为平台实现的,所以,学习过程中必须在计算机上进行操作,才能够达到利用数字地形图解决实际工作问题的目标。

复习思考题

1. 在成图软件 CASS11 中,如何在数字地形图上确定点的坐标和高程?
2. 在成图软件 CASS11 中,如何在数字地形图上计算两点间的水平距离、方位角和坡度?
3. 在成图软件 CASS11 中,如何在数字地形图上计算指定区域的不规则地貌的表面积?
4. 在成图软件 CASS11 中,利用 DTM 法计算土方量有哪几种方法? 应如何操作?
5. 在成图软件 CASS11 中,如何利用数字地形图计算公路或铁路路基土方量?
6. 某特大桥施工进场前,为了安排施工现场的各种设施,计划将桥址旁某区域内自然地面改造为水平地面,要求挖方量和填方量相等。现已完成该区域自然地面的测量工作并用成图软件 CASS11 绘制成数字地形图。

(1)应利用 CASS11 的哪个功能解决这个问题?

(2)简述操作过程。

7. 在成图软件 CASS11 中,如何绘制道路纵断面图和横断面图?
8. 在成图软件 CASS11 中,如何利用屏幕扫描数字化地形图计算土方量?
9. 如何生成 CASS11 数据交换文件? 在数据交换文件中,如何表示各种地物实体?

参 考 文 献

[1] 王正荣,徐晓燕,邹时林. 数字测图[M]. 郑州:黄河水利出版社,2019.

[2] 范国雄. 数字测图技术[M]. 南京:东南大学出版社,2016.

[3] 潘正风,程效军,成枢,等. 数字地形测量学[M]. 2 版. 武汉:武汉大学出版社,2019.

[4] 卢满堂. 数字测图[M]. 北京:中国电力出版社,2011.

[5] 冯大福. 数字测图[M]. 3 版. 重庆:重庆大学出版社,2021.

[6] 李玉宝. 大比例尺数字化测图技术[M]. 成都:西南交通大学出版社,2019.

[7] 郭学林. 无人机测量技术[M]. 郑州:黄河水利出版社,2018.

[8] 周园. 地图制图技术[M]. 武汉:武汉大学出版社,2018.

[9] 祖为国,冯耀明,凌培. 无人机实景三维技术[M]. 武汉:武汉大学出版社,2024.

[10] 谢宏全,韩友美,陆波,等. 激光雷达测绘技术与应用[M]. 武汉:武汉大学出版社,2018.

[11] 中华人民共和国国家质量监督检验检疫总局,中国国家标准化管理委员会. 国家基本比例尺地图图式 第 1 部分:1∶500 1∶1 000 1∶2 000 地形图图式:GB/T 20257.1—2017[S]. 北京:中国标准出版社,2017.

[12] 中华人民共和国国家质量监督检验检疫总局,中国国家标准化管理委员会. 1∶500 1∶1 000 1∶2 000 外业数字测图规程:GB/T 14912—2017[S]. 北京:中国标准出版社,2018.